国家社会科学基金项目：文化记忆视域下老字号工匠精神传承研究(项目编号：17BSH141)

文化记忆视域下 老字号 工匠精神传承研究

王焯◎著

知识产权出版社
全国百佳图书出版单位
—北 京—

图书在版编目（CIP）数据

文化记忆视域下老字号工匠精神传承研究/王焯著. —北京：知识产权出版社，2023.6

ISBN 978-7-5130-8796-4

Ⅰ.①文… Ⅱ.①王… Ⅲ.①老字号—职业道德—研究—中国 Ⅳ.①B822.9

中国国家版本馆 CIP 数据核字（2023）第 112631 号

责任编辑：栾晓航　　**责任校对**：谷　洋
封面设计：臧　磊　　**责任印制**：孙婷婷

文化记忆视域下老字号工匠精神传承研究

王焯　著

出版发行：	知识产权出版社有限责任公司	**网　　址**：	http://www.ipph.cn
社　　址：	北京市海淀区气象路 50 号院	**邮　　编**：	100081
责编电话：	010-82000860 转 8382	**责编邮箱**：	4876067@qq.com
发行电话：	010-82000860 转 8101/8102	**发行传真**：	010-82000893/82005070/82000270
印　　刷：	北京九州迅驰传媒文化有限公司	**经　　销**：	新华书店、各大网上书店及相关专业书店
开　　本：	720mm×1000mm　1/16	**印　　张**：	15.75
版　　次：	2023 年 6 月第 1 版	**印　　次**：	2023 年 6 月第 1 次印刷
字　　数：	240 千字	**定　　价**：	79.00 元

ISBN 978-7-5130-8796-4

前　言

PREFACE

“头顶马聚源，脚踩内联升，身穿八大祥，腰缠四大恒。”这句口头禅不仅仅说出了几个当年较为著名的老字号，也反映了这些老字号所代表的一种身份象征与其在百姓心目中的重要地位及其深远影响。老字号是我国拥有独特产品、工艺或服务的民族工商业品牌，“工匠精神”是老字号核心价值的突出表现。老字号精美的工艺、坚守的品质、广泛的信誉、独特的经营理念和勇于创新钻研的精神等是我国优秀传统工商业文化的精髓，是“中国制造”品质与信誉的突出代表，实乃中华传统文化之瑰宝。

本书基于文化记忆理论视角，综合社会学、人类学、管理学等多学科研究理念与方法，对老字号工匠精神传承问题进行了深入而系统的理论探析和实证研究。全书主要包括七个部分：

导论介绍了研究背景和研究依据，并就文化记忆、老字号和老字号工匠精神传承研究进行了述评，对研究内容、方法、意义进行了阐释。第一章梳理和分析了老字号传承的历史、现状和特点，对老字号定义、命名方式、历史沿革、分行业的传承脉络和问题进行了历史性的分析，并总结和归纳了老字号传承的七个特点。第二章至第四章，主要基于文化记忆的核心理论即文化记忆的媒介、模式和类型，对老字号工匠精神传承的内涵、形式、特性、动力机制进行了整体性、实证性和系统性的研究。第五章基于老字号工匠精神传承的实际，从文化记忆建构理论出发，提出面临的突出问题和解决的路径及对策建议。第六章结论与思考，综合上述研究，总结了老字号工匠精神传承的三种形式、三个特性、三种动力机制和三个维度的传承路径。书稿的最后是附录和参考文献，附录收录了“老字号工匠精神传承”问卷调查总报告，即从市场营销与品牌建设、技术革新与新产品开发、社会责任、经营发展总体评价四个方面进行的问卷整理和分析报告。

对于老字号工匠精神传承问题的集中探讨，在挖掘丰富的中国商业传统和智慧的同时，既是一种文化记忆理论中国化的实证研究，也是老字号领域研究的一种理论创新，为促进老字号传承创新发展，弘扬中国优秀传统商业文明提供了丰富的理论与实践依据。期待以老字号研究为起点，拓展至老商街、文化遗产、文旅产业等领域，从个案到群体、区域，从微观到中观、宏观，通过空间和时间维度的扩展与延续，探索复杂组织的新结构功能，为经济社会发展提供更多的智力支持，并切实为中国本土理论建设助力。

书中援引了大量学者的研究成果，得到中国社会科学院民族学与人类学研究所张继焦研究员、辽宁社会科学院社会学所王磊研究员等多位专家的耐心指导，辽宁省老字号协会、山东省老字号协会、山西省老字号协会、广东省老字号协会、吉林省老字号协会、黑龙江省老字号协会、南京市老字号协会、厦门市老字号协会等多家单位及管理人员对本书的问卷调查和田野调查工作给予了大力支持，中国人类学民族学研究会都市与企业人类学专业委员会的学友们也付出了各种努力，充分体现了研究团队精益求精、团结一致的科研、合作精神，在此一并表示由衷的感谢。因水平有限，疏漏与不当难免，唯持诚挚与勤勉，敬请各位专家与读者赐教指正。

笔者

二〇二二年八月于丁香湖畔

中国企业人类学对老字号研究的一部新力作

张继焦

（全国政协委员，国际人类学与民族学联合会副理事长，中国社会科学院二级研究员、研究室主任）

我曾经给王焯研究员2015年出版的专著《中国“老字号”的传承与变迁》写过序言。这本书经过修订之后书名为《百年百号：老字号的传承与变迁》，于2020年出版。

在过去的几年里，王焯经过刻苦钻研，于2022年完成了一个国家社会科学基金项目，专著《文化记忆视域下老字号工匠精神传承研究》是其成果之一。因此，她再次邀请我为这部新作写个序言。

借着这部新专著的出版，我想谈两个方面：一个是老字号研究中的学科性研究，另一个是老字号研究中的问题性研究。

首先，谈一下老字号研究对企业人类学（甚至人类学）学科建设的价值和意义。从2010年起的10多年老字号研究过程中，我们探索出来了“三个一”工作法、文化记忆理论、“四层次分析法”、“二元社会分析法”和新古典“结构-功能论”等，是人类学第四次革命的重要成果。

“三个一”工作法包括：“一本皮书”，即以公开出版一本“老字号”绿皮书（至今已出版7本）为目标，分年度汇集和展示“老字号”系列研究成果；“一支队伍”，即以“老字号”研究为抓手，建立起一支全国性的研究队伍，涵盖各高等院校、研究机构的学术人才，以及各省市“老字号”协会、“老字号”企业中的管理人员；“一个学科”，即以“老字号”研究为抓手，推进企业人类学的学科建设，加强中国人类学民族学的学科建设。

王焯的这部新专著，通过将文化记忆理论的核心框架提炼为媒介说、类型说和模式说，并通过大量一手调研资料的整理与分析，分别与老字号工匠精神的内涵与形式、传承的动力机制和路径相对应，提出了老字号工匠精神传承的三种形式、三个特性、三种动力机制和三个维度的路径，这是一种文化记忆理论中国化的实证研究。它既是老字号领域研究的一种理论创新，也是中国企业人类学的一部新力作。

基于老字号研究，发展出来的企业人类学“四层次分析法”包括：微观层面，对“老字号”企业进行个案分析；第一个中观层面，把“老字号”企业放在某个产业链、行业、价值链、供应链中进行考察，对“老字号”企业的“长寿秘籍”和现代转型进行探究；第二个中观层面，从政府、市场之外的社会性因素的角度，探究“老字号”企业的生存和发展；宏观层面，将“老字号”企业放在政府、市场、社会性因素等复杂的关系中进行考察。此外，还形成了“二元社会分析法”、新古典“结构—功能论”等。

概括来说，企业人类学对老字号的研究，即人类学在研究复杂社会的复杂组织（老字号企业）中，形成了一套中西兼容、自成体系的理论和方法，为人类学的第四次革命，做出了巨大的贡献。

其次，谈一下老字号研究中的问题性研究，即老字号研究的现实选题及其意义。

近年，商务部对 1128 家中华老字号企业经营状况的调查显示，84% 的企业处于盈利状态，整体发展势头良好。我国绝大多数老字号发展活力不断增强，品牌影响力持续提升，但少数老字号企业存在创新能力不够、发展水平不高等经营问题。老字号的价值在于“老”，创新发展的出路在“新”，体现在三大主要方面：

第一，老字号企业必须“触网”，在互联网时代要转变经营模式，充分运用现代企业的“电商”经营管理方式。

11年前（2011年），中国社科院老字号绿皮书课题组对广东、北京、上海等12个省市的老字号企业的调查显示，老字号企业的信息化程度普遍较低：采用“办公自动化系统”的占20.7%、“建立公司网站”的占18.0%，采用“财务信息化系统”的占16.8%。只有6.8%的“老字号”企业采用“网上销售”。最近几年，老字号企业的信息化程度逐渐提高，“触网”的老字号企业越来越多。从去年到今年的两年时间里，我指导一位博士研究生完成了一篇博士论文，探讨了互联网社会与老字号企业管理变革的关系问题。我们发现，一些老字号企业在互联网这条他们原本不占据先天优势的赛道上，重新擦亮他们的金字招牌，努力让自己在年轻消费群体中重新“香”起来，实现“逆生长”。

一方面，在销售渠道上，老字号企业在京东、天猫等互联网平台上，开旗舰店，拓展线上渠道；在营销上，老字号企业在各大社交媒体平台，开设了账号，扩大推广力度和广度。另一方面，那些互联网平台也从品牌营销、消费者运营、新品研发等各个方面，给了老字号资源倾斜，助力老字号企业复兴，不断地增强老字号企业的市场竞争力。

第二，近些年，国潮风起，老字号企业积极找准与新时代新消费之间的“契合点”。

2022年8月，我受邀参加了“中华老字号（山东）博览会暨老字号品牌发展高峰论坛”，其主题是“国潮国货，品质生活”。

近年来，国潮国货风起云涌，老字号正在驱动国潮新消费。在新的消费语境下，国货品牌该如何融入新消费群体，成为更多年轻人的选择，是“老字号”们共同关注的话题。年轻消费者正成为市场主流，是老字号企业需要重点研究和吸引的消费对象，他们代表着消费的现状和未来发展趋势。比如，在消费品领域，以国潮为代表的中国传统文化的复兴是主要的文化性因素；80后、90后正式成为主力消费人群是主要的社会性因素。众多老字号品牌正在通过产品定位、渠道拓展、营销传播等维度重塑品牌，面向“Z世代”进行创新发展。老字号在做好传统产品的同时，需要不断推出符合年轻消费者的新产品。

近年来，不少年轻消费者爱上了老字号的商品，如传统食品、传统餐饮、传统服饰、传统手工艺品等。举个例子，北京有个姑娘要结婚，她想到了一家百年老字号丝绸企业，专门去定制了一套旗袍来穿。北京的这家中华老字号丝绸企业的中式服装手工制作技艺自清末至今已经延续了100多年，形成了自己独有的技艺风格特点，推出高级定制服务，创新开发了新的国风套系，成为追求文化品质的年轻人喜爱的热销商品。我们可以看到，众多老字号品牌正在国潮风口中复兴。

第三，通过复兴老字号，增强城市竞争力。老字号作为城市历史、文化和商业的承载体，既是城市内源性发展的活力和动力，也是城市竞争力的重要组成部分。

保护和发展老字号，不仅是每个城市商务部门和老字号企业自己的事情，而且是整个城市政府各个相关部门和各家老字号企业共同的事情。各个城市的政府和老字号企业要通力合作，鼓励有条件的街区打造老字号特色街区，鼓励特色商圈、旅游景区和各类客运枢纽引入老字号企业开设旗舰店或体验店，鼓励建设“老字号博物馆”，支持老字号展览展销和开展文化体验活动，鼓励将符合条件的老字号企业纳入旅游路线，等等。总之，每个城市要把老字号的点、线、面等各种资源整合起来，形成这个城市发展的内源性活力和动力。

老字号之间的竞争不仅是单个老字号与单个老字号之间的竞争，而且是不同城市之间老字号群体之间的整体竞争。城市政府和老字号企业不但要保护和发展好个别老字号成为消费新势力，而且要使各个城市里的老字号集体转型和升级成为消费新势力：在新一轮的城市发展进程中，不但要让各个城市的老字号整体上提升活力，而且使之成为城市内源性发展的动力，由此增强城市竞争力。

总之，老字号创新发展涉及的三个主要方面：一是老字号必须积极运用互联网经营；二是老字号在国潮国货的风口中抓住年轻一代的新消费群体；三是把老字号作为城市内源性发展的活力和动力，增强城市竞争力。希望这三个方面，可以成为未来几年老字号研究的新选题。

借着王焯这部新专著的出版，作为一位研究老字号的同行，我谈了上述几点老字号研究和企业人类学学科建设的感想和建议，与全国各地的老字号研究和中国人类学民族学研究同行共勉。

是为序。

于北京，中国社会科学院办公室

2022年12月27日

目　录

导　论

一、研究背景

中国老字号不仅历史悠久，而且富有旺盛的生命力，是我国工商业发展中孕育的自主品牌，体现了中华商业文明的发展特点与传承脉络。经过岁月的洗礼，老字号不断经历着传承与变迁。在经济社会结构转型进程中，老字号企业发展参差不齐，有的发展良好，有的发展滞后，有的甚至遗憾地退出了历史舞台。因此，如何保护和传承老字号文化遗产，充分释放老字号的历史价值、文化价值和商业价值，继承和弘扬中国优秀传统行业文明，便成为一项有关学者刻不容缓的学术使命。

政府层面，对老字号工作一直比较重视。1991 年，中华人民共和国原国内贸易部认定了中国大陆的 1600 余家老牌企业为“中华老字号”。2006 年，商务部开始实施“振兴老字号工程”。2008 年，商务部等 14 部委联合印发了《关于保护和促进老字号发展的若干意见》。2017 年年初，中共中央办公厅、国务院办公厅印发了《关于实施中华优秀传统文化传承发展工程的意见》，明确提出支持“中华老字号”“做精做强”，“用中华优秀传统文化的精髓涵养企业精神，培育现代企业文化”。商务部等 16 个部门也颁布了《关于促进老字号改革创新发展的指导意见》。老字号振兴工作再次迎来发展春天。

2021 年 8 月，中共中央办公厅、国务院办公厅印发的《关于进一步加强非物质文化遗产保护工作的意见》特别提出要“将符合条件的传统工艺企业列入中华老字号名录”。2022 年 3 月，商务部发布了《商务部等 8 部门关于促进老字号创新发展的意见》（以下简称《意见》），指出老字号集历史、文化、商业等诸多功能于一体，是我国工商业发展中孕育的“金字招牌”。该意见指出，要实施老字号保护发展五年行动，建立健全老字号保护传承和创新发展的长效机制，促进老字号持续健康高质量发展，将老字号所蕴含的中华优秀传统文化更多融入现代生产生活，更好满足国潮消费需求，促进中华优秀传统文化的创造性转化和创新性发展，满足人民日益增长的美好生活需要。[1]

老字号文化归根结底属于制造业文化范畴，工匠精神是制造业文化的核心体现。因此，老字号工匠精神传承问题研究不仅有助于弘扬中华传统制造业文化，更有助于加强我国制造业文化建设，助推文化强国、质量强国等国家战略目标的实现。但是，目前国内关于老字号及其工匠精神的研究还存在着许多基础性问题的困惑，包括内涵挖掘、制度建设、宣传推广、联动机制、社会参与等，亟待引起学术界和社会各界的关注。

二、研究依据

（一）文化记忆理论

德国学者扬·阿斯曼作为文化记忆理论的开创者之一，将记忆理论扩展到了文化进化的视角，他认为，文化记忆是关于一个社会的全部知识的总概念，在特定的互动框架之内，这些知识驾驭着人们的行为和体验，并需要人们一代一代反复了解和熟练掌握它们。其主要理论框架包括类型说、媒介说和模式说等。

文化记忆理论认为文化记忆的类型可以用“冷”和“热”来区分，并从结构功能角度对文化记忆进行了“冷社会”和“热社会”两种分类，但是社会结构的转型并不是单纯而唯一的非“热”即“冷”，有可能形成“冷”“热”系统，或者在互相转化，这就是文化记忆的类型说。

---

[1] 参见商务部流通发展司发布，《商务部等8部门关于促进老字号创新发展的意见》（商流通发〔2022〕11号），2022年1月25日。

文化记忆理论还认为记忆可分为两种模式，即“有人栖居”的功能记忆和“无人栖居”的存储记忆，这也是回忆的两种相互补偿的模式，互相作用，并具有相应的社会功能。存储记忆主要指建筑、器物、遗迹等物化表现与载体，具有重要的启发作用。功能记忆是有意识的记忆，包括仪式、书写、语言、表演等身体实践活动，人“栖居其间”的生活经历，把回忆和经验联系起来，使其获得一种结构即特定的意义构造。存储记忆和功能记忆是一种“残片”和“传统”的对立和互动的关系。

媒介说是文化记忆另一个比较重要的理论思想，其认为媒介是人与文化记忆展开互动的、起扶持作用的支撑物。文本、图像、身体、地点等是文化记忆的主要物质载体，称作存储媒介。技艺、仪式、心理等互动方式是一种确立、习得文化记忆的无形的载体，也称作身体实践。存储媒介和身体实践是文化记忆的两种媒介，存储媒介体现了文化记忆的成型性，具有存储、唤醒、回忆的功能；身体实践体现了文化记忆的能动性，具有沟通、重构、认同的功能。

（二）企业人类学理论

企业人类学的理论来源于费孝通的“文化开发利用观”、李培林的“另一只看不见的手”、联合国教科文组织的“内源性发展”和波特的“竞争优势”四种理论，研究取向为分析文化遗产为何变化、何时变化、如何变化；作为结构遗产，可以形成自生结构或自扩结构，提出了一种动态分析的研究路径。❶“社会结构转型”“伞式社会”“蜂窝式社会”等共同构建了“新古典—结构功能论”的研究框架，该理论是综合国际相关研究，基于中国发展实践而提出的，进一步夯实了“社会结构转型”研究范式。

结构功能理论是企业人类学的主要理论根基，也是人类学家和社会学家研究整个社会经济结构或具体企业的主要理论依据之一。20世纪80年代，费

❶ 张继焦．换一个角度看文化遗产的“传统—现代”转型：新古典“结构—功能论”[J]．西北民族研究，2020（3）．

孝通指出中国如何从小农经济为基础的大国发展成一个现代工业国家，这是社会学、人类学者值得深入研究的问题[1]，他提出的“苏南模式”与“温州模式”，打开了阐释中国企业发展与经济社会结构转型的新视角。在该观点的指引下，相关学者开始思考企业、人与文化的社会关系及功能，包括传统制造中的文化传承问题。马戎指出，乡镇企业是小城镇发展的两个支柱之一，使小城镇成为新的工业中心，小城镇的经济结构和功能也从消费型社区逐步转向生产型社区。[2] 李培林认为，“真正决定一个国家是否实现现代化的因素并非与自身文化传统的完全决裂，而是社会结构的转型”。[3]

近年来，随着老字号研究的逐步扩展与深入，许多学者开始关注老字号作为一种特殊群体在经济社会结构转型中起到何种作用，以及如何同时实现自我调适与转型。因此，结构功能理论在老字号研究过程中又找到了滋养的土壤。张继焦基于社会结构转型理论提出，各级政府与老字号企业的关系是一种“伞式”庇护关系，老字号需发挥主体作用积极转型，发挥这种“关系”优势；[4] 政府对老字号企业监管方式的不同，会导致资源与资金分配的差异。[5] 高崇基于空间生产理论和嵌入性视角分析了老字号如何创造、使用和处置经营空间过程中面对的社会因素和社会关联问题。[6] 闫春、赵巧艳认为，老字号作为民族传统文化记忆与传承的重要载体，承载着保持产品特色和品牌文化创新的使命。[7]

作为企业人类学主要关注的研究对象，目前国内对于老字号企业进行的

---

[1] 费孝通. 社会学和企业管理 [J]. 社会科学辑刊，1980 (6).

[2] 马戎. 小城镇的发展与中国的现代化 [J]. 中国社会科学，1990 (4).

[3] 李培林. 另一只看不见的手：社会结构转型 [J]. 中国社会科学，1992 (5).

[4] 张继焦. 企业人类学视角：“老字号”的长寿秘诀与“伞式”发展模式 [J]. 北方民族大学学报：哲学社会科学版，2015 (6).

[5] 张继焦. 从企业与政府的关系看“中华老字号”企业的发展：对鹤年堂、同仁堂的比较研究 [J]. 思想战线，2013 (3).

[6] 高崇. 老字号的空间嵌入性：香港甄诚记糖果公司的个案研究 [J]. 北方民族大学学报：哲学社会科学版，2016 (4).

[7] 闫春，赵巧艳. 市场导向的广西“老字号”品牌激活研究：一个企业人类学的视角 [J]. 杭州师范大学学报：社会科学版，2015 (4).

学术研究，较多地从经济社会结构转型理论来进行对接，这是从社会结构转型的整体性视角，将老字号作为一个企业群体，探讨其发展的内在动因及其社会结构性因素的渐趋成熟的理论体系。[1] 结构主义认为，记忆具有重要的社会功能，“我们在研究社会结构转型的过程中，不仅仅要看其中的结构，因结构转型而产生的新的功能也是不能忽视的。”[2] 记忆是值得研究的社会文化现象，它们不仅暗示着人们对历史的看法，也影响着人们当下的行为方式和处事态度。[3] 作为一种特殊群体的老字号企业，传承着中国的传统商业文明。在其创办、兴起与衰落的过程中，作为一种文化记忆的见证者和承载者，老字号与文化记忆之间的关系是什么？文化记忆之于老字号有什么意义或者作用？

国外相关研究基本上可以从有一定历史的企业入手。20 世纪初至 50 年代，美国工业人类学之父沃纳（W. L. Warner）对霍桑工厂开展应用研究，发现员工士气、良好关系和科学管理等都能促使生产率实现有效增长。[4] 哈佛大学查普尔（E. Chapple）、加德纳（B. B. Gardner）和怀特（W. F. Whyte）等人类学家沿用人际关系学派理念对企业中人的个性特点、人与人之间文化关系进行研究。这是社会学者对企业研究的初步探索，开辟了相关研究的一个新领域。20 世纪 50 年代开始，社会学者对企业文化的研究逐渐渗透到陶瓷厂、建筑工地、铁路等行业，如韦恩、H. A. 阿普鲍姆等对工人与企业的互动关系进行了描述分析，指出不同行业的企业及其工人都拥有独特的文化，这些“精神”是制约企业或行业发展的关键要素。村山元英认为，日本企业文化特色是使外来文化的日本化原理与日本经营者的传统伦理观结合，产生一

---

[1] 张继焦在《企业人类学：从社会结构视角分析经济行为》一书中提出，企业人类学引入“社会结构转型”理论作为新的基础理论，实现了研究范式的转变。经过 80 多年的持续探索，形成了一套基于国情且适用于中国企业研究的比较完整的学科体系。

[2] 张继焦. 费孝通的三个重要理论都过时了吗?：对人类学民族学研究范式转型的思考［J］. 云南民族大学学报：哲学社会科学版，2019（2）.

[3] 王汉生，刘亚秋. 社会记忆及其建构一项关于知青集体记忆的研究［J］. 社会，2006（3）.

[4] 殷鹏. “霍桑试验”与“曼城工厂研究”：企业人类学研究的方法回顾、比较与反思［J］. 杭州师范大学学报：社会科学版，2014（4）.

种日本经营者的经营哲学和独特的企业文化。[1]

（三）研究基础

2011 年、2013 年，中国社科院组织老字号企业课题组进行了两次全国性调查，涉及全国 12 个省和直辖市，共收回问卷近 500 份，受访者大都为企业管理人员。笔者作为辽宁驻地调研员先后组织并实施了两次问卷调查。老字号企业样本来自北京、上海、天津、重庆等 12 个省市，涵盖餐饮、零售、食品、酿造、医药、服装鞋帽等企业，样本所在行业分布较为均匀，充分考虑了行业的代表性（见表 0-1）。

通过问卷调查，引发了老字号核心竞争力的多维思考。再结合近年来课题研究团队先后对国内多家老字号的深度访谈，包括“张小泉”“六味斋”“同仁堂”“萃华金店”“广州酒家”“陈李济”“老龙口”“胡魁章笔庄”“祖家坊”等。大量的个案研究和问卷调查为研究老字号工匠精神提供了大量的实践依据。

表 0-1　问卷调查样本来源

地点	百分比（%）	有效百分比（%）	行业	百分比（%）	有效百分比（%）
北京	34	9.0	餐饮	67	17.7
上海	50	13.2	零售	29	7.7
天津	35	9.3	食品	86	22.8
重庆	38	10.1	酿造	40	10.6
浙江/杭州	42	11.1	医药	55	14.6
广州	51	13.5	服装鞋帽	25	6.6
辽宁/沈阳	32	8.5	文化用品	12	3.2
福建/厦门	11	2.9	日化用品	13	3.4
云南/昆明	12	3.2	酒店旅游	9	2.4

[1] 吴咏梅. 日本的经营人类学 [J]. 广西民族大学学报：哲学社会科学版，2010（5）.

续表

地点	百分比（%）	有效百分比（%）	行业	百分比（%）	有效百分比（%）
吉林/长春	31	8.2	美容美发	1	0.3
河北/石家庄	20	5.3	工艺品金银珠宝	11	2.9
四川/成都	22	5.8	五金机械	14	3.7
			家居电器	5	1.3
			其他	11	2.9
合计	378	100.0	合计	378	100.0

结合问卷调查分析结果可知：

一是老字号企业的管理者认为工匠精神属于老字号企业的群体“共识”，既是具有社会责任感的价值理念，又是在企业实践和员工行为中真正起作用的实践准则。可以说，工匠精神是老字号企业对自身经济生产和经济活动的一种信念、倾向和主张。

二是老字号的工匠精神具有强烈的企业文化个性。在作用上，真正解决企业问题的理性思维，反映了老字号企业主体的基本价值取向或者价值判断标准，更重要的是工匠精神是企业持续竞争优势的重要来源。

三是老字号的工匠精神作为老字号企业员工共同的价值理念，就如同老字号传承的灵魂一样，是老字号成员的思维方式和形式准则。但工匠精神并不能带来直接的绩效和成果，它只能成为一种随时发挥的能力，起到切实促使企业增加绩效和保持企业核心竞争力的作用。

三、研究述评

（一）文化记忆研究述评

20 世纪 20 年代，哈布瓦赫提出了“集体记忆”理论。尼采、哈布瓦赫或诺拉的记忆理论都强调回忆的结构主义和保障身份认同的特点，肯定它在一个客观的、中立的、面向过去的历史学面前的权利。哈布瓦赫认为，记忆是一种由当下引起的社会产物，是一种集体性的文化创造，即在家庭、宗教和阶级的影响下，通过语言结构、仪式和空间界定发展而来的。[1] 诺拉认为，团体的记忆后面既不是集体灵魂也不是客观精神，而是带有不同标志和符号的社会。[2] 他指出，“记忆之场”是实在的、象征性的和功能性的场所，三层含义同时存在。[3]

20 世纪 90 年代，扬・阿斯曼和阿莱达・阿斯曼共同开创了“文化记忆”理论，将“集体记忆”的形式分为“交往记忆”和“文化记忆”，并对集体记忆理论进行了改进和升华。他们认为，“文化记忆”关注的是过去中的某些焦点，过去并非自然生成，而是由文化创造。扬・阿斯曼认为虽然哈布瓦赫的记忆理论对文化问题少有讨论，但其记忆的基础结构问题对于文化分析仍具有根本性意义，这些基础结构在大部分情况下适用于文化传承机制。[4] 在案例研究部分，扬・阿斯曼也常强调“结构”问题，他从结构功能角度对文化记忆进行了分类，“要超越把记忆和历史或两极分化或等量齐观的关键步骤是，把有人栖居的和无人栖居的记忆的关系理解为回忆的两种相互补偿的模式”。[5] 这里的有人栖居记忆就是功能记忆，无人栖居记忆就是存储记忆，这两种记忆模式构成了文化记忆的两种状态，互相作用，并具有相应的社会功能。存储记忆和功能记忆既是一种“残片”和“传统”的对立关系，又是一种互动关系。存储记忆是功能记忆的“保留地”，功能记忆是经过“选择、连缀、意义建构”的过程，是存储记忆的固化、合法化和区分化。[6]

文化记忆理论还认为文化记忆具有“认同具体性”和“重构性”两种特

---

[1] 帕特里克・格里. 历史、记忆与书写［M］. 罗新，译. 北京：北京大学出版社，2018：137.

[2] 皮埃尔・诺拉. 记忆之场［M］. 黄艳红，等译. 南京：南京大学出版社，2017：23.

[3] 皮埃尔・诺拉. 记忆之场［M］. 黄艳红，等译. 南京：南京大学出版社，2017：6.

[4] 刘亚秋. 记忆研究的“社会—文化”范式对“哈布瓦赫—阿斯曼”研究传统的解读［J］. 社会，2018（1）.

[5] 阿莱达・阿斯曼. 回忆空间：文化记忆的形式和变迁［M］. 潘璐，译. 北京：北京大学出版社，2016：147.

[6] 王焯. 过去、回忆、建构：“老字号”文化记忆的人类学阐释：以“祖家坊”为个案［J］. 杭州师范大学学报：社会科学版，2018（3）.

点。虽然“文化记忆”依附于不可更改或不可置疑的回忆形象和存储知识，可是“每一种当今又都把自己置于一种对这些形象和知识进行掌握、分析、保持和改造的关系之中”。❶ 俄国塔尔图学派的文化符号学家尤利·洛特曼和鲍里斯·乌斯宾斯基认为，“文化记忆”对某些实践和媒介具有强烈的依赖性。文化需要借助外部的存储媒介和文化实践来组织他们的记忆，“媒介作为物质的支撑对文化记忆起到基本的扶持作用”。❷ 文本、图像、身体、地点等存储媒介是“文化记忆”的主要载体，技艺、仪式、心理等互动方式是一种确立、习得“文化记忆”的实践。按照“文化记忆”理论对“文化记忆”模式的划分，即“无人栖居”和“有人栖居”，可以认为，存储媒介支撑的存储记忆和互动实践形成的功能记忆构成了“文化记忆”的两种形式。存储记忆和功能记忆既是一种“残片”和“传统”的对立关系，又是一种互动关系：存储记忆是功能记忆的“保留地”，功能记忆是经过“选择、联缀、意义建构”的过程，是存储记忆的固化、合法化和区分化。

关于记忆的类型说，韦尔策认为：一方面，生活导向、意愿和希望这三类东西的跨代传递和不同时性，构成了回忆结构的主观方面；另一方面，建筑、景色、声响、气味、触觉，等，它们本身承载着历史和回忆，人们通过跟它们打交道的实践，构成了记忆的客观方面。❸ 这种分类与阿斯曼的“有人栖居”和“无人栖居”不谋而合，皆突出了与记忆相关的各要素的功能所在。

目前，国内从“集体记忆”角度研究社会文化功能的论述较多，对“文化记忆”这一理论的研究则主要兴起于“文化记忆”理论系列译著，包括扬·阿斯曼的《文化记忆：早期高级文化中的文字、回忆和政治身份》、阿莱达·阿斯曼的《回忆空间：文化记忆的形式和变迁》、哈拉尔德·韦尔策的《社会记忆：

---

❶ 哈拉尔德·韦尔策. 社会记忆：历史、回忆、传承［M］. 季斌，王立君，白锡堃，译. 北京：北京大学出版社，2007：5.

❷ 阿莱达·阿斯曼. 回忆空间：文化记忆的形式和变迁［M］. 潘璐，译. 北京：北京大学出版社，2016：149.

❸ 哈拉尔德·韦尔策. 社会记忆：历史、回忆、传承［M］. 季斌，王立君，白锡堃，译. 北京：北京大学出版社，2007：12.

历史、回忆、传承》和埃尔·诺拉的《记忆之场》等。

文化记忆理论对在研究者心中根深蒂固的集体记忆理论进行了批判和补充，提出的关于文化记忆的类型、媒介、模式等思想对解析文字、习俗、场馆在经济社会结构转型进程中的功能问题有着重要的参考价值，相关研究成果也呈逐年递增趋势。

其中，语言学领域相关研究较多。李永祥认为，可以用“文化记忆”解释灾害场景中的逻辑和神话；[1] 袁广涛用文化记忆理论对谢默斯·希尼诗歌中的“沼泽”进行了功能解析，彰显了自我和群体、诗歌和社会、记忆和现实的关系；[2] 李美芹用文化记忆理论解析了纳吉布·马哈福兹的代表作“开罗三部曲”，对民族认同与文化记忆的功能进行了个案研究。[3]

基于社会学角度的研究多以个案研究为主，如郭振华对以腊湾老人舞为代表的民间民俗体育文化以及地方性知识为表征的文化记忆研究，对研究中国社会变迁具有积极意义；[4] 王文兵认为在文化记忆的编码、存储和重构过程中，土家族铭刻古籍承载的文化信息得到了传播、增值与沉淀；[5] 吕龙等以苏州金庭镇为例，构建了“文—旅”空间协调度、文化记忆连续性和旅游市场认同度的协同评价模型；[6] 汪瑞霞从记忆的空间角度，通过生态、生产、生活和仪式系统对江南水乡古镇的文化记忆与景观空间的转译关系和构成逻辑进行了解析。[7]

近几年也开始出现了用文化记忆的媒介去解释新兴社会现象的研究，并从文化认同角度对文化记忆研究进行了中国式转化，如吴宁宇、卢晓华从

---

[1] 李永祥. 灾害场景的解释逻辑、神话与文化记忆［J］. 青海民族研究，2016（3）.

[2] 袁广涛. 不断挖掘：谢默斯·希尼诗歌中的沼泽与文化记忆［J］. 江西社会科学，2021（7）.

[3] 李美芹. “开罗三部曲”中的文化记忆与民族身份认同［J］. 北方工业大学学报，2022（2）.

[4] 郭振华. 文化记忆下的腊湾老人舞研究［J］. 体育文化导刊，2016（4）.

[5] 王文兵. 土家族铭刻古籍的文化记忆表达及其传播价值［J］. 湖北民族学院学报：哲学社会科学版，2018（5）.

[6] 吕龙，黄震方，李东晔. 乡村文化记忆资源的“文—旅”协同评价模型与应用：以苏州金庭镇为例［J］. 自然资源学报，2020（7）.

[7] 汪瑞霞. 从文化记忆到景观意象：江南水乡孟河古镇的文化变迁与空间形态［J］. 南京林业大学学报：人文社会科学版，2022（2）.

“空间”这一文化记忆媒介理论出发，认为纪念空间的网络化转型增加了存储记忆的储量，推动功能记忆进行日常化建构，并促进存储记忆向功能记忆转化，网络纪念空间的文化记忆得以建构；❶ 刘振怡、阚侃将文化记忆与文化认同在内容、形式和功能方面的联系进行了解析，认为文化记忆不仅是文化认同的基础、实现文化自信的桥梁，更是社会发展过程中需要不断进行回溯和反思的镜鉴。❷

从国内相关研究可以看出，从文化记忆角度对老字号及其工匠精神开展的研究还处于较少状态。而且，既有的关于文化记忆主题的研究往往集中于语言学、文学、艺术学、新业态领域的单一性研究层面，整体性、宏观性、理论性的论述非常少，未对文化记忆理论与文化结构特性的关系进行深入阐释，因此以发挥文化记忆理论优势为出发点，以老字号工匠精神作为研究本体，通过对老字号工匠精神的传承内涵、形式、特性、机制、路径进行解析，建构起文化遗产保护与利用的典型范式，这是文化记忆理论和老字号工匠精神研究需要重视的问题，也是本研究的主要价值。

当然，虽然文化记忆角度对老字号工匠精神传承研究还处于缺失状态，但是为了给课题提供更好的文献研究基础，接下来本书将对老字号及其工匠精神的研究成果进行系统梳理、分析和评述。

（二）老字号研究的四个发展阶段

虽然关于老字号的记载从唐朝时代便有据可考，此后也有一些关于老字号的叙述见诸史料，但当代之于老字号的学术研究历史却为时尚短。相关研究大致可分为四个阶段。

第一个阶段为新中国成立至改革开放前。此一时期的老字号研究，最早见诸学术期刊的要数颜斌、王述的《“一得阁”访问小记》，1961 年发表于《前线》杂志，主要是对“一得阁”的现状进行描述。这一时期，关于老字

---

❶ 吴宇宁，卢晓华. 空间、身体、权力：网络纪念空间中的文化记忆建构［J］. 科技传播，2022（7）.

❷ 刘振怡，阚侃. 全球化视域中文化记忆的研究及价值［J］. 求是学刊，2022（2）.

号专题的学术著作几乎难得一见。

第二个阶段为改革开放至上世纪末。此时，老字号的管理体制和经营方式等纷纷从计划经济转为市场经济。许多老字号企业改制成了股份制公司，并在上交所或深交所上市。有的老字号转为国有民营。有的老字号面临着城市拆迁的困境。这种情况催生了学术界对老字号该往何处走的探究。据中国知网学术期刊文献总库刊载，这个时期共发表了以“老字号”为主题的学术论文489篇。其中1979年1月至1992年12月的文献仅有37篇，1994年之后关于老字号的研究文献迅速增加，1994年便有49篇。这个阶段大部分学术文献以介绍老字号的现状风貌和问题为主，有分行业提出的问题，也有分地域分个案进行的探析，如蔡颖的《宫廷珍品 重放异彩：记天津市老字号“果仁张”》[1]、王颖梅、何艳利的《广州“老字号”大拆迁》[2]、许素琨的《一个老字号的衰落：香港“超群”西饼连锁店的失败之路》[3] 和刁慧泽的《上海老字号出现困惑》[4] 等。也有部分学者对老字号从基础理论方面进行了初步研究，比如吕洪年的《杭城“老字号”传说的历史价值》[5]、陈新谦的《清代的中药店老字号》[6] 和孟昭泉的《店名文化探源及其老字号》[7]。还有一些学者则对老字号在新的历史时期如何保护和发展进行提问与考究，如郭长干的《“老字号”你往何处去?》[8]、李贵、傅红群的《老字号成重放异彩吗?》[9] 和魏东的《“中华老字号”商标国有？私有?》[10] 等。值得一提的是，这期间出版了几部较系统而全面的老字号著作，如谢牧、吴永良的《中国的老字

---

[1] 蔡颖．宫廷珍品　重放异彩：记天津市老字号“果仁张”［J］．中国工商，1992（9）．

[2] 王颖梅，何艳利．广州“老字号”大拆迁［J］．南风窗，1995（8）．

[3] 许素琨．一个老字号的衰落：香港“超群”西饼连锁店的失败之路［J］．中国市场，1999（8）．

[4] 刁慧泽．上海老字号出现困惑［J］．现代营销，1999（8）．

[5] 吕洪年．杭城“老字号”传说的历史价值［J］．杭州大学学报：哲学社会科学版，1992（2）．

[6] 陈新谦．清代的中药店老字号［J］．中华医学杂志，1996（4）．

[7] 孟昭泉．店名文化探源及其老字号［J］．河南社会科学杂志，1998（1）．

[8] 郭长干．“老字号”你往何处去?［J］．中华商标，1995（1）．

[9] 李贵，傅红群．老字号能重放异彩吗?［J］．中国商贸，1996（8）．

[10] 魏东．“中华老字号”商标国有？私有?［J］．中国乡镇企业，1999（8）．

号》[1]，侯式亨编著的《北京老字号》[2]，还有由孔令仁和李德征主编的迄今为止汇聚中国众多老字号的较为系统和翔实资料的一部丛书《中国老字号》[3]，其中收录了1633家老字号，全书共计十卷。

第三个阶段为2000年至2006年4月商务部颁布“振兴老字号工程”之前。这个时期经济和文化日益全球化，外国品牌纷纷进入并影响着中国市场。许多老字号锐意革新，转企改制完毕后逐渐发展成行业的龙头，有的老字号却固守着传统经营模式，发展缓慢。学术界也持续对老字号进行着关注，相关研究虽然为数不多，但却呈现缓慢增长之势。据中国知网学术文献总库查考得知，该时期相关老字号的文献资料共有1404条。其中对老字号研究逐渐从概况介绍向基础理论和应用对策研究倾斜，对老字号发展进程中存在的问题、原因和解决办法进行了更深入和大胆的剖析。如周道全、柴君芝在《新经济时代我国老字号创新战略问题的思考》中指出进入新经济时代，我国的老字号正在生存与消亡的十字路口徘徊，老字号要走出困境，只有实施品牌创新战略。[4] 邱志强的《经济全球化下的中华“老字号”企业的营销战略研究》认为“经济全球化进程的加快，既给中华老字号企业带来了商机，但同时也使它们面临着严重的困难与挑战。老字号企业在变化了的市场营销环境中，必须正视自己的市场地位，正确看待自己的长处与不足，利用自身的优势，捕捉环境变化带来的机会，避开威胁，克服自身不足，扬长避短，创新营销战略思维，调整营销战略，实施创新战略、品牌营销战略、规模化战略、国际化战略。”[5] 付勇、刘秀兰在《激活中华“老字号”的观念：传统民营企业制度障碍剖析》中指出老字号在经营观念中的主要问题是缺乏主动适应环境的意识，顾客导向观念仍未能确立。老字号的组织制度障碍体现在所有制

---

[1] 谢牧，吴永良．中国的老字号［M］．北京：经济日报出版社，1988.

[2] 侯式亨．北京老字号［M］．北京：中国环境科学出版社，1991.

[3] 孔令仁，李德征．中国老字号［M］．北京：高等教育出版社，1998.

[4] 周道全，柴君芝．新经济时代我国老字号创新战略问题的思考［J］．北方经贸，2004（2）.

[5] 邱志强．经济全球化下的中华“老字号”企业的营销战略研究［J］．北京大学学报：哲学社会科学版，2004（S1）.

障碍和生产作业制度障碍两个方面。国有性质使老字号具有国有企业的通病，影响老字号的效率与竞争力，而生产作业制度的不健全则严重制约了老字号的发展与壮大。[1] 此外还有付勇的《营销“短板”与中华“老字号”的没落》[2]、石菡贞、潘希颖的《从品牌视角看我国老字号营销问题及对策》[3] 和杨朝辉的《文化视觉形象链接中国老字号的传承与创新》[4] 等。

第四个阶段为2006年4月《商务部关于实施“振兴老字号工程”的通知》发布至今。其间，商务部印发了《“中华老字号”标识使用规定》（2007）、《关于继续开展“中华老字号”认定等工作的通知》（2007），商务部和国家文物局联合印发了《关于加强老字号文化遗产保护工作的通知》，商务部和文化部联合印发了《关于加强老字号非物质文化遗产保护工作的通知》（2007），商务部等14部委联合印发了《关于保护和促进老字号发展的若干意见》（2008）。2006年和2010年，商务部相继对“中华老字号”进行了重新认定工作，共有1128家老字号荣获“中华老字号”称号。2017年，商务部等16个部门颁布了《关于促进老字号改革创新发展的指导意见》。2022年3月，商务部发布《商务部等8部门关于促进老字号创新发展的意见》。在国家政策的保护下，老字号得到了学术界空前的关注和重视。中国知网学术文献总库中，从2006年4月1日至2022年5月23日，有关老字号主题的学术文献有9495条，学术成果几乎为之前四五十年文献总数的5倍。

这一时期，学者们的研究角度可谓百家争鸣。有从历史角度进行探讨的，如尤士洁的《苏州食品餐饮老字号的历史文化传承分析》[5]，刘春华的《中药老字号产业兴衰史论》[6] 和邱俊玲的《老字号档案记录晋商历史脉迹》[7]。有

---

[1] 付勇，刘秀兰．激活中华“老字号”的观念：传统民营企业制度障碍剖析［J］．西南民族大学学报，2006（10）．

[2] 付勇．营销“短板”与中华“老字号”的没落［J］．商业经济与管理，2004（9）．

[3] 石菡贞，潘希颖．从品牌视角看我国老字号营销问题及对策［J］．安徽农业科学，2006（2）．

[4] 杨朝辉．文化视觉形象链接中国老字号的传承与创新［J］．装饰，2006（2）．

[5] 尤士洁．苏州食品餐饮老字号的历史文化传承分析［J］．中国商贸，2012（3）．

[6] 刘春华．中药老字号产业兴衰史论［D］．哈尔滨：黑龙江中医药大学，2008．

[7] 邱俊玲．老字号档案记录晋商历史脉迹［N］．中国档案报，2012-12-13．

从经济理论切入的，如朱子敬的《老字号特许经营研究》[1]，许峰的《老字号企业营销的SWOT分析及振兴策略》[2]，谢质卓的《上海老字号餐饮企业的数据库营销》[3]，陶云彪的《老字号品牌激活策略——基于Aaker理论》[4]和王成荣、李诚、王玉军的《老字号品牌价值》[5]等。有从文化视域进行解读的，如林国建、宋伟的《中华老字号企业品牌文化的创新发展》[6]，方敏、杨朝辉的《文化经济下的中华老字号品牌传播》[7]，于文萍、海棠的《老字号文化价值剖析》[8]和何方的《中华老字号文化现象探秘》[9]。有以法律理论为切入点的，如王正志等著的《中华老字号：认定流程、知识产权保护全程实录》[10]，储敏的《我国商号法律制度存在的问题及完善措施》[11]，佘澜、皮林的《少数民族老字号法律问题探讨》[12]和郑伦幸、聂鑫的《论"老字号"法律保护的法理学基础》[13]等。还有从艺术角度进行解析的，如邢建武的《从设计角度看老字号的传承与发展——以天津老美华鞋店为例》[14]和张新佳的《长沙老字号招牌艺术符号文化研究》[15]。此外还有按行业来进行剖析的，如李相武的《中国餐饮业老字号的民族文化研究》[16]，熊长博的《中医药老字号的现代化

[1] 朱子敬. 老字号特许经营研究 [J]. 东方企业文化，2010 (14).

[2] 许峰. 老字号企业营销的SWOT分析及振兴策略 [J]. 黑龙江对外经贸，2011 (1).

[3] 谢质卓. 上海老字号餐饮企业的数据库营销 [J]. 企业研究，2011 (6).

[4] 陶云彪. 老字号品牌激活策略——基于Aaker理论 [J]. 企业活力，2011 (4).

[5] 王成荣，李诚，王玉军. 老字号品牌价值 [M]. 北京：中国经济出版社，2012.

[6] 林国建，宋伟. 中华老字号企业品牌文化的创新发展 [J]. 管理科学文摘，2006 (12).

[7] 方敏，杨朝辉. 文化经济下的中华老字号品牌传播 [J]. 文艺研究，2010 (12).

[8] 于文萍，海棠. 老字号文化价值剖析 [J]. 前沿，2012 (1).

[9] 何方. 中华老字号文化现象探秘 [J]. 企业改革与管理，2012 (5).

[10] 王正志，等. 中华老字号：认定流程、知识产权保护全程实录 [M]. 北京：法律出版社，2007.

[11] 储敏. 我国商号法律制度存在的问题及完善措施 [J]. 知识产权，2008 (8).

[12] 佘澜，皮林. 少数民族老字号法律问题探讨 [J]. 湖北民族学院学报：哲学社会科学版，2012 (3).

[13] 郑伦幸，聂鑫. 论"老字号"法律保护的法理学基础 [J]. 湖南社会科学，2012 (5).

[14] 邢建武. 从设计角度看老字号的传承与发展——以天津老美华鞋店为例 [J]. 大众文艺，2010 (3).

[15] 张新佳. 长沙老字号招牌艺术符号文化研究 [D]. 株洲：湖南工业大学，2007.

[16] 李相武. 中国餐饮业老字号的民族文化研究 [D]. 北京：中央民族大学，2006.

之路》[1]。比较成系统成规模的则要数按地域划分进行的研究，如王红撰写的《老字号》[2]，郑孝时、孔阳的《明清晋商老字号》[3]，戎彦的《宁波老字号复兴之道初探》[4]，刘百苓的《浅析北京老字号发展的外部条件》[5] 和戎彦编著的《浙江老字号》[6]。值得一提的是，由政府号召，多位学者联合出版了旨在弘扬老字号文化或抢救其文化遗产的系列书籍，如《杭州老字号系列丛书》[7]，丛书分医药篇、美食篇、建筑篇、货币金融篇、茶业篇和百货篇章，此外还有《金华老字号》[8]，《河南老字号》[9] 等。

值得一提的是，2010 年开始，中国人类学民族学研究会企业人类学专委会开始了全国范围的老字号大调研活动[10]，积累了许多老字号企业、行业资料，产生了许多研究成果。据统计，迄今为止，课题组已累计深入调查老字号企业近 80 家，出版《老字号蓝皮书》1 部[11]、《老字号绿皮书》5 部[12]、相

---

[1] 熊长博. 中医药老字号的现代化之路［D］. 济南：山东大学，2011.

[2] 王红. 老字号［M］. 北京：北京出版社，2006.

[3] 郑孝时，孔阳. 明清晋商老字号［M］. 北京：中国经济出版社，2006.

[4] 戎彦. 宁波老字号复兴之道初探［J］. 现代经济，2007（2）.

[5] 刘百苓. 浅析北京老字号发展的外部条件［J］. 首都师范大学学报：社会科学版，2009（S1）.

[6] 戎彦. 浙江老字号［M］. 杭州：浙江大学出版社，2011.

[7] 路峰. 杭州老字号系列丛书［M］. 杭州：浙江大学出版社，2008.

[8] 黄小杭，陈天堂，崇岩，等. 金华老字号［M］. 北京：方志出版社，2010.

[9] 夏挽群，程健君. 河南老字号［M］. 郑州：大象出版社，2011.

[10] 此次大调研活动从 2010 年 11 月开始酝酿，2011 年 3 月开始启动和实施调查。全国各地 30 多位调研人员，包括来自中国社会科学院、云南社会科学院、辽宁社会科学院、浙江大学、西南大学、商务部、老字号企业的老师、企业管理者和学生们参与了实地调查和研究工作。该调研属于国内率先开展的全国范围的老字号专项调研活动，调研形式包括问卷调查和典型案例调查等。

[11] 参见张继焦，丁惠敏. 老字号蓝皮书——中国“老字号”企业发展报告 NO. 1（2011）［M］. 北京：社会科学文献出版社，2011.

[12] 分别为张继焦，刘卫华. 老字号企业案例及发展报告 No. 2（2013-2014）［M］. 北京：中央文献出版社，2014. 张继焦，刘卫华. 老字号企业案例及发展报告 No. 3（2015-2016）［M］. 北京：中国市场出版社，2015. 张继焦，刘卫华. 老字号企业案例及发展报告 No. 4（2016-2017）［M］. 北京：中国市场出版社，2016. 张继焦，刘卫华. 老字号企业案例及发展报告 No. 5（2017-2018）［M］. 北京：中国市场出版社，2018. 张继焦，刘卫华. 老字号企业案例及发展报告 No. 6（2019-2020）［M］. 北京：中国市场出版社，2019.

关书籍10多本[1]，主持省级以上老字号研究课题20余项[2]，撰写研究论文近百篇，起草老字号认定地方标准1项[3]。这些调查和实证研究掀起并引领了国内老字号研究的浪潮，丰富了老字号案例库，为老字号理论研究奠定了重要的研究基础，并逐步会集了一批研究成员，共同聚焦老字号这一研究对象，开展深入而广泛的探讨，在社会产生了较大的影响。之后，以老字号为牵引，企业人类学开展了更多复杂组织或群体的实证研究。以老字号为重点的学术大调研活动，开启了复杂社会、复杂组织的研究序幕。[4]

（三）老字号工匠精神传承研究述评

工匠精神是文化演进中的一种价值取向、追求与行为，其本身就是一种文化记忆，使人类在制造文化演进过程中的任何阶段都保有双重维度性，但目前国内从文化记忆角度解释工匠精神的研究还处于缺失状态。“工匠精神”这个词是个“新鲜面孔”，所以关于老字号工匠精神的研究可以主要从体现“匠人”“匠心”“匠品”三方面的文献中探寻，其中，“匠人”“匠品”是有形的，“匠心”是无形的，三者交互作用，缺一不可。相关研究以历史为序，可分为三个阶段。

第一个阶段为古代文献记述，包括传统文化价值观中关于工匠精神的记载，如《公羊传》中“巧心劳手人以成器物曰工”，《诗经》中“如切如磋，如琢如磨”。“老字号”作为传统手工艺制造承载者，也有许多历史文献可见

---

[1] 包括《北京西城老字号谱写丛书》《中国老字号的传承与变迁》等。

[2] 包括国家社会科学规划基金一般项目《文化记忆视域下老字号工匠精神传承研究》，中国社会科学院民族学与人类学研究所创新工程项目《城市民族问题调查研究》，辽宁省社科规划基金项目《辽宁老字号餐饮品牌的发展瓶颈和突破路径研究》和《辽宁老字号文化研究》，辽宁省社科联年度基金项目《辽宁老字号史研究》，北京市社科联青年社科人才资助项目《影响北京西城中华老字号发展的关键因素分析》和北京市西城区社科联《西城老字号谱系研究》资助项目等。

[3] 2021年，《“辽宁老字号”认定通则》（DB21/T 3420—2021），被确定为辽宁省地方标准。课题负责人担任主要起草人。

[4] 王焯. 企业人类学的发展历程、研究范式和学术意义：再论人类学的“第四次革命” [J]. 青海民族研究，2022（1）.

端倪。《东京梦华录注》中记载“会仙酒楼”管理非常严格，分工明确、追求品质，妇人“腰系青花布手巾”“为酒客换汤斟酒”。《旧京琐记》记载“又有肉市之正阳楼，以善切羊肉名，片薄如纸，无一不完整”。

第二个阶段为新中国成立至 21 世纪初。改革开放前研究较少，颜斌、王述（1961）以一得阁为例，认为技术革新是老字号保持生命力的必经之路。改革开放期间，老字号转企改制，喜忧参半，催生了学术界对其发展前景的普遍关注。孔令仁、李德征（1998）记述了 1633 家老字号的传承脉络和技术技艺特点；许素琨（1999）指出，香港“超群”西饼连锁店的衰落原因主要在于任人唯亲，疏于管理。值得一提的是，费孝通在《社会学和企业管理》（1980）中指出，中国如何从小农经济为基础的大国发展成一个现代工业国家，这是社会学、人类学者值得深入研究的问题。在该观点的启发下，相关学者开始思考企业、人与文化的社会关系及功能，包括传统制造中的文化传承问题。李培林（1992）对中国企业组织非经济特征进行了分析，马戎、王汉生（1994）指出了非正式社会关系对乡镇企业运行的诸多影响。其间，国外社会学者对企业文化的研究逐渐兴起并初具规模，如 P. way（1976）、H. A. Applebaum（1981）等指出，不同行业的企业及其工人都拥有独特的文化，这些“精神”是制约企业或行业发展的关键要素。村山元英（2002）指出，日本企业文化特色是使外来文化的日本化原理与日本经营者的传统伦理观结合。虽然老字号也是传统企业的重要组成部分，但是当时国内从社会学角度研究其企业文化（工匠精神）的为数寥寥。

第三个阶段为 21 世纪初至今。2006 年商务部颁布振兴老字号工程文件，老字号受到学术界普遍关注，相关研究激增，并呈现多学科并驾齐驱和交叉趋势。王成荣、李诚、王玉军（2012）从管理学角度，提出综合评估老字号品牌价值的 THBV 量化方法；张继焦（2011、2013、2015、2017）从社会学、人类学角度，在全国范围内按行业、类型、地区开展老字号现状和问题研究，出版了系列“老字号”皮书，社会反响较大，由此带动了一批相关学者对老字号企业文化的关注。赵巧艳、闫春（2015）指出老字号的文化资本是其竞争优势；高崇（2016）以香港甄诚记糖果公司为个案，分析了老字号如何创造、使用和处置经营空间过程中面对的社会因素和社会关联问题。2016 年，“工匠精神”这一概念在国务院《政府工作报告》中被正式提出后，相关研究增速明显。邓成（2014）认为，影响当代职业教育塑造工匠精神的两大因素是历史文化传统偏见和当代教育体制弊端；周庭锐（2015）认为，中国制造复兴关键在于工匠精神；肖群忠、刘永春（2015）认为，工匠精神是优良制造的灵魂，有助于工作者自我价值的实现。

由于老字号是个本土说法，国外相关研究基本上是基于“长寿型”企业而说的。随着传统制造与现代工业制造的不断变革，关于传统企业工匠精神传承的研究也层出不穷。亚力克·福奇（2014）认为，百年来工匠精神如同一台不知休止的发动机，引领着美国成为创新者的国度；法兰克福经济学家博飞（2015）认为，不管行业环境如何变化，德国制造业研发人员始终“专注”和追求“完美”，这是德国制造领先国际的关键。

国内许多研究都涉及了老字号中人、产品和经营理念的保护与发展问题，这些都属于工匠精神传承的范畴，但是将老字号和工匠精神这两个概念明确结合并进行系统、深入的研究几乎没有，亟待全面深入展开。

四、研究内容

史料和实地调研可知，老字号历经百年兴盛不衰，究其原因，除了独门手艺、产品外，还有一个重要因素就是坚守生产和管理的品质，而坚守主要靠的就是严格的铺规店规、世袭祖训或经营理念。如胡庆余堂“戒欺”匾额中的“采购务真，修制务精”；同仁堂曾奉行的“自东自掌”祖训家规。世代相袭的“店规”“祖训”衍生至今，形成了独特的企业文化，这些都是老字号的工匠精神所在。

工匠精神作为文化记忆的一种存在形式，是老字号文化价值的核心内涵，是老字号企业精神传承的重要因子。从创办之初的传奇故事再到传承至今的祖训店规，从一个个活灵活现的老物件再到名人题匾、标志性的店面，种种带有历史或文化象征意义的物质和非物质遗产都是老字号文化记忆传承中重要的存储媒介；人们再通过存储媒介的现实化、区分化和强化等行为（即功能记忆行为），来实现对文化记忆的有效传承。作为文化记忆的两种形式，存储记忆和功能记忆并不是完全割裂开的。文化记忆的开始与复兴总是以对过去进行回溯的形式出现的，这也体现了文化记忆的传承路径，即是一种在过去、回忆、重构之间无限循环的过程。

工匠精神是一种循环的文化记忆建构过程。工匠精神作为制造业企业文化，形成了文化演进中的一种价值取向、追求与行为，承载者包括“匠人”“匠品”“匠心”三个层面。不同时代、不同行业、不同民族、不同地域，其审美情趣、价值观和制造习惯等不尽相同，使得工匠精神传承具有了历史性、地域性、民族性和行业性。在老字号工匠精神的传承过程中，不仅会受到文化要素的影响，也会受到政治、社会等要素的制约。个体与集体、历史与现代、回忆与重构的时空对接碰撞出了无数火花。

文化记忆传承链条上各个功能要素的循环作用，使得老字号的工匠精神得以不断断裂与重构，由此催生了对企业的群体共识与文化认同，最终内化为一种珍贵的企业精神，助力企业屹立百年，世代承袭。这些要素也成了一种“结构性遗产”。这是弘扬工匠精神需要深度思考并准确把握的核心问题。

鉴于理论和实践层面的双重需求，本研究拟探讨的主要问题有：作为一种文化记忆的老字号工匠精神的传承内涵是什么？表现形式有哪些？具备什么样的特性？传承的动力机制包括哪几方面？由这些传承元素组合而成的老字号工匠精神是如何建构的？需要搭建什么样的传承路径来解决突出的实际问题？同时验证和解析文化记忆理论中类型说、媒介说、模式说等几个主要理论。

研究对象主要有两个方面。一是老字号工匠精神。属于制造业（传统手工艺与现代工业）企业文化范畴，是文化演进中的一种价值取向、追求与行为，承载者包括具体的制造者（个人与组织）和产品两个层面。不同时代、不同行业、不同民族、不同地域，其审美情趣、价值观和制造习惯等不尽相同，使得老字号工匠精神传承具有了历史性、地域性、民族性和行业性。二是文化记忆的构建。老字号工匠精神的传承是一种个人或组织的过去——回忆——建构的循环过程，通过这些文化意义的循环，形成了“一种价值、经验、期望和理解”，促生了一种“共识”。在这个过程中，个体与集体、历史与现代、回忆与重构的时空对接碰撞出了无数火花，工匠精神文化得以不断构建并且世代相传。

研究思路主要包括六个方面。一是文献整理和理论假设。梳理、分析和归纳国内外有关学术文献。涉及老字号、工匠精神、文化记忆等，重点关注学科为人类学、社会学、历史学、管理学、经济学等。二是规模调研。以行业（餐饮、医药、工艺美术、文房四宝、金融、服饰等）为类别，选择200多家老字号企业作为调研对象，开展问卷调查和分析工作。三是个案研究。根据前期调研结果，从上述老字号企业中选择6个左右具有代表性的个案，开展深入的田野调查，进行民族志式的描述，把握传承历史、现状、特点和问题等。四是材料分析。分析归纳我国老字号企业工匠精神历史脉络、发展特点、突出问题、动力机制等。五是理论回归。通过归纳总结老字号工匠精神传承的模式、类型、功能、动力机制等，验证文化记忆理论的类型说、媒介说、模式说和功能说。六是对策建议。结合以上理论研究，根据新时代发展需要，响应国家政策号召，提出传承我国老字号工匠精神文化、保护文化遗产、加强品牌建设、建构中国学术体系等方面的对策建议，为政府部门、从业人员、科研工作者提供理论和实践依据，实现科研成果的有效转化。

研究的重点难点主要包括：一是对老字号工匠精神传承问题进行定性定量分析，对具有突出表现的“匠人”“匠心”“匠品”进行个案分析，同时综合调查与评估结果，归纳老字号工匠精神作为一种文化记忆在传承发展进程中的内涵、形式、动力机制、功能路径等，探讨企业、人与文化交互功能的社会性问题。二是老字号企业涉及门类众多，具有地域性、行业性、民族性、政治性、时代性等不同特点，其工匠精神兼具文化、社会、历史和市场多重价值因素，需要大量并合理地分配调研资源，评价标准和具体的传承特点、方式与内容等也需要分类对待，不能一概而论。需要通过大量田野调查，掌握丰富的一手资料，以充分保护与利用老字号工匠精神文化为前提，分析、评估和探讨老字号企业文化的有效传承发展模式，促进老字号创造更多的社会、经济和文化价值，同时检验与论证文化记忆理论。

五、研究方法

主要采取了五种研究方法。一是文献法。文献资料主要来源于纸质书刊、互联网和高校图书数据平台（万方数据库、中经网、学术期刊网、中国高校人文社会科学文献中心等。二是问卷调查法。利用网络媒介，以行业为类别，选择山东、辽宁、黑龙江、陕西、山西、福建、广东等地的老字号企业，以老字号企业从业人员作为受访人，调查内容主要包括“市场营销”“品牌建设”“技术传承”“社会责任”“综合情况”等方面，回收问卷 261 份（原则上每家老字号企业填写 1 份）。三是田野调查法。主要实施于个案的实地调查中，选择 6 个左右代表性个案分别同时进行为期 1～2 年的跟踪调查，主要观察对象为企业管理者、企业员工、政府管理者、老顾客等。由于受新冠疫情影响，个案研究主要集中于辽宁、北京、山西等地的老字号和文化遗产项目。四是比较分析法。包含四个层面，即行业、地域、时代、国内外。五是定量分析法。以问卷为基础，进行比率、趋势、结构和对比分析等。

（一）文献法

撰写并出版了学术专著《百年百号：老字号的传承与变迁》，将老字号作为专题进行描述，既是对中国老字号的基础研究进行完善和补充；也是希望以老字号为切入点，从其精美的工艺、坚守的信誉、独特的经营理念和勇于创新钻研的“工匠精神”“企业家精神”等，窥探五彩斑斓的中国经济和社会文化传承历史。全书共分六章，对餐饮业、服饰业、工艺美术类、金融业和药业五大行业共计 110 家老字号进行了个案研究，而且对老字号的行业历史发展特点也进行了综合性的归纳总结。希望能有助于老字号企业做精做强，而且可以延伸至其他制造业领域，助推“中国制造”的个性化、质量化、品牌化和创新化。

书中援引了大量学者的研究成果。其中有孔令仁、李德征主编的《中国老字号》，该书倾注了全国各地民俗专家们的心血，可谓迄今为止介绍中国老字号情况最全面和翔实的珍贵资料。由段炳仁主编、王红撰写的《老字号》是近年来关于北京老字号兼具学术性和趣味性的著作。同时还参考了曾纵野《中国名酒志》、中国人民政治协商会议北京市委员会文史资料研究委员会编《驰名京华的老字号》、谢牧、吴永良《中国的老字号》、侯式亨编著《北京老字号》，童书业《中国手工业商业发展史》，郑孝时、孔阳《明清晋商老字号》，宋宪章《杭州老字号系列丛书·美食篇》，赵大川《杭州老字号系列丛书·百货篇》，陆峰、陈婉丽、徐敏编《杭州老字号系列丛书·医药篇》和戎彦编著《浙江老字号》等。此外，2011、2014、2018 年出版的"老字号"皮书系列，是全国层面上老字号应用研究的代表作之一，里面涵盖许多分行业、分地区的老字号研究资料，为课题的文献研究提供了丰富的文献资料。

（二）问卷调查法

委托山东省老字号协会、辽宁省老字号协会、黑龙江省老字号协会、广东省老字号协会、厦门市老字号协会、南京市老字号协会、陕西省商务厅等社会组织或政府部门，开展了"老字号工匠精神传承"专题调查。受访企业来自全国 14 个省和直辖市，涵盖了餐饮、零售、食品、酿造、医药、服装鞋帽、文化用品、日用化工等行业，样本分布符合老字号行业比例，并充分考虑了行业和地区的代表性。调查共收回问卷 261 份（原则上每家企业填报 1 份），受访者均为老字号企业的管理人员（见表 0-2、表 0-3）。

表 0-2 问卷调查样本来源（分行业）

选 项	小 计/份	比 例/%
餐饮	34	13.03
零售	14	5.36
食品	96	36.78

续表

选　项	小　计/份	比　例/%
酿造	57	21.84
医药	20	7.66
服装鞋帽	7	2.68
文化用品	10	3.83
日用化工	1	0.38
酒店	0	0
美容美发	0	0
其他行业	22	8.43
本题有效填写数量	261	

表 0-3　问卷调查样本来源

地　区	小　计/份	比　例/%
山东	120	45.98
辽宁	71	27.2
山西	30	11.49
黑龙江	18	6.9
陕西	5	1.92
福建	4	1.53
广东	4	1.53
吉林	3	1.15
北京	1	0.38
广西	1	0.38
河北	1	0.38
湖南	1	0.38
江苏	1	0.38
浙江	1	0.38
本题有效填写数量	261	

（三）田野调查法

除了《百年百号：老字号的传承与变迁》中收录的110家老字号案例之外，课题组成员赴中国四大名鸡的“沟帮子尹家熏鸡”、中国四大银楼的“萃华金店”、中国三大笔庄的“胡魁章笔庄”、山西六味斋、山东张裕葡萄酒、杭州张小泉、北京稻香村、满族酒业“祖家坊”、七大国产饮料老字号“八王寺”等老字号进行了田野调查，个别案例如“胡魁章”“紫霞堂”跟踪调查已近八年，并由于老字号作为品牌的内涵实质和与文化遗产保护的共通性，对自主品牌、文化遗产领域的研究对象进行了大量实地调研。笔者发表了《过去、回忆、建构：“老字号”文化记忆的人类学阐释：以祖家坊为个案》《文化记忆视阈下工匠精神传承机制的比较研究：以辽宁和鲁尔为个案》《老字号文化记忆功能的企业人类学解读：以沟帮子尹家熏鸡为例》等以个案研究为重点的核心期刊论文，在《今日辽宁》撰写老字号专栏，担任《匠心百年：品牌鞍山振兴之路》《荣耀与征程：辽宁品牌70年》等著作的主编，担任《辽宁老字号》《手艺辽宁》《味道辽宁》等纪录片主要专家顾问。

（四）比较分析法

研究过程进行了行业比较（文房四宝、国产饮料业）和区域比较（辽宁与鲁尔）分析研究，同时将2013年全国范围内的老字号调查问卷分析结果与课题开展的2020—2022年度老字号调查问卷结果进行了比较分析，在营销策略、企业优势、社会责任、技术创新等方面进行了多维度的横向与纵向对比性分析研究。

六、研究意义

（一）理论意义

将老字号工匠精神作为一种文化记忆存在，从企业、人与社会功能的角度来挖掘其保护、传承和创新模式，对社会学意义下涵养企业精神、培育现代企业文化等问题在案例库、理论等层面进行补充与完善，对文化记忆理论也进行了深度解析和验证，同时通过老字号理论研究为新兴交叉学科“企业人类学”提供理论框架的构建和方法论的创新，助推中国本土理论建设。

第一，基于老字号的发展特点，课题在深耕老字号文化研究，尤其是其承载的中华民族传统商业文明方面进行了发展和完善。一方面梳理了老字号的历史沿革，对老字号的定义与命名方式进行了归纳。另一方面，对老字号的发展概况及分行业的老字号发展脉络进行了分析，总结了老字号企业的发展特点。通过展现我国老字号文化的内涵价值、资源基础和时代优势，将老字号文化纳入传承中华民族优秀文化体系之中，积极传播和弘扬中国优秀传统商业文化。

第二，对文化记忆角度研究老字号工匠精神的问题进行了必要的补充。工匠精神是“中国制造”的核心精神所在，虽然国内许多相关研究都涉及了老字号之人、产品和经营理念的保护与发展问题，这些都属于工匠精神传承的范畴，但是将“老字号”“文化记忆”和“工匠精神”这三个概念明确结合并进行系统、深入研究的较少。在一定程度上，课题弥补了目前国内从文化记忆角度解释工匠精神的研究的缺失问题。

第三，以老字号研究为出发点，完善了企业人类学学科的建设。2010 年开始，企业人类学开始了中国老字号大调研活动。通过大量的实地调查，掌握了许多老字号企业资料，并积累了许多研究成果。以老字号为牵引，企业人类学开展了更多复杂组织或群体的实证研究，包括老商街、特色小镇等。从个案研究到群体、区域研究，体现了企业人类学从微观到中观、宏观的发展趋势。通过多年的老字号、老商街、城市复兴、文化遗产等专题的研究，企业人类学这门新兴交叉学科在案例库、理论模型、方法论和学术网络建设等层面得以不断完善与补充，研究范畴也得以逐步扩展和深化，创新地形成了一套比较完整的学科研究范式，成为中国本土社会科学理论研究的创新代表之一。

课题研究期间，研究团队发表了 6 篇核心期刊和 2 篇外国期刊论文，出版了1部学术专著，在重点报刊及内参发表了11篇文章，主持16项省、市级课题，其中重大和重点6项，研究报告获得省级领导批示10项，其中正省级5项，获得奖项8项等，累计阶段成果70多份，努力践行了课题的理论研究价值。

（二）现实意义

1956年3月4日，毛主席在《加快手工业的社会主义改造》一文中指出："手工业中许多好东西，不要搞掉了。王麻子、张小泉的刀剪一万年也不要搞掉，我们民族的好东西，搞掉了的，一定都要来个恢复，而且要搞得更好一些。"❶ 课题从老字号的发展脉络出发，对老字号的历史沿革、命名方式、发展概况进行梳理与分析，通过展现老字号企业传统技艺、商业信誉、经营理念、社会责任和创新钻研等情况，总结和归纳老字号企业的发展特点，为老字号工匠精神传承的理论研究提供丰富的实践依据。

从大量史实和调研资料可知，工匠精神是老字号企业精神中的重要内容，铸就了老字号独特的企业文化、宝贵的无形资产和核心价值，具有重要的社会功能。对老字号之工匠精神传承问题进行深入挖掘和系统研究，不仅有助于老字号企业做精做强，而且可以延伸至其他制造业领域，实现"中国制造"的个性化、质量化、品牌化和创新化。这是弘扬中华优秀传统商业文化的迫切需要，是培育和塑造"中国品牌"的源泉给养，是推动"中国制造"加快走向"精品制造"的时代诉求。

2016年1月，国务院《政府工作报告》中明确指出要"鼓励企业开展个性化定制、柔性化生产，培育精益求精的工匠精神，增品种、提品质、创品牌"。2016年5月，国务院总理李克强主持召开国务院常务会议时又明确提出："培育和弘扬精益求精的工匠精神，引导企业树立质量为先、信誉至上的经营理念，立足大众消费品生产推进'品质革命'，推动'中国制造'加快走向'精品制造'，赢得大市场。"2017年党的十九大报告在"深化供给侧结

❶ 毛泽东选集：第五卷［M］. 北京：人民出版社，1977：265.

构性改革”中重申了“工匠精神”，提出“建设知识型、技能型、创新型劳动者大军，弘扬劳模精神和工匠精神，营造劳动光荣的社会风尚和精益求精的敬业风气”。“工匠精神”这个词自从先后在2016年政府工作报告和国务院会议中被明确提出，如今已经进入政府视域，成为一种时代追求。可是，工匠精神到底是什么？以前并没有进行过准确的提炼。政府工作报告、国务院常务会议、中国质量奖、《大国工匠》《我在故宫修文物》等关于工匠精神的指导性意见、评选和文艺作品不停刷新着存在感，相关研究却相对滞后。

如今，中国的工匠精神随着经济结构转型和社会运转大环境的变化而变化。李培林认为：“真正决定一个国家是否实现现代化的因素并非与自身文化传统的完全决裂，而是社会结构的转型。因为如果从深层意义上来理解，传统本身就是一个蕴含着过去、现在和未来的动态积淀过程。”工匠精神作为一种文化记忆，是传统制造与现代制造最宝贵的无形资产和核心价值，具有重要的社会功能。与传统的工匠精神脱离并不见得就是现代企业，但可以通过现代营销手段等方式赋予传统企业以时代性，实现“中国制造”的个性化、质量化、品牌化和创新化。这是弘扬中华优秀传统商业文化的迫切需要，是培育和塑造“中国品牌”的源泉给养，是推动“中国制造”加快走向“精品制造”的时代诉求。

“让文物活起来”是新时代中国特色社会主义文化思想的重要观点之一。习近平总书记曾多次提出各级党委和政府要增强对历史文物的敬畏之心，树立保护文物也是政绩的科学理念的要求，要全面贯彻“保护为主、抢救第一、合理利用、加强管理”的工作方针。“让文物活起来”与文化记忆的功能性正是一种实践与理论的协同，中华大地丰厚的文化遗产是历史的见证与诉说者，我们应该将包括老字号在内的文化遗产资源转化成传承和弘扬中华优秀传统文化的重要载体，创新传承。很多老字号企业都是非物质文化遗产的保护单位或技艺拥有者，许多可移动或不可移动文物都承载着老字号的文化记忆，因此，文化遗产保护的问题需要得到老字号研究者的重视，老字号企业也应该深入思考，如何纳入文化遗产的保护体系，借助“让文物活起来”的东风，提高传统生产工具、题字、牌匾、古迹、旧居、生存空间的挖掘和保护效能。

老字号的定义落脚点即是自主品牌。品牌是质量强国战略的重要抓手。从近几年国家设立并举办“中国品牌日”、开展品牌价值评价、品牌发展国际论坛、自主品牌展览等活动中不难看出，社会各界对品牌问题的重视度和参与度越来越高。国家通过举办品牌系列活动，旨在强调引导企业大力弘扬专业精神、工匠精神，在市场公平竞争、消费者自主选择中涌现更多享誉世界的中国品牌。但是老字号品牌之争此起彼伏，这不仅仅是一个法律视角下的商标注册问题，需要从历史、人文和社会价值进行多重考量。通过对老字号品牌竞争优势的系统研究，为老字号保护核心竞争力提供学理和实证支撑。

目前，许多老字号借助改革开放的春风，发展规模不断壮大，不仅分店遍及全国，而且国外许多地区也有开设，在海内外华人圈中影响深远。诸如同仁堂、马应龙、王老吉、恒顺、茅台、老凤祥、中国宣纸集团（红星）和健民制药集团（叶开泰）等都已成为上市公司，发展前景相当可观。“传承500年比做500强更重要”，这是老字号从业者的心声，也是老字号品牌振兴的基本理念。所以，课题研究的一个重要意义就是积极推动老字号品牌打造进程，积极加强、规范“中华老字号”和地方省市级老字号的申报、认定和振兴工作，鼓励符合条件的老字号企业开展品牌价值评价，增强知识产权保护意识，加大品牌推广力度，让老字号这一中华商业文明的传承载体各美其美、美人之美、美美与共、天下大同。

第一章　老字号的传承历史、现状与特点

字号，是商品经济发展到一定阶段，市场发达、商业分工细化和商品种类繁多的必然产物，字号的演变与商品市场的发展息息相关。老字号作为我国工商业发展中孕育的自主品牌，在不同历史时期呈现着相应的行业、地域等发展特点，其世代相袭的产品、服务特色、独特的管理理念等，代表着我国传统的商业文化精髓及其品质，是质量与信誉的象征，在经济和文化领域具有深远的影响。

一、老字号的定义与命名方式

关于中国老字号的定义众说纷纭。胡子昂在《中国的老字号》一书的序言中指出老字号是“历史悠久的工商文化企业。……共同特点：信誉第一，服务周到，制度严密，精益求精……”❶ 孔令仁、李德征在《中国老字号》丛书中认为，中国老字号企业是“具有丰富的历史文化内涵，在企业名称、产品形象、经营理念、管理方式等方面无不体现出浓厚的中国传统色彩”❷ 的老企业。王红在《老字号》一书中认为：“老字号，是经过时间的历练，具有悠久的历史，拥有独特的产品，特殊的经营理念，优质的服务，良好的品牌信誉，在社会上具有影响力的知名工商企业。”❸ 王正志在《中华老字号：认定流程、知识产权保护全程实录》中指出中华老字号是“具有鲜明的中华民族传统文化背景和深厚的文化底蕴，取得社会广泛认同，形成良好信誉的品

---

❶ 谢牧，吴永良. 中国的老字号［M］. 北京：经济日报出版社，1988：序.

❷ 孔令仁，李德征. 中国老字号：第一卷［M］. 北京：高等教育出版社，1998：2.

❸ 段炳仁主编，王红著. 老字号［M］. 北京：北京出版社，2006：2.

牌的字号。”❶《中国“老字号”企业发展报告》中认为老字号的核心能力为“拥有世代传承的产品、技艺或服务，以及具有良好信誉和相当价值的品牌。”❷ 2006 年，商务部印发的《商务部关于实施“振兴老字号工程”的通知》中明确指出：“‘中华老字号’是指历史悠久，拥有世代传承的产品、技艺或服务，具有鲜明的中华民族传统文化背景和深厚的文化底蕴，取得社会广泛认同，形成良好信誉的品牌。”经商务部重新认定的“中华老字号”现共有 1122 家，认定条件为：拥有商标所有权或使用权；品牌创立于 1956 年（含）以前；传承独特的产品、技艺或服务；有传承中华民族优秀传统的企业文化；具有中华民族特色和鲜明的地域文化特征，具有历史价值和文化价值；具有良好信誉，得到广泛的社会认同和赞誉；国内资本及港澳台地区资本相对控股，经营状况良好，且具有较强的可持续发展能力。经商务部认定的“中华老字号”都是历史悠久、至今尚存的，但还有许多老字号未经认定或已经消失，却在中国商业发展史上产生过深远影响，如钱庄票号业老字号日升昌等。

本研究中的老字号为中国人自主创造、历史悠久和世代传承的商业店铺、企业及其品牌，包括商务部认定的“中华老字号”，也包括未经认定或已经消失的知名老字号。这些字号有的历时数百年，有的昙花一现，但却与我们的日常生活息息相关，是中国商业品牌的精华所在，也是中华传统文化的瑰宝，见证着中华商业文明的发展脉络与传承特点。

我国老字号的命名形式主要来源于以下五种方式：

一是基于创办者的姓名、姓氏、乳名或外号等。如杭州最为知名的制扇业老字号“王星记”，其创始人叫王星斋；“马家烧麦”创始人为回民马春手；“老边饺子”的创办者名叫边福；“王致和”的开办者为安徽仙源县举人王致和；“吴肇祥茶庄”的创办者为安徽歙县人吴肇祥；久负盛名的以经营帽

❶ 王正志. 中华老字号：认定流程、知识产权保护全程实录［M］. 北京：法律出版社，2007：3.

❷ 张继焦，丁惠敏，黄忠彩. 中国“老字号”企业发展报告［M］. 北京：社会科学文献出版社，2011：3.

子为主的中华老字号“马聚源”，其创办者是直隶人马聚源；“吴良材眼镜店”的创办者叫吴良材；“胡魁章笔庄”的创建者为浙江人胡魁章；杭州“邵芝岩笔庄”的创始人，是年仅18岁的浙江慈溪人邵芝岩；杭州最为著名的丝织业老字号“都锦生”的兴办人为著名民族企业家都锦生；“王麻子剪刀”字号的由来是因为创办者王青山脸上有麻子，所以人们就把这家店俗称为“王麻子”；而广东较为知名的以生产凉茶为主的药业老字号“王老吉”，其创办者为王泽帮，小名阿吉。

有的字号得来于继承者的姓名，如“德昌源”豆腐乳作坊由杨德昌继承后便将江东源改名为“德昌源”；杭州最为知名的剪刀业老字号“张小泉”，创办者为安徽黟县制剪高手张思家，张小泉为其子；中国现存历史较为悠久的药业老字号“马应龙”，起初叫“定州眼药”，后创办者马金堂的后人马应龙将其改为“马应龙定州眼药”；“胡开文徽墨”创始人是近代徽墨创始人胡天柱之子胡余德，由于承袭制墨高手胡开文一脉，因而得名。

还有的字号各取家族成员或合伙人名中一字，如“义聚合钱庄”乃各取兄弟王德义、王德聚和王德合中的一个字；“陈李济”的创办者为陈体全和李升佐，字号意思是“陈李二人共同经营，同心济世”。

此外，有些字号根植于创办者的姓名，在其基础上又加上了祈福祝愿的词汇，比如“全聚德”取“全而无缺，聚而不散，仁德为先”的寓意，又突出了创办者杨寿山字号的“全仁”二字；黄山毛峰代表老字号“谢裕大茶庄”，“谢”为姓氏，“裕大”取“光前裕后”的“裕”字和“大展宏图”的“大”字，寓意光大门闾、光宗耀祖、造福子孙、光前裕后、大展宏图；著名帽业老字号“盛锡福”，“盛”即繁荣昌盛，“福”即幸福吉祥，“锡”取自创办者张锡三的“锡”字，又与“赐”通假，有赐予之意；历史悠久的绍兴黄酒业老字号“沈永和”，创始人是江苏省吴兴人沈良衡，“沈永和”之“沈”字取其姓，“永和”二字意味着“永远和气生财”；我国近现代历史最负有名望的葡萄酒老字号“张裕”，创办者张弼士在南洋和两广开办的许多公司都以“裕”字为宝号，取其“丰裕兴隆”之意，于是将公司冠以张姓，命名为“张裕葡萄酒公司”；中国四大中药店之一“叶开泰”，创始人叫叶文机，取名“叶开泰”，还寓意药室开业只图国泰民安。

二是基于祈福、心愿和明志之意。如山西现存历史最悠久的酿醋老字号“益源庆”，“益”乃收益利润，“源”为源源不断，“庆”乃庆祝之意，合起来寓意为期望该店买卖兴隆、财源不断；广州知名酒家“陶陶居”，其名寓意来此品茗者乐也陶陶；“朱恒顺糟淋坊”寓意“永久顺遂”；老北京制鞋名号“内联升”，“内”指大内宫廷，“联升”寓意穿上此店制作的朝靴，可以在宫廷官运亨通，连升三级；“日升昌票号”，取名“日升昌”是希望生意如旭日东升、生意昌隆；知名内衣老字号“三枪”，商标上三支枪交叉鼎立，既象征着连中三元、弹无虚发，也象征着抵制日货与国货鼎立的坚定决心；“鸵鸟”墨水，其诞生的历史背景是外国人讥讽中国文化落后为一盘散沙，取名“鸵鸟”，寓意墨水像鸵鸟一样有耐力、字迹牢固稳定，不会沉淀变质，也寄托了希望墨水如同鸵鸟在沙漠中畅行无阻一样能够畅销全国；“民生药厂”，取名“民生”，顾名思义，既是为了推崇孙中山的“三民主义”，也为了发展民生产业；上海的“亨得利钟表行”取名“亨得利”，既寓意亨通和得利，也为了与当时外国人在上海开设的亨达利钟表行分庭抗礼。

三是基于老字号的经营内容或特点。如曾用名“和顺居”的北京知名饭庄“砂锅居”，因店内曾置一口据传是来自定亲王府的深三尺、直径四尺的巨大砂锅，便被民间俗称为“砂锅居”，沿用至今；“全素斋”顾名思义是专门制作素菜的饭店；“仿膳”饭庄则取仿御膳制法之意；“商务印书馆”，取名“商务”是因为主要印刷广告、名片和账册等商业用品；“五粮液”则因为其酒乃用高粱、大米、小麦、糯米与玉米五种粮食混酿而成。

四是基于老字号的地理位置。如长沙著名食肆“火宫殿”，因附近有火神庙而得名；“广州酒家”，顾名思义，为广州的酒家；“太平馆西餐厅”因在太平沙附近便取名“太平馆”；“茅台”因产于贵州省仁怀市茅台镇而得名；“杏花村”也是得名于出产地——山西省汾阳市杏花村；“杨柳青年画”是天津杨柳青镇的特产。有的老字号既取其地理位置之说，又赋予其祈福祝愿之意，如“正阳楼”，因离正阳门很近，又寓意着饭庄生意像正午的太阳一样红火、长盛不衰；“东来顺”意味着从东直门来，一帆风顺；沈阳知名茶庄“中和福”，字号由来于地处盛京四平街（今中街）地区的中央地段，又因为做生意的人都讲究和气生财，才能大吉大利大福，便取字号为“中和福”。

五是基于名句、名诗、名联、名人赐牌匾或传说典故。如“知味观”的创办者孙翼斋从《礼记·中庸》中“人莫不饮食也，鲜能知味也”获得灵感；“咸亨酒店”的“咸亨”二字出自《易经·坤卦》的“至哉坤元，万物资生，乃顺承天。坤厚载物，德合无疆。含弘广大，品物咸亨。”“咸”即“都”，“亨”即顺利通达。“咸亨”即生意兴隆、万事亨通；关于“楼外楼”字号的由来，有人说得名于林升《题临安邸》的著名诗句：“山外青山楼外楼，西湖歌舞几时休。暖风熏得游人醉，直把杭州作汴州”；“胡庆余堂”店名取自对联“向阳门第春常在，积善人家庆有余”；“内金生”鞋店的字号由来与一段传说密切相关，乾隆曾写下一副对子送给店家，上联为“大楦头小楦头银锤乒乒乓乓打出穷鬼去”，下联为“粗麻绳细麻绳金针吱吱嘎嘎引进财神来”，横批为“鞋内生金”，从此小店就有了名号“内金生”；“一得阁”的创始人谢崧岱曾书写对联赞美自家的墨汁，上联为：“一艺足供天下用”，下联为：“得法多自古人书”，店名便取两联首字，命名为“一得阁”；北京知名饭庄“都一处”，得名于乾隆皇帝题写的“都一处”牌匾；广州“莲香楼”得名于一位名叫陈如岳的翰林学士书写的“莲香楼”三字匾额。有的老字号来源于传说典故。比如“瑞蚨祥”字号来源于《搜神记》中的“青蚨还钱”典故；“王一品斋”的创始人为一位姓王的老笔工，据悉一位考生买了他一支羊毫笔参加科举考试，竟中了头名状元，人们便把他卖的笔称作“一品笔”，称他本人为“王一品”。

二、老字号的传承历史

（一）老字号的历史沿革

字号，是我国传统称谓文化中的一种独特现象，作为一种对人的称谓方式，早在西周时期便已出现。《礼记·曲礼》中记载：“男子二十，冠而字。

父前，子名；君前，臣名。女子许嫁，笄而字。”可见，“字”对于男子来说，是成年礼中一个重要标志；对于女子来说，则是人生礼俗中的一个重要环节。“号”则是古人除了“名”和“字”的另一个称谓，“往往寄托着自己特定的志向、意向、情感、修养和追求。”❶

作为商业文化范畴中的字号，则是商品经济发展到一定阶段，市场发达、商业分工细化和商品种类繁多的必然产物。我国商品市场的发展经历了几个阶段，字号的演变与其息息相关。《孟子·公孙丑》云：“古之为市也，以其所有易其所无者。有司者治之耳。”《史记·平准书》注云：“古人未有市。若朝聚井汲水，便将货物于井边货卖，故言市井也。”可见，原始社会只有“市井”一说，以区分同质产品为目的的商业字号自然就没有存在的必要。西周时期，据《周礼·地官司徒》记述：“司市掌市之治教、政刑、量度禁令。……大市，日仄而市，百族为主；朝市朝时而市，商贾为主；夕市夕时而市；贩夫贩妇为主。”此时，商贸集市已发展至“朝市”“夕市”，但少有关于字号的记载。西汉时期，商业活动集中在特定的区域，长安城设九市。“为了便于顾客购买，便于官府控制和检查。店铺在市内都按商品种类区别，经营同类商品的，鳞次栉比，各自排成行列，这种行列称为‘列’‘肆’‘次’‘列肆’‘市肆’或‘市列’。”❷ 货品由“贾人”坐卖，位序并不固定。因此也就没有给自己的商品设字号的意义了。

魏晋南北朝时期出现了专业集市，洛阳城有“金市”“阳市”“牛马市”“大市”和“四通市”等。各行业按品种分地段经营。这时期，商业字号已开始萌芽。北魏时有一商人名叫刘白堕，他“悬帜甚高”，很会为自己的酒做广告。据说，南青州刺史毛鸿宾带了他家的酒远赴他乡上任，路遇盗匪，匪徒抢了酒来喝，结果饮之即醉，束手就擒。于是刘白堕便借此事大肆宣传，当时传为“不畏张弓拔刀，唯畏白堕春醪。”可见，刘白堕的酒已经创出了名号。❸

---

❶ 段炳仁主编，王红著. 老字号［M］. 北京：北京出版社，2006：3.

❷ 吴慧. 中国古代商业史：第二册［M］. 北京：中国商业出版社，1982：18.

❸ 吴慧. 中国古代商业史：第二册［M］. 北京：中国商业出版社，1982：303.

唐朝时期，我国的经济、社会和文化发展空前繁荣，商业字号也随之出现。虽然在盐、酒和茶方面采取官办专卖制度，但是民间自由贸易的商品种类还是较为繁多，“米市”“菜市”和“猪市”等专业集市的发达更是为商业字号的产生孕育了丰厚的土壤。“经营者亟需一种记得住、叫得响，又能显示商家和产品个性特征的标识、招牌，以拓展市场。”❶《唐国史补》记载：“蜀中雷氏斫琴，常自品第，第一者以玉徽，次者以瑟瑟徽，又次者以金徽，又次者螺蚌之徽。”这里的“雷氏斫琴”便是当时的知名字号。1957 年，对隋唐长安城西市东大街的考古发掘中出土了长约五米，厚约十至三十厘米的陶器层，内出有捺印“刑（邢）娘”两字的陶片。这个“刑（邢）娘”的标记“大约已不属‘物勒工名’的性质，有可能标志着商品竞争的意义。”❷“邢（邢）娘”是以姓氏为字号，这也是我国老字号命名中最早最普遍的方式。

宋代以后，中国老字号的发展随着商品经济的发达而日显蓬勃之势。孟元老著《东京梦华录》中记载：“景霊东宫南门大街以东，南则唐家金银铺、温州漆器什物铺。大相国寺，直至十三间楼。旧宋门，自大内西廊南去，即景霊西宫，南曲对即报慈寺街、都进奏院、百种圆药铺。至浚仪桥大街。西宫南皆御廊杈子。至州桥投西大街，乃果子行。街北都亭驿，相对梁家珠子铺。馀皆卖时行纸画，花果铺席。至浚仪桥之西，即开封府。御街一直南去，过州桥两边皆居民。街东车家炭，张家酒店，次则王楼山洞梅花包子、李家香铺、曹婆婆肉饼、李四分茶。”❸《梦粱录》中也记述了许多字号，如“彭家油靴，南瓦子宣家台衣……”“保佑坊前孔家头巾铺”“清河坊顾家彩帛铺”和“沙皮巷孔八郎头巾铺”等。可见当时不仅已经出现了字号，而且大多数字号已经有了固定的店面，前店后厂自主经营。当时的字号名目繁多、种类丰富，多以姓氏命名，却鲜有流传至今者。

元朝时期，集市更加繁华。《析津志》中记载：“米市、面市。钟楼前十字街西南角。羊市、马市、牛市、骆驼市、驴骡市，以上七处市，俱在羊角

---

❶ 段炳仁主编，王红著．老字号［M］．北京：北京出版社，2006：3.

❷ 宿白．隋唐长安城和洛阳城［J］．考古，1978（6）.

❸ 孟元老．东京梦华录注：卷二・御街［M］．邓之城，注．北京：中华书局，1982：52.

市一带。其杂货并在十市口。北有柴草市，此地若集市。近年俱于此街西为贸易所。”❶ 虽然元朝时期对民间贸易多有限制，但在元大都（今北京）还是出现了许多品种繁多的店铺，《析津志》在记述钟楼时描绘道：“楼之东南转角街市，俱是针铺。西斜街临海子，率多歌台酒馆。有望湖亭，昔日皆贵官游赏之地。楼之左右俱有果木、饼面、柴炭、器用之属。”❷ 许多店铺还具有独特的风俗特点，如“酒槽坊，门首多画四公子：春申君、孟尝君、平原君、信陵君。以红漆阑干护之，上仍盖巧细升斗，若宫室之状。两旁大壁，并画车马、驺从、伞仗俱全。又间画汉钟离、唐吕洞宾为门额。正门前起立金字牌，如山子样，三层，云黄公罏。”❸

明清时期经济和社会日益丰富和繁荣。《光绪顺天府志》记载：“京师市，各时日，在正阳门外者曰银市，曰珠宝市，曰玉器市，在正阳门东者曰估衣市，曰肉市，曰果子市，在南小市者曰皮衣市。在金鱼池西者曰鱼市，在东四牌楼南者曰米市，在东四牌楼西者曰猪市，曰羊市，曰马市，在宣武门外大街南者曰菜市，在虎坊桥西者曰骡马市，在西珠市南者曰拆补市，在东直门外者曰棉花线市，在隆福寺西者曰雀儿市。在德胜门内者曰耍货市，在花儿市西者曰油葫芦市。”❹ 这时期，我国的商业老字号也随之进入空前繁盛之时，出现了许多至今人们仍耳熟能详的老字号。如始创于明朝洪武初年（1377）的益源庆为我国四大名醋之一，创办于明朝嘉靖九年（1530）的六必居至今仍是人们钟爱的酱菜小食，成立于明朝永乐三年（1405）的鹤年堂是北京现存历史悠久的中药店，还有创办于明嘉靖三十一年（1552）的厦门怀德居药铺和创办于明万历十年（1582）的湖北武汉马应龙药店等。这些老字号分布在饮食、服饰、医药和手工艺等行业，与人民的衣食住行息息相关。此后又相继诞生了清和元（1632 年）、劳九芝堂药铺（1650 年）、王麻子（1651 年）、唐老一正斋药店（1662 年）、孙义顺茶铺（1725 年）、戴廉增画

---

❶ 熊梦祥．析津志［M］．北京：北京古籍出版社，1983：5.

❷ 熊梦祥．析津志［M］．北京：北京古籍出版社，1983：108.

❸ 熊梦祥．析津志［M］．北京：北京古籍出版社，1983：202.

❹ 周家楣，缪荃孙，等．光绪顺天府志·地理志［M］．北京：北京古籍出版社，1987：579.

店（1735 年）、砂锅居（1741 年）、火宫殿（1747 年）、都一处（1738 年）、敬修堂（1790 年）、马家烧麦（1796 年）、王老吉凉茶铺（1828 年）、正阳楼（1843 年）、正兴德茶庄（1738 年）、狗不理（1858 年）、毛源昌眼镜店（1862 年）、全聚德（1864 年）、亨得利钟表行（1874 年）、陶陶居（1880 年）、潘高寿（1890 年）、长清斋风筝魏（1892 年）、咸亨酒店（1894 年）和东来顺（1903 年）等老字号。这一时期的老字号多集中于大城市，诸如北京、上海、杭州、广州和长沙等地，代表着当地同行业商号的领先水平。《旧都文物略》中记载："同仁堂、西鹤年堂药铺，皆数百年营业，声闻全国。近虽西药房林立，即同仁、鹤年二家家族，于平市四城设分肆无数，而购药者仍不约而同趋前门桥及菜市口两处。"❶《旧京琐记》也记述道："又有柳泉居者，酒馆而兼存放，盖起于清初，数百年矣。"❷ 可见，这些知名老字号在商品市场中举足轻重，并红极一时，其声名享誉四方。

这个时期，老字号也尽展宣传和造势之能事，为其发展催生了强劲的动力。据《光绪顺天府志》记载："都城市肆初开，必盛张鼓乐，户结彩缯，贺者持果核堆盘，围以屏风祀神。正阳门东西街，招牌有高三丈余者，泥金杀粉，或以斑竹镶之，或又镂刻金牛、白羊、黑驴诸形象以为标识，酒肆则横扁联楹，其余或悬木罂，或悬锡盏，缀以流苏。如大栅栏、珠宝市、西河沿、琉璃厂之银楼、缎号，以及茶叶铺、靴铺、药铺、洋货铺，皆雕梁画栋，金碧辉煌，令人目迷五色。至酒楼饭馆，张灯列烛，猜拳行令，夜夜元宵，非他处所及也。"❸ 清末民初夏仁虎在《旧京琐记》中记载："旧日都门市肆，亦颇留心广告之术，特极幼稚耳。如黑猴公之帽铺，柜上踞一大黑猴；雷万春之鹿角胶，门上挂大鹿角；某扇铺之檐际，悬一大扇；皆足引人注意。他若刀剪铺之王麻子，眼药铺之马应龙，则转相仿效，各不下数十家，互称老铺，争执可噱。"❹

---

❶ 汤用彬. 旧都文物略［M］. 北京：北京古籍出版社，2000：255.

❷ 夏仁虎. 枝巢四述・旧京琐记：卷九［M］. 沈阳：辽宁教育出版社，1998：124.

❸ 周家楣，缪荃孙，等. 光绪顺天府志・地理志［M］. 北京：北京古籍出版社，1987：580.

❹ 夏仁虎. 枝巢四述・旧京琐记：卷九［M］. 沈阳：辽宁教育出版社，1998：129.

值得一提的是，清朝末年，外国商品开始进入中国市场，外商企业在国内纷纷大施拳脚。清末民初，随着洋务运动的开展，爱国实业家们抱着“国非富不强，富非实业不张”的理想，饱含爱国热情，努力钻研、积极创新，兴办了许多旨在发展国货、抵制洋货与振兴民族经济的实业。如创办于清光绪五年（1879）的中国第一家洋服店苏州李顺号洋服店、始建于清光绪十一年（1885）由中国人创办的最早的西餐厅太平馆餐厅、创建于清光绪十四年（1888）的中国最早的西药药店——中西药房、兴办于清光绪十八年（1892）的我国近现代历史悠久颇具名望的葡萄酒老字号——张裕葡萄酒、开业于1912年的李占记钟表行、兴建于1915年的山东烟台宝时木钟厂、成立于1918年的第一家由国人自己开办的交易所——北京证券交易所和创办于1922年的我国知名丝织业老字号都锦生等。这些老字号犹如及时雨，不仅滋润了民族经济的田园，而且在诸如美国巴拿马万国博览会等国际性展会上屡获殊荣，为增强中华民族自信心、振兴民族经济和弘扬民族精神做出了显著的贡献。许多企业通过锐意革新发展成至今仍充满生机的老字号，还有部分企业在成立之初收获了些许辉煌，但在社会动荡时期，由于产品种类所限、经营方式和制作工艺落后等原因而逐渐淡出历史舞台。

抗日战争和解放战争时期，传统老字号饱受战争摧残，许多字号缩小规模或辗转迁徙于内地与港澳地区，虽发展缓慢而坎坷，却尽显民族气节，拥有顽强的生命力。直至新中国成立，老字号才又重新焕发了光彩。经过20世纪50年代的公私合营之后，大部分老字号被收归国有。后又经历了“文革”时期的动荡，很多老字号被当作“四旧”，几易其名，发展停滞不前。1978年，改革开放的大潮开始席卷全国。老字号不仅纷纷恢复了名号，而且在国有企业转企改制的进程中做出了表率，以其百年信誉和传统经营理念在市场经济中优胜劣汰，寻找新的生机。

时至今日，许多老字号发展规模不断壮大，不仅分店遍及全国，而且在国外许多地区也有开设。诸如同仁堂、马应龙、王老吉、恒顺、茅台、老凤祥、中国宣纸集团（红星）和健民制药集团（叶开泰）等都已成为上市公司，发展前景相当可观。据悉，许多老字号都具有非常高的品牌价值，不仅渐次发展成为行业领军企业，而且在全国品牌价值排行榜中也位居前列。如全聚德集团在世界范围内的大都市都开设有分店，年销售烤鸭500余万只，接待宾客500多万人次，品牌价值近110亿元。同时，作为中华商业文明的传承者，老字号世代相袭的传统制作工艺也成为珍贵的非物质文化遗产，亟待引起人们重视和保护。比如，全聚德的“挂炉烤鸭制作技艺”和“仿膳（清廷御膳）制作技艺”“东来顺涮羊肉制作工艺”“六必居酱菜制作工艺”“恒顺香醋酿制技艺”“五粮液酒传统酿造技艺”“大益茶制作技艺”“内联升手工制鞋工艺”“盛锡福皮帽制作工艺”“宝庆金银细工技艺”“王麻子剪刀锻制技艺”“王星记制扇技艺”“龙泉宝剑锻制技艺”“金石篆刻（西泠印社）”“宣纸传统生产技艺”“陈李济中药文化”“同仁堂中医药文化”和“马应龙眼药制作技艺”等，都是国家级非物质文化遗产，其中“宣纸传统生产技艺”还入选了联合国教科文组织的世界非物质文化遗产保护名录。

（二）分行业老字号的传承脉络

老字号涉及行业众多，大部分与人们的衣食住行密不可分。通过梳理大量文献和实地调研，本书将餐饮、服饰、工艺美术、医药业老字号的发展脉络进行分类评述。

1. 餐饮业老字号

中国的老字号中，饭庄酒肆所占比例很大，较早可见于宋代孟元老的《东京梦华录》里所记录的一些颇具规模的酒肆饭店。“会仙酒楼。如州东仁和店。新门里会仙楼正店。常有百十分厅馆动使，各各足备，不尚少缺一件。大抵都人风俗奢侈，度量稍宽。凡酒店中，不问何人，止两人对坐饮酒，亦须用注碗一副。盘盏两副。果菜碟各五片。水菜碗三五双。即银近百两矣。虽一人独饮，碗遂亦用银盂之类。其果子菜蔬。无非精洁。若别要下酒。即使人外买软羊、龟背、大小骨、诸色包子、玉板鲊、生削巴子、瓜姜之类。”❶当时的饭庄酒肆不仅有专门的字号，而且种类颇多，管理严格。据《东京梦

---

❶ 孟元老．东京梦华录注：卷四·会仙酒楼［M］．邓之城，注．北京：中华书局，1982：127.

华录》记载："大凡食店，大者谓之'分茶'，则有头羹、石髓羹、白肉、胡饼、软羊、大小骨。""更有川饭店，则有插肉面、大燠面、大小抹肉淘、煎燠肉。杂煎事件、生熟烧饭。""更有南食店""又有瓠羹店""每店各有厅院东西廊，称呼座次。客坐，则一人执箸纸。遍问坐客。都人侈纵，百端呼索，或热或冷，或温或整，或绝冷、精浇、膘浇之类，人人索唤不同。行菜得之，近局次立，从头唱念，报与局内。当局者谓之'铛头'，又曰'着案。'迄，须臾，行菜者左手杈三碗，右臂自手至肩驮叠约二十碗。散下尽合各人呼索，不容差错。一有差错，坐客白之主人，必加叱骂，或罚工价，甚者逐之。"❶"其馀小酒店，亦卖下酒如煎鱼、鸭子、炒鸡兔、煎燠肉、梅汁、血羹、粉羹之类。每分不过十五钱。诸酒店必有厅院，廊庑掩映，排列小阁子，吊窗花竹，各垂帘幕。命妓歌笑，各得稳便。"❷

两宋时期的饭庄酒肆类字号多选择寓含闲适、吉祥、清新和祈福意味的词汇。比如汴梁城的和乐楼、清风楼、会仙楼。临安城的熙春楼、风月楼、嘉庆楼、赏心楼和太和楼等。还有以名厨师的招牌字号命名的，如严厨、任厨、陈厨、沈厨等。❸ 当时的饭庄酒肆多盛行于一时，鲜有流传至今者。

到了辽金时期，史料可考的饭庄酒肆类老字号少之又少。直至元朝时期，商业才开始复苏，商贸日益发达，街市渐趋繁华。《析津志》描述其盛况云："钟楼之东南转角街市俱是针铺。西斜街临海子，率多歌台酒馆，有望湖亭，昔日皆贵官游赏之地。楼之左右俱有果木饼面柴炭器用之属。"又云："川陕豪商，吴楚大贾，飞帆一苇，径抵辇下。"据《马可波罗行纪》中记述了元大都的商贸发达情况："外国巨价异物及百物之输入此城者，世界诸城无能与比"。❹ 元代黄文仲在《大都赋》中描写道："华区锦市，聚四海之珍异；歌棚舞榭，选九州之秾芬。招提似乎宸居，廛肆主于宦门。酤户何烨烨哉，匾

❶ 孟元老．东京梦华录注：卷四·食店［M］．邓之城，注．北京：中华书局，1982：127-128.

❷ 孟元老．东京梦华录注：卷二·饮食果子［M］．邓之城，注．北京：中华书局，1982：74.

❸ 段炳仁主编，王红著．老字号［M］．北京：北京出版社，2006：7.

❹ 冯承钧，译．马可波罗行纪：2卷［M］．北京：中华书局，2012.

斗大之金字；富民何振振哉，服龙盘之绣文。”“屠千首以终朝，酿万石而一旬。复有降蛇搏虎之技，援禽藏马之戏，驱鬼役神之术，谈天论地之艺，皆能以蛊人之心而荡人之魄。”“天生地产，鬼宝神爱，人造物化，山奇海怪，不求而自至，不集而自萃。”酿酒万石，一旬就售罄。可见当时酒市的发达，但当时的饭庄酒肆字号基本没有流传下来。

明清之时，尤其是清朝，饭庄酒肆的发展空前繁荣，出现了许多人们耳熟能详的老字号。比如清和元（1632 年）、砂锅居（1741 年）、火宫殿（1747 年）、都一处（1738 年）、马家烧麦（1796 年）、老边饺子（1829 年）、正阳楼（1843 年）、楼外楼（1848 年）、狗不理（1858 年）全聚德（1864 年）、奎元馆（1867 年）、陶陶居（1880 年）、莲香楼（1889 年）、咸亨酒店（1894 年）、东来顺（1903 年）等。这些字号多集中于大城市，诸如北京、广州、上海、西安等，许多老字号至今仍保留下来，成为中华民族美食的瑰宝，在中华美食文化的发展历程中扮演着举足轻重的角色，影响深远。

民国时期，随着社会变革，饭庄酒肆业老字号的诞生与发展也具有了时代特点。北京全素斋（1912 年）、杭州知味观（1913 年）、杭州多益处酒家（1920 年）、杭州素香斋（1922 年）、北京仿膳（1925 年）、杭州天香楼（1927 年）、北京西来顺（1930 年）、广州酒家（1935 年）、北京南来顺（1937 年）、四川龙抄手（1941 年）等。其中有许多从御膳房离开的御厨开起了店，做起了买卖。西餐也更普遍地走进中国人的视野。虽然这些老字号在成立之初收获了些许辉煌，但在社会动荡时期大都门庭冷清或濒临倒闭。直至解放，1956 年的公私合营，许多老字号才重新焕发了青春，恢复了老字号名称，迁址扩建。改革开放后，一些老字号实施了转企改制，由公私合营转为民营，在现代市场经济的大潮冲击中优胜劣汰。

值得一提的是，清朝中后期，中国餐饮业老字号的行列里增加了西餐这一新面孔。比如广州的太平馆（1885 年）、上海的德大（1887 年）、华盛顿餐馆❶（1918年）、东亚餐厅❷（1914年）、经济餐馆❸（20世纪20年代）等，大多为中国人或华侨创办，堪与外国人在中国开办的西餐厅，比如起士林（1911年德国人威廉·起士林创办于天津）、红房子（1935年意大利人路易·罗威夫妇创办于上海霞飞路）、喜来临（1937年德国人威廉·起士林创办于上海常德路）相聘美。

2. 酒业老字号

中国酿酒的历史可以追溯到龙山文化时期。据考古发现，在五千多年以前的龙山文化遗存中便出土了尊、盉、高脚杯和小壶等，这些都是专门用于酿酒和饮酒的器具。❹《尚书》中有载："王曰：'来！汝说。台小子旧学于甘盘，既乃遯于荒野，入宅于河。自河徂亳，暨厥终罔显。尔惟训于朕志。若作酒醴，尔惟曲蘗；若作和羹，尔惟盐梅。尔交修予，罔予弃，予惟克迈乃训。'"可见，当时人们已经选用曲蘗酿酒，技术较成熟。《周礼·天官冢宰第一》中记载了对造酒的法式与原料的明确的规定："酒正掌酒之政令，以式法授酒材。凡为公酒者，亦如之。辨五齐之名：一曰泛齐，二曰醴齐，三曰盎齐，四曰缇齐，五曰沈齐。辨三酒之物：一曰事酒，二曰昔酒，三曰清酒。辨四饮之物：一曰清，二曰医，三曰浆，四曰酏。掌其厚薄之齐，以共王之四饮三酒之馔，及后、世子之饮与其酒。凡祭祀，以法共五齐三酒，以实八尊。大祭三贰，中祭再贰，小祭壹贰，皆有酌数。唯齐酒不贰，皆有器量。共宾客之礼酒，共后之致饮于宾客之礼医酏糟，皆使其士奉之。凡王之燕饮酒，共其计，酒正奉之。凡飨士、庶子，飨耆老、孤子，皆共其酒，无酌数。掌酒之赐颁，皆有法以行之。凡有秩酒者，以书契授之。酒正之出，日入其成，月入其要，小宰听之。岁终，则会，唯王及后之饮酒不会。以酒式诛

❶ 由华侨黄文玉创办，自建楼房五层，位于长堤大马路，为当时广州西餐业资金最多的独资企业，规模仅次于太平馆。

❷ 隶属于先施有限公司广州分行，由澳大利亚华侨集资创办于1914年，位于长堤大马路。

❸ 创办者名叫黄卓如，早期是一家卖"士多"的铺头仔，中期专为附近的洋人办伙食，后期才发展为经营西餐业，顾客以洋人为主。

❹ 曾纵野. 中国名酒志［M］. 北京：中国旅游出版社，1980：1.

赏。”《周礼·天官冢宰第一》中另有云：“酒人掌为五齐三酒。祭祀，则共奉之，以役世妇。共宾客之礼酒、饮酒而奉之。凡事，共酒而入于酒府。凡祭祀，共酒以往。宾客之陈酒，亦如之。大行人掌大宾之礼，及大客之仪，以亲诸侯。”可见，酒已经作为祭祀之必备品，且有专门掌管酒之人。

《齐民要术》中多次提到过各种酒的做法和以酒为辅料的几十种食物的做法。如“若作秫、黍米酒，一斗曲，杀米二石一斗：第一酘，米三斗；停一宿，酘米五斗；又停再宿，酘米一石；又停三宿，酘米三斗。其酒饭，欲得弱炊，炊如食饭法，舒使极冷，然后纳之。”[1] 还介绍了糯米酒、神曲黍米酒、神曲粳米醪、河东神曲、卧曲、白醪曲、法酒、粳米法酒、大州白堕曲、桑落酒、春酒等各种酒的做法。从酒的类别细分可看出当时的酿酒技艺复杂而高超，因时因地因料而异，品种众多，叹为观止。又如《齐民要术》里记载：“鸡汁亦得。勿用陈肉，令酱苦腻。无鸡、雉，好酒解之。还着日中。”[2] 除这一处提到用酒作为辅料制作肉酱以外，还有几十余处描述用酒作为辅料如何加工食物，可见，酒在中国人的日常饮食中占有非常重要的位置。

唐宋时期，出现了专门酿酒的作坊和售卖酒的酒肆，且酒类众多。《唐国史补》记载：“酒则有郢州之富水，乌程之若下，荥阳之土窟春，富平之石冻春，剑南之烧春，河东之乾和葡萄，岭南之灵溪、博罗，宜城之九酝，浔阳之湓水，京城之西市腔，虾蟆陵郎官清、阿婆清。又有三勒浆类酒，法出波斯。三勒者谓庵摩勒、毗梨勒、诃梨勒。”到了宋代，许多作坊和酒肆都拥有自己的名号，比如会仙酒楼等，而且当时酒肆业相当发达，可以说是人家百态的集散地。《东京梦华录》中有云：“凡店内卖下酒厨子。谓之‘茶饭量酒博士’。至店中小儿子皆通谓之‘大伯’。更有街坊妇人。腰系青花布手巾。绾危髻。为酒客换汤斟酒。俗谓之‘焌糟’。更有百姓入酒肆。见子弟少年辈饮酒。近前小心供过使令，买物命妓、取送钱物之类，谓之‘闲汉’。又有向前换汤、斟酒、歌唱，或献果子、香药之类，客散得钱，谓之‘厮波’。又有

---

[1] （北魏）贾思勰，《齐民要术·卷七》。

[2] （北魏）贾思勰，《齐民要术·卷八》。

下等妓女，不呼自来筵前歌唱，临时以些小钱物赠之而去，谓之劄客，亦谓之‘打酒坐’。又有卖药或果实、萝卜之类。不问酒客买与不买，散与坐客，然后得钱，谓之‘撒暂’。如此处处有之。唯州桥炭张家、乳酪张家。不放前项人入店，亦不卖下酒，唯以好淹藏菜蔬，卖一色好酒。”❶

明清以后，酒业老字号空前繁荣，大致可以分为白酒、黄酒和葡萄酒三大类别。虽然这三大类别的酒在我国的酿酒历史上都相当悠久，但许多字号都业已消失，然流传至今者，可谓皆是我国传统酿酒文化的代表。比如，茅台酒、五粮液、杏花村、剑南春、老龙口、沈永和、张裕等。自鸦片战争以后，西方的啤酒也渐渐充斥着我国酒业市场。民国时期，我国出现了第一家啤酒业老字号，即双合盛五星啤酒厂（创建于 1915 年）。从此，东西方酒业相互交融，竞相发展，形成了我国独特的酒业老字号文化。

3. 茶业老字号

早在西周时期，中国人便已开始饮茶。《周礼·地官司徒》中有云：“掌荼，下士二人、府一人、史一人、徒二十人。”《尔雅·释尔》曰：“槚，苦荼。”唐代研究茶术的专家陆羽❷在其《茶经》中更是记载了四十七则著名的茶人茶事。《神农·食经》云：“茶茗久服，令人有力、悦志。”《尔雅注》记载：“树小似栀子，冬生叶，可煮羹饮，今呼早取为荼，晚取为茗，或一曰荈，蜀人名之苦荼。”从《茶经》中可以得知中国人饮茶的历史非常悠久，制茶的技术也相当发达，而且从陆羽对茶的研究中也不难看出唐代茶业文化已经较为发达。《唐国史补》记载：“风俗贵茶，茶之名品益众。剑南有蒙顶石花，或小方，或散牙，号为第一。湖州有顾渚之紫笋，东川有神泉、小团，昌明、兽目，峡州有碧涧、明月、芳蕊、茱萸簝，福州有方山之露牙，夔州有香山，江陵有南木，湖南有衡山，岳州有浥湖之含膏，常州有义兴之紫笋，

---

❶ 孟元老. 饮食果子［M］//东京梦华录. 邓之城，注. 北京：中华书局，1982：73.

❷ 唐代高彦休在《唐国史补》介绍陆羽其人：竟陵僧有于水滨得婴儿者，育为弟子，稍长，自筮，得《蹇》之《渐》，繇曰：“鸿渐于陆，其羽可用为仪。”乃令姓陆名羽，字鸿渐。羽有文学，多意思，耻一物不尽其妙，茶术尤著。巩县陶者多为瓷偶人，号陆鸿渐，买数十茶器得一鸿渐，市人沽茗不利，辄灌注之。羽于江湖称“竟陵子”，于南越称“桑苎翁”。

婺州有东白，睦州有鸠沉，洪州有西山之白露。寿州有霍山之黄牙，蕲州有蕲门团黄，而浮梁之商货不在焉。”到了宋朝，已经出现了茶园茶室。《梦粱录》载：“今之茶肆，列花架，安顿奇松异桧等物于其上，装饰店面，敲打响盏歌卖，止用瓷盏漆托供卖，则无银盂物也。夜市于大街有车担设浮铺，点茶汤以便游观之人。大凡茶楼多有富室子弟、诸司下直等人会聚，习学乐器、上教曲赚之类，谓之‘挂牌儿’。人情茶肆，本非以点茶汤为业，但将此为由，多觅茶金耳。”《东京梦华录》记述：“街东车家炭，张家酒店，次则王楼山洞梅花包子、李家香铺、曹婆婆肉饼、李四分茶。……街北薛家分茶、羊饭、熟羊肉铺。向西去皆妓馆舍，都人谓之‘院街’。御廊西即鹿家包子。馀皆羹店、分茶、酒店、香药铺、居民。”[1] “处处拥门，各有茶坊酒店，勾肆饮食。”[2] 明清之时，乃茶业老字号繁荣之际。此时，业已出现有据可考的茶业老字号，许多至今仍活跃在历史之舞台。比如，创建于1725年的安徽孙义顺茶号、1729年的上海翁隆盛茶叶店、1811年的江苏常州老天泰茶叶店、1738年的天津正兴德茶叶店、1861年的福建詹金圃经记、1875年的安徽谢裕大茶庄、1882年的辽宁沈阳中和福茶庄，1887年的北京吴裕泰茶庄、1896年的山东济南泉祥茶庄，等等。到了民国时期，茶庄茶园仍屡见不鲜，热闹非凡。《都门识小录》记载了一首北京清吟小班的《竹枝词》，诗云：“茶园日日携朋友，去去来来总一淘。临出门时呼走好，丁宁相会是明朝。”可见当时茶园的繁荣景象。书中还记载了一家茶号即玉楼春茶室：“劝业场三层楼上，玉楼春茶室悬一联云：‘有客皆书序，无腔不是谭。’”流传至今的民国茶业老字号有：创办于1927年的北京庆林春茶庄、1900年的北京张一元茶庄、1913年的河南开封王大昌茶叶店、1919年的江苏连云港生庆功茶庄、1921年的河北邯郸德茂恒茶叶店、1935年的北京永安茶庄、1937年的天津正昌茶叶店、1940年的云南佛海茶厂（大益）、1941年的河北石家庄市大成茶叶店和1942年的河南许昌市的正义茶庄等。新中国成立后，许多茶业老字号都重新

---

[1] 孟元老. 东京梦华录注：卷二·御街［M］. 邓之城，注. 北京：中华书局，1982：74.

[2] 孟元老. 东京梦华录注：卷三·马行街铺席［M］. 邓之城，注. 北京：中华书局，1982：74.

焕发了光彩。经过1956年的公私合营、“文革”时期的动荡和改革开放的市场经济大潮，这些老字号都以坚定不移的百年信誉和传统经营信念在历史变迁中优胜劣汰，寻找新的生机。

4. 服饰业老字号

服饰业老字号的形成大概可以追溯至宋代。《梦粱录》在介绍“团行”时记述关于制作服饰的行业名称：“买卖七宝者谓之骨董行、钻珠子者名曰散儿行、做靴鞋者名双线行、开浴堂者名香水行。大抵杭城是行都之处，万物所聚，诸行百市，自和宁门杈子外至观桥下，无一家不买卖者，行分最多，且言其一二，最是官巷花作，所聚奇异飞鸾走凤，七宝珠翠，首饰花朵，冠梳及锦绣罗帛，销金衣裙，描画领抹，极其工巧，前所罕有者悉皆有之。”可见，双线行就是对服饰类行当的称呼。而其中有名号的店铺也不在少数，比如“向者杭城市肆名家有名者”有“彭家油靴，南瓦子宣家台衣……”“保佑坊前孔家头巾铺”“徐官人幞头铺”“钮家腰带铺”“市西坊北钮家彩帛铺”“徐家绒线铺”“清河坊顾家彩帛铺”“季家云梯丝鞋铺”“沙皮巷孔八郎头巾铺”和“李博士桥邓家金银铺”等。

服饰承载着的不仅是构成材质要素的变换，更是一种社会观念的文化变迁。因而，服饰业老字号受构成要素与观念影响颇多，需要因时因地调整产品和经营方式。宋代的这些经营服饰类产品的店铺早已消失，至今仍有耳闻或者流传的老字号大致兴起于明清之时。北京、天津、广州、上海、江苏、浙江和山东等都是服饰业老字号的盛产地。较早的可见创建于清康熙五十八年（1719）的上海吴良材眼镜店、清乾隆年间的济南隆祥布店、清嘉庆二十二年（1817）的北京马聚源帽店、清道光年间的北京谦祥益和首家洋布店天有信、清道光二十八年（1848）的上海老凤祥银楼、清咸丰元年（1851）的云南通海银饰代表“孔雀”、清咸丰三年（1853）的北京内联升鞋店、清咸丰八年（1858）的北京步瀛斋鞋店和清同治六年（1867）的浙江姜益大布店等。当时的金店银楼从业者非富则贵，《旧京琐记》记载：“金店者初亦作金珠贸易，至捐例大开，一变而为捐纳引见者之总汇。其上者兼能通内线，走要津。苞苴之入，皆由此辈。故金店之内部，必分设捐柜焉。其掌铺者，交结官场，谙习仪节，起居服饰，同于贵人。在光绪季年，各种捐例并起，业此者，莫不利市三倍，然皆非其本业也。故讥者曰：‘金店之金，在其招牌上所贴之金箔。’”❶

随着洋务运动的日渐开展，西方的服饰文化逐渐渗透进了中国，随即兴起了许多洋服店售卖西服和洋装，也出现了许多钟表首饰行。如在北京“各大绸肆必兼售洋货，其接待顾客至有礼衷，挑选翻搜，不厌不倦，烟茗供应，趋走极勤。有陪谈者，遇仕官则言时政，遇妇女则炫新奇，可谓尽交易之能事。”[4] 其中著名的老字号较早可见于创办于清同治元年（1862）的杭州毛源昌眼镜店、清同治十三年（1874）的亨得利钟表行、清光绪五年（1879）的苏州李顺号洋服店❷、清光绪六年（1880）的广州信孚洋服店、清光绪二十一年（1895）的萃华金店、1902 年的上海荣昌祥西服店和 1905 年的李占记钟表行等。

民国时期，“因民智闭塞，未谙外情，一切生产事业类皆故步自封，不求改良。”❸ 许多我国曾处于世界领先地位的服饰类产品制造被外国赶超。比如“在 1875 年，中国输出生丝 74.183 担。1925 年，127.982 担。日本在同一时期，（即 1875 年），输出生丝仅 11.810 担。1925 年，竟增至 408.719 担。”❹可见，从 1875 年（清光绪元年）到 1925 年，中国从比日本多输出生丝 6 倍衰落至仅为日本的近 1/4。面对民族经济的衰退，中国的许多有识之士、民营资本家和爱国华侨等通过努力革新技术、投资办厂和开办实业等振兴民族经济及发展国货。由中国人自己开办的传统服饰店、洋服店和钟表行字号频频诞生，比如创办于 1915 年的山东烟台宝时木钟厂、1917 年的上海鸿翔女子时装店、1932 年的广州邱炳南恤衫店、1934 年的郑州三义长布店、1935 年的西安克利西服店、1936 年的上海开开羊毛衫店、1937 年的天津新巴黎丝绸店和 1940 年创办于上海的雷蒙西服店等。

---

❶ 夏仁虎．枝巢四述・旧京琐记：卷九［M］．沈阳：辽宁教育出版社，1998：125.

❷ 被认为是中国第一家洋服店。

❸ 曾同春．中国丝业［M］．北京：商务印书馆，1929：1.

❹ 曾同春．中国丝业［M］．北京：商务印书馆，1929：3.

其间，由于移风易俗，传统服饰老字号的产品也随之调整，如马聚源停止了制作缨帽，转而售卖瓜皮帽和呢帽；内联升，不做官靴转而开始生产经营礼服呢面和缎面千层底。

当时首饰种类名目繁多，首饰楼林立。据 1927 年的北京《晨报》记述："各有各之手艺。首饰楼专管打胚儿，名叫'实作'；买卖旧首饰整旧如新者，名为'镂儿铺'；錾花者另有'錾作'；包金者名为'包金作'；镀金者名为'镀金作'，且镀金作又分为'火镀''电镀'两种，电镀者最省金子，可是见太阳即白；做花须者名为'拔丝作'；烧蓝绿色者名为'珐琅作'；另外还有一种'孩什作'，凡小孩所戴之铃铛寿星、空镯片锁、升斗钟印、锁头项圈，皆贵孩什作所制，内中约有三成银子七成铜，是以小孩之银饰，当铺向例不收……"❶ 可见，当时首饰类字号颇为繁盛。

新中国成立后，1956 年的公私合营和二十世纪七八十年代的改革开放，使得中国传统服饰业老字号再次受到了变革的冲击，老字号纷纷结合时代要求调整了企业结构和经营主体，有的关门倒闭，如内金生；有的被并入他门，如马聚源归属步瀛斋；有的作为中国传统服饰的代言，继续承担责无旁贷的历史使命，如瑞蚨祥的中式传统服装备受国外政要及其夫人的厚爱，三枪的内衣仍焕发着勃勃生机、"民国四大银楼"之一的萃华金店现仍在东北的首饰业内首屈一指……可见，服饰业老字号具有较强的社会敏感性和灵活性。

5. 工艺美术业老字号

传统工艺美术类老字号是中华传统手工艺的承载者和传袭者，是我国劳动人民集体智慧结晶的集中展现。其中，日用百货类老字号因其较为贴近人民生活而广为传颂。早在西周时代，《周礼·冬官考工记》便记载了木工、金工、皮革、染色、刮磨和陶瓷等六大类三十个工种的工艺："郑之刀，宋之斤，鲁之削，吴粤之剑，迁乎其地而弗能为良，地气然也。燕之角，荆之干，妢胡之笴，吴粤之金锡，此材之美者也。……凡攻木之工七，攻金之工六，攻皮之工五，设色之工五，刮摩之工五，抟埴之工二。攻木之工：轮、舆、

---

❶ 侯式亨. 北京老字号［M］. 北京：中国环境科学出版社，1991：345.

弓、庐、匠、车、梓；攻金之工：筑、冶、凫、㮚、段、桃。攻皮之工：函、鲍、韗、韦、裘；设色之工：画、缋、钟、筐、巾荒；刮摩之工：玉、榔、雕、矢、磬；搏埴之工：陶、瓬。”战国时期金属器皿的制造已经非常考究了。《荀子·强国》中记载：“刑范正，金锡美，工冶巧，火齐得，剖刑而莫邪已。”秦汉时期，出现了“蜀锦”“越布”和“齐陶之缣”。[1]《汉书·地理志》里记述“齐地”时说：“织作冰纨绮绣纯丽之物，号为冠带衣履天下。”《后汉书·公孙述传》中记载“蜀地”：“女工之业，履衣天下。”而到了魏晋南北朝时期，“民间的手工业普遍衰落，除家庭纺织业外，一般工业多由官府垄断着。”[2]

隋唐时期，手工业中纺织业仍较为发达，其次是盐、铁、茶和酒等，建筑和雕刻艺术也有显著成就，如隋代匠人李春所建的赵州安济桥。[3] 唐代，各地手工业不仅发达，而且各有特色。《旧唐书·列传》中记载：“若广陵郡船，即于栿背上堆积广陵所出锦、镜、铜器、海味；丹阳郡船，即京口绫衫段；晋陵郡船，即折造官端绫绣，会稽郡船，即铜器、罗、吴绫、绛纱；南海郡船，即玳瑁、真珠、象牙、沉香；豫章郡船，即名瓷、酒器、茶釜、茶铛、茶碗；宣城郡船，即空青石、纸笔、黄连；始安郡船，即蕉、葛、蚺蛇胆、翡翠。”

到了宋代，最发达的手工业类为染织、陶瓷、采冶和制茶等业。[4] 出现了许多各门类的工艺美术店铺字号。宋代《梦粱录》中记载：“炭桥河下青篦扇子铺，水巷桥河下针铺、彭家温州漆器铺，沿桥下生帛铺、郭医产药铺，住大树下橘园亭文籍书房，平津桥沿河布铺，黄草铺温州漆器、青白磁器，铁线巷笼子铺、生绢一红铺。荐桥新开巷元子铺，官巷内飞家牙梳铺、齐家、归家花朵铺、盛家珠子铺、刘家翠铺，马家、宋家领抹销金铺、沈家枕冠铺，小市里舒家体真头面铺，周家折揲扇铺、陈家画团扇铺。自大街及诸坊巷，

---

[1] 童书业. 中国手工业商业发展史［M］. 北京：中华书局，2005：36.

[2] 童书业. 中国手工业商业发展史［M］. 北京：中华书局，2005：67-68.

[3] 童书业. 中国手工业商业发展史［M］. 北京：中华书局，2005：101-106.

[4] 童书业. 中国手工业商业发展史［M］. 北京：中华书局，2005：131.

大小铺席，连门俱是，即无虚空之屋。……城内外数十万户口，莫知其数。处处各有茶坊、酒肆、面店、果子、彩帛、绒线、香烛、油酱、食米、下饭鱼肉鲞腊等铺。盖经纪市井之家，往往多于店舍，旋买见成饮食，此为快便耳。”《东京梦华录》中也记述道：“相国寺每月五次开放。万姓交易，大三门上皆是飞禽猫犬之类，珍禽奇兽，无所不有。……近佛殿，孟家道院王道人蜜煎，赵文秀笔及潘谷墨，占定两廊，皆诸寺师姑卖绣作、领抹、花朵、珠翠、头面、生色销金花样幞头、帽子、特髻冠子、绦线之类。殿后资圣门前，皆书籍玩好图画，及诸路罢任官员土物香药之类。”❶ 可见当时日用百货商贸多么发达，字号种类多么丰富。

元朝时期，统治者大肆俘虏和掠夺工匠以发展自身部族型的贵族手工业。如公元1236年，搜括中原民匠七十二万户；1275年，搜括江南籍民匠三十万户。许多自由的手工业工人重新沦于奴隶或半奴隶地位。❷《元典章》中记载：“延佑四年九月，行台札付；……江南各翼军人……唯复依例除铁课官给外，其余物料令军人自行出备，官局人匠带造。……其余翼汉军……差军匠与官局人匠造成。……若无官局法去……先尽军匠，如不敷，官民官司差倩民匠，置局成造。除军匠外，其余民匠，官为应付口粮、工价。……各万户府，选差军匠，置局成造，不许差倩民匠，并官局带造外。”❸ 可见，民匠受官府管制之严格。所以元代的手工业多以官府手工业发展为主，民间手工业则发展缓慢。

到了明朝，虽然初期工匠们仍需要轮班赴京服役，这在一定程度上束缚了民间手工艺的发展，但到了明朝中期，资本主义开始萌芽，匠户“以银代役”，逐渐恢复了独立性，手工业及其雇工制便开始逐渐发展起来。明朝末期，工艺美术业进一步发展起来。从明末宋应星编撰的《天工开物》一书就可以看出民间工艺美术的发达。以景德镇瓷器为例，书中记述道：“若夫中华四裔驰名猎取者，皆饶郡浮梁景德镇之产也。此镇从古及今为烧器地，然不

❶ 孟元老．东京梦华录：卷三·相国寺内万姓交易［M］．北京：中华书局，1982：88-89.

❷ 童书业．中国手工业商业发展史［M］．北京：中华书局，2005：174.

❸ 童书业．中国手工业商业发展史［M］．北京：中华书局，2005：176-177.

产白土。土出婺源、祁门两山：一名高梁山，出粳米土，其性坚硬；一名开化山，出糯米土，其性粢软。两土和合，瓷器方成。其土作成方块，小舟运至镇。造器者将两土等分入臼舂一日，然后入缸水澄，其上浮者为细料，倾跌过一缸，其下沉底者为粗料。细料缸中再取上浮者，倾过为最细料，沉底者为中料。既澄之后，以砖砌方长塘，逼靠火窑以借火力。倾所澄之泥于中，吸干然后重用清水调和造坯。"可见，景德镇瓷器制作工艺多么考究。

清朝初期，由于统治者对资本主义的排斥，工商业遭到一定程度的破坏，民间工艺美术业发展缓慢。但社会经济的发展终究无法遏制，资本主义的萌芽顽强地生长着。清道光年间《苏州府志》卷一四九中记载："吴中人才之盛，实甲天下，至于百工技艺之巧，亦他处所不及。近有刘允辉者，世医，家能制扇及文具、茶具之类，种种精致。有王天相，名亚于刘。又有赵浒者，能以羊皮为灯，及脱沙为人物，今城隍庙东房三官神像，其手制也，极其工巧。尝为人言：能作石磨，不用人牛，自然运转，其名曰子房车。盖未之试。宋人刻丝竹之法久不传，有吴煦者，取古制拆而观之，遂能自作，其工致不减前人。此数人，皆无所师承，而自得天巧，信一时之绝艺也。（近又有孙云球，吴江诸生，善制眼镜，著有《镜史》一卷。他如钱葆初制笔，项天成捏像，并有名。）"❶ 又有范祖述在《杭俗遗风》中记述："五杭者，杭扇、杭线、杭粉、杭烟、杭剪也。"❷ 其中杭剪和杭扇的代表要数至今人们仍耳熟能详的老字号张小泉（创办于清康熙二年）和王星记（清朝光绪元年）。夏仁虎在《旧京琐记》中记载："初仅三家，所居在打磨厂之三义店。曰'扇庄'，亦只二家，曰'周全盛、曾万聚'。曰'羊角灯店'，惟吴姓者一家。昔日玻璃未盛行，宫中用之以防火患。曰'刻字铺'与'眼镜铺'，其工人皆籍金陵，聚处琉璃厂，今犹世其业。又有织工，昔内府设绮华馆，聚南方工人教织于中，江宁织造选送以为教习。"❸ 可见，清朝时期诞生了许多工艺

---

❶ 童书业. 中国手工业商业发展史［M］. 北京：中华书局，2005：293-294.

❷ 童书业. 中国手工业商业发展史［M］. 北京：中华书局，2005：293-294.

❸ 夏仁虎. 枝巢四述·旧京琐记：卷九［M］. 沈阳：辽宁教育出版社，1998：129.

美术类老字号，更有流传至今者，如创始于清顺治八年（1651）的北京王麻子、创办于雍正十三年（1735）的以制作天津杨柳青年画为主业的戴廉增画店和齐建隆画店、创办于清光绪十八年（1892）的天津长清斋风筝魏和创办于清光绪二十年（1894）的浙江龙泉沈广隆剑铺等。

民国时期，许多以振兴民族经济为初衷的工艺美术类老字号诞生，如创建于1917年的湖南锦华丽绣庄和创办于1922年的杭州都锦生丝织厂等。它们都怀着实业救国的理想，在国外手工艺产品充斥国内市场的挤压下，力排万难，勇于革新，在国内外屡获殊荣，为传承和弘扬中华手工艺文明做出了力所能及的贡献。

6. 医药业老字号

中国传统药业的发展可谓历史悠久，影响深远。夏商以后，药物品种不断增多，中国传统医药文明初露端倪。西周时期，已根据患者等级和疾病的种类将从医者分门别类细分开来，如《周礼·天官冢宰第一》中记载："医师掌医之政令，聚毒药以共医事。凡邦之有疾病者，疕疡者，造焉，则使医分而治之。岁终，则稽其医事，以制其食。……食医掌和王之六食，六饮、六膳、百羞、百酱、八珍之齐。……疾医掌养万民之疾病。四时皆有疠疾：春时有痟首疾，夏时有痒疥疾，秋时有疟寒疾，冬时有嗽上气疾。以五味、五谷、五药，养其病；以五气、五声、五声，眂其死生。两之以九窍之变，参之以九藏之动。凡民之有疾病者，分而治之。……疡医掌肿疡、溃疡、金疡、折疡之祝，药、劀、杀之齐。凡疗疡，以五毒攻之。以五气养之，以五药疗之，以五味节之。凡药以酸养骨，以辛养筋，以咸养脉，以苦养气，以甘养肉，以滑养窍。凡有疡者，受其药焉。……古兽医掌疗兽病，疗兽疡。"

战国时期，出现了我国历史上较为古老的医学著作，即1973年湖南长沙马王堆出土的《五十二病方》，内含医方总数283个，用药达247种，涵盖外科、内科和妇儿科等，见证着中药的早期发展历史及其特点，是中国传统制药文化的瑰宝。

东汉时期的《神农本草经》简称《本草经》或《本经》，是中国现存较早的药物学专著。书中记载了365种药物，并详细记述了每一味药的产地、性质、采集时间、入药部位和主治病症。可见两千多年前，我们的祖先就已经遍尝百草，医术惊人。值得一提的是，东汉医圣张仲景在担任长沙太守一职时，曾在衙门坐堂问诊，“坐堂医生”便由此而来。

东晋时期，诞生了我国第一部临床急救手册，即葛洪所著的《肘后救卒方》，书中摘录了可供急救医疗、实用有效的单验方及简要灸法。

唐代，生产力有了较大进步，社会文化和经济的发展欣欣向荣，对外交流日益加深，医药业也不例外。唐显庆四年（659），唐高宗批准修订的苏敬等编著的《新修本草》完成，上面记载的药品有 844 种，还包括一部分外来药品，对中国乃至日本等国医药的发展有着深远的影响。当时包括药材在内的商品交易日趋活跃，高承所撰的《事物纪原》在《药市》一条中记载说：“唐王昌遇，梓州人，得道，号易玄子，大中祥符十三年九月九日上升。自是以来，天下货药辈，皆于九月初集梓州城，八日夜于州院街易玄龙冲地，货其所赍药，川俗因谓之药市，迟明而散。”[1]《唐国史补》记载说：“宋清，卖药于长安西市。朝官出入移贬，清辄卖药迎送之。贫士请药，常多折券，人有急难，倾财救之。岁计所入，利亦百倍。长安言：‘人有义声，卖药宋清。’”“王彦伯自言医道将行，时列三四灶，煮药于庭。”[2]

到了宋代，御医与民医仍分工明确。《东京梦华录》中记载：“殿中省，六尚局（尚药、尚食、尚辇、尚酝、尚舍、尚衣），诸阁分内香药库、后苑作、翰林书艺局、医官局、天章等阁。”[3] 北宋时期，中药业当时的格局可分为：御药院、官办药局和民间药铺三种。《宋史》记载：“和剂局、惠民局，掌修合良药，出卖以济民疾。”《梦粱录》有载：“惠民利剂局，在太府寺内之右，制药以给。惠民局，合暑腊药以备宣赐。太平惠民局，置五局，以藏熟药，价货以惠民也。南局在三省前，西局众安桥北，北局市西坊南，南外局浙江亭北，外二局以北郭税务兼领惠民药局收赎。”惠民局是朝廷惠济百姓用药的部门，在大灾大疫之时，尤为重要。

---

[1] 周左峰．论“药市”之起源［J］．中医药导报，2011（10）．

[2] 李肇，《唐国史补·卷中》。

[3] 孟元老．东京梦华录注：卷一·内诸司［M］．邓之城，注．北京：中华书局，1982：41.

宋时民间药业渐趋发达起来，药铺林立，且已经有了自家字号。《东京梦华录》里记述了都城药铺的繁华景象："马行北去，乃小货行、时楼大骨传药铺，直抵正系旧封丘门。两行金紫医官药铺，如杜金钩家、曹家独胜元、山水李家口齿咽喉药、石鱼儿班防御、银孩儿栢郎中家医小儿、大鞋任家产科。其馀香药铺席、官员宅舍，不欲遍记。夜市比州桥又盛百倍，车马阗拥，不可驻足，都人谓之'里头'。"❶《梦粱录》里也记载了许多药铺字号，如"潘节干熟药铺""坝头榜亭安抚司惠民坊熟药局""市西坊南和剂惠民药局""张家生药铺""讷庵丹砂熟药铺""陈直翁药铺""梁道实药铺""杨将领药铺""官巷前仁爱堂熟药铺""修义坊三不欺药铺""官巷北金药臼楼太丞药铺""漆器墙下李官人双行解毒丸""外沙皮巷口双葫芦眼药铺""陈妈妈泥面具风药铺""大佛寺疳药铺""保和大师乌梅药铺""三桥街毛家生药铺"和"郭医产药铺"等大小铺席，遍布大街及诸坊巷。

元朝初期，药材买办一度遭禁，民间药业发展缓慢。直至元朝中后期，许多民间药店才逐渐兴起。如杭州较著名的有蒋正斋药室、夏应祥的寿安堂药室和泮氏的中和堂等。多为官员或富商开办，比如寿安堂的创办者夏应祥便身居杭州金玉总管府大使一职。

明代以后，中国传统药业发展迅速，医药分工也明显细化。宋应星的《天工开物》中记载："药铺所货牡蛎，即此碎块。"李时珍所著的《本草纲目》，堪为药学巨著，书中载有药物 1892 种，收集医方 11096 个，在中国药业发展史上具有跨时代的意义。此间出现了许多至今仍活跃于历史舞台的传统药业老字号，如创办于明朝嘉靖末年（1405）的北京历史最悠久的中药店鹤年堂、明嘉靖三十一年（1552）的厦门怀德居药铺、明万历初年（1573）的广东佛山梁仲弘蜡丸馆、明万历十年（1582）的湖北武汉马应龙药店和明熹宗天启二年（1622）的陕西西安藻露堂药店等。

清康熙以后，垄断专卖的官药局撤销，民营药业随即得以大力发展。中

---

❶ 孟元老. 东京梦华录注：卷三·马行街北诸药铺［M］. 邓之城，注. 北京：中华书局，1982：82.

国传统药业老字号发展繁荣，当时有四大药店之称，即北京同仁堂、杭州胡庆余堂、湖北汉口叶开泰和广州陈李济。《旧都文物略》中记载："同仁堂、西鹤年堂药铺，皆数百年营业，声闻全国。近虽西药房林立，即同仁、鹤年二家，于平市四城设分肆无数，而购药者仍不约而同趋前门桥及菜市口两处。"❶ 除了四大药店，其他药店也出现百花争艳之势。据《旧京琐记》记述："药肆有专售秘制一种，传之数百年成巨室者，其可数者，如酱坊胡同之庄氏独脚莲，土儿胡同同德堂之万应膏，观音寺雅观斋之回春丹，鹿犄角胡同雷万春之鹿角胶，皆以致富。此外熟药铺，则菜市口之西鹤年堂、大栅栏之同仁堂，每年所作膏丹，行之各省，亦至巨万。"❷ 此时出现并流传至今的老字号有：创办于清顺治七年（1650）的湖南长沙劳九芝堂药铺、清康熙初年（1662）的江苏镇江唐老一正斋药店、清康熙四十九年（1710）的廖元和堂、清雍正十二年（1734）的苏州雷允上诵芬堂药铺、清乾隆元年（1736）的宁夏首家中药店德泰永、清乾隆十七年（1752）的浙江绍兴首家药店震元堂、清乾隆四十五年（1780）的四川成都陈同仁堂药店和湖南常德聂振茂药店、清道光八年（1828）的广州王老吉凉茶铺、清乾隆五十五年（1790）的广州敬修堂制药厂、清咸丰七年（1857）云南昆明福林堂、清光绪十六年（1890）广州潘高寿和清光绪十九年（1893）的辽宁丹东老天祥药房等。

清朝晚期，随着洋务运动的兴起，许多中国人自办的西药药店、药厂初露端倪。上海是我国制药工业的发祥地，中国最早的西药药店——创建于清光绪十四年（1888）的"中西药房"就诞生于此，随后，"中法药房"（1890）和"中英药房"（1894）创办。当时，中国有"四大西药厂"之说，为上海信宜制药厂（1924 年由湖南人何子康和德籍俄国人霞飞合作创办）、上海新亚制药厂（1926 年由许冠群、赵汝调和屠焕生合伙创办）、杭州民生药厂（1926 年，由爱国人士周师洛创办）和上海海普制药厂。

---

❶ 汤用彬. 旧都文物略［M］. 北京：北京古籍出版社，2000：255.

❷ 夏仁虎. 枝巢四述·旧京琐记：卷九［M］. 沈阳：辽宁教育出版社，1998：126.

抗日战争和解放战争时期，中国传统药业饱受战争摧残，许多药业老字号辗转于内地或港澳地区，又面临着国外药品的冲击，发展缓慢。直至新中国成立，传统药业才恢复了生机。公私合营后，大部分老字号转为国营，制药工艺和设备得以改进，由手工艺生产提升为机械生产，许多传内不传外、传男不传女的制药秘方也献给了国家。改革开放后，经过转企改制后的众多药业老字号成为股市上的生力军，在传承传统药品的基础上，不断更新产品内容和种类，逐渐发展成中国药业的代表，将中医文明发扬光大。也有部分老字号，在城市重建的进程中，面临着几度拆迁和回迁困难的窘境，抑或是被西药产业和新兴药业冲击，丧失了原有的传统中药制售特点，变成毫无特点的现代药房或药厂。

7. 金融业老字号

《清稗类钞》中记载："山西票号虽创于明季，乾、嘉以后，始渐发达，同、光间，则为鼎盛时代。"❶ 可见，明朝末期已经出现了票号这一金融形式。明代的文献和小说中也有关于钱庄的记载。明嘉靖《实录》卷一九一中记述："各闭钱市，以致货物翔踊。"❷ 清初《醒世姻缘》小说中第一回记载："开钱桌地说道：'如宅上用钱时，不拘多少，发帖来小桌支取。等头比别家不敢重，钱数比别家每两多二十文。使下低钱，任凭拣换。'"❸ 刘应秋在《与大司徒石东泉书》中记述："每一更易之际，列肆兑钱者，资本一日消尽，往往吞声自尽。"❹ 可见，当时这种金融形式业已相当发达。

到了清朝，随着商品经济的发展，从事银钱兑换的钱庄和汇兑业务的票号在许多商业发达的城市迅速发展起来。当时京城银号有"四大恒"之称，这些都是著名的老字号。《旧都文物略》中记载："旧都集市之外而银号则曩推恒庆恒肇四家，谓之四大恒。行使银票，贵重一时。又有所谓钱铺随意书

❶ 徐柯. 清稗类钞：第五册 [M]. 北京：中华书局，1986：2308.

❷ 童书业. 中国手工业商业发展史 [M]. 北京：中华书局，2005：313.

❸ 西周生. 醒世姻缘传 [M]. 济南：齐鲁书社，1980：4.

❹ 陈子龙，等. 明经世文编：卷四三一 [M]. 北京：中华书局，1962：4718.

条，一二吊而数十吊，市上通用，无虞赝鼎。”❶《旧京琐记》中还记载“四大恒”的故事：“银号首推恒和、恒肇等四家，谓之四大恒。居人行使银票，以此为体面。昔与某旗下友人约赴城外观剧，此友已更衣入内，久之，俄闻诟詈声出，则嗫嚅曰：‘甚抱歉，需稍候也。’询其故，乃愤然曰：‘帐房可恶，竟以烟蜡铺之票与我（彼时烟蜡铺亦兼兑换，并发行银钱票），故痛责之，已往易矣。’余曰：‘误佳剧，奈何？’友则曰：‘此无奈何，余岂可以此示人？’久之，仆返，则崭新之四恒票，始欢欣而出。当时某枢臣好积四恒票，百金一纸，万金为一束，叠置平正，朱印鲜明，时于灯下取出玩弄，以为娱乐。已而不戒于火，屋中成束之四恒票并付祝融，四恒家为大获利市。”❷据史料记载，在华北经济中心的北京，自康熙年间到道光十年（1830）以前，先后开设的钱铺有 389 家。光绪二十六年（1900），“北京合城 300 钱铺三百余家俱被匪徒勾结洋人，抢劫无遗。”❸ 从这段京城钱铺惨遭劫掠的史料中可看出当时钱铺数量之多。

在上海，自乾隆五十一年（1786）至嘉庆二年（1797）以前，也陆续设立了钱庄 124 家。乾隆后期，钱庄逐渐从银钱兑换业的基础上发展成为信贷活动的机构。❹ 值得一提的是，上海的钱庄在清乾隆年间已经成为一个具有相当规模的独立的行业。乾隆四十一年（1776），上海已经设立了钱业公所，以期“集思广益，出谋发虑”，为同业利益服务，“当时有石源隆、三泰源等 25 家钱庄承办公所事务”，“其后 20 年中，承办公所事务的钱庄计有 106 家。”❺嘉庆二年（1797），“选举出的钱业董事有魏廷钧等 12 名。”❻

清朝中叶，晋商创立的票号盛极一时。《旧都文物略》中说：“汇兑庄则山西贾为之，交游阔绰。”❼《旧京琐记》记载：“汇兑庄亦曰票庄，皆山西

❶ 汤用彬. 旧都文物略［M］. 北京：北京古籍出版社，2000：263.

❷ 夏仁虎. 枝巢四述·旧京琐记：卷九［M］. 沈阳：辽宁教育出版社，1998：124.

❸ 仲芳氏. 庚子记事［M］. 北京：科学出版社版，1958：36.

❹ 张国辉. 清代前期的钱庄和票号［J］. 中国经济史研究，1987（4）.

❺ 张国辉. 清代前期的钱庄和票号［J］. 中国经济史研究，1987（4）.

❻ 洪葭管. 略论山西票号、上海钱庄的性质和历史地位［J］. 近代史研究，1983（2）.

❼ 汤用彬. 旧都文物略［M］. 北京：北京古籍出版社，2000：263.

人，交游仕宦，最为阔绰。有外放官吏，百计营图以放款。即京官之有外任资格者，亦以奇货居之，不惜预为接济。然失败者，亦往往而有。庄之执事，皆为财东之戚友，故不虞其逃匿。东家间岁一来查巡，布衣草屩若村民，大抵数日即行。庄伙之衣服皆为公物，及去职，仍以布衣归也。”❶ “最初改为专营票号的商铺即是那些较为发达的行业，包括颜料业（适应手工纺织业需要而兴起的一种商品生产）、茶庄业（在国内外贸易中占有特殊重要地位，是政府财政收入的重要来源）、烟草业（明末开始的一种新的商品生产）、绸布业、盐亚和冶铁业等。”❷ 当时，实力雄厚的晋商票号可分为三大帮，即平遥帮、祁县帮和太谷帮。总号皆设于本县，凡国内通商大埠，以及物产丰富的地区，大都设有分支机构。祁县帮著名的票号有大德通、大德恒、三晋源、巨兴隆、巨兴和、元丰久、存义公和大盛川等家。太谷帮著名的票号有世义信、志成信、协成乾和锦生润等。平遥帮著名的票号有蔚盛长、蔚长厚、蔚丰厚、蔚泰厚、天成厚、协同庆、协利信、协同信、百川通、日升昌和宝丰隆等家。三帮中以日升昌、蔚泰厚、存义公、天成厚、大德通、大德恒、志成信和协成乾等票号的分支机构最多，远至中国台湾和日本皆有分号。其中，大德通票号在国内各地设立分支机构多至 40 余处，职员人数达 300 余人，存放款数额多到 1000 余万两，资本积累达 60 余万两。虽经庚子、辛亥两次变乱，损失巨大，但因其具有稳固的经济和社会基础，得以保全经营，信用倍增。❸ 据悉，清庆亲王与大德通银钱往来前后达数十年，光绪二十六年（1900）庚子事变爆发，八国联军入侵北京，庆亲王将现银 30 万两交由大德通保存，大德通历尽险阻，坚守住了信誉。庆亲王死后，其子孙仍继续与大德通往来。1951 年大德通停止营业时，其偿还和存款业务仍井然有序。

时至二十世纪初期，中国的资本主义有了较大程度的进步，现代金融业得以发展。“由盛宣怀主持的中国通商银行于清光绪二十三年（1897）在上海设立总行，发行货币，经营存放业务，并先后在汉口、北京、福州、天津、

---

❶ 夏仁虎. 枝巢四述·旧京琐记：卷九 [M]. 沈阳：辽宁教育出版社，1998：125.

❷ 洪葭管. 略论山西票号、上海钱庄的性质和历史地位 [J]. 近代史研究，1983 (2).

❸ 许敬敷，王子光. 山西票号纪略 [J]. 武汉文史资料，2007 (2).

广州、镇江、烟台、香港、重庆和汕头等地设立分行。”[1] “同期中商办或官商合办银行则有浚川源银行（1905 年）、信义银行（1906 年）、信成银行（1906 年）、浙江兴业银行（1907 年）、四明商业银行（1908 年）、裕商银行（1908 年）、浙江银行（1909 年成立，后改称浙江地方实业银行）、北洋保商银行（1910 年）和天津殖业银行（1911 年）等。”[2]

当时中国的金融业呈现钱庄票号、本国银行和外国银行三足鼎立的局面。这一时期，无论是传统金融业的钱庄和票号，还是现代金融业中由中国人自主创办的银行，均受到来自外国资本主义的压迫和本国封建主义的阻挠，未能在正常的轨道上得以充分发展。据 1910 年 10 月 18 日的《申报》报道："北京内城永顺、永祥、北德胜、德兴厚、和丰通、同义长及报房胡同德成，外城乾异、义丰、天太厚等钱铺均被挤轧，且有多家不敷周转，相率倒闭。"然而，“钱庄较多地依附于外国资本势力，有浓厚的买办性。票号则较多地依附于清朝政府的权势，有浓重的封建性。”[3] 因此，票号钱庄的发展经历了十九世纪六十年代的重大发展，二十世纪的大起大落，在辛亥革命政治风暴冲击下转向衰落，延至二十世纪二三十年代，终于趋于消亡。[4]

值得一提的是，光绪十七年（1891），英国人在上海开办了我国第一家交易所——上海股份公所。为了振兴和发展国家实业，光绪末年，梁启超等有识之士便发起建立交易所的倡议，但都因政府的反对而无疾而终。1913 年，政府颁布了《交易所条例》，工商人士纷纷响应。1918 年，第一家由国人自己开办的交易所——北京证券交易所成立。1920 年，上海证券物品交易所和上海华商证券交易所成立。1921 年，上海金业交易所和上海华商纱布交易所成立。这些交易所的诞生为振兴民族工商业和发展国内商品经济做出了相当的贡献。然而，好景不长，由于时局动荡、战争频仍，货币政策难以稳定，期货交易无序，再加上外货倾销和自身经营的弊端，大部分交

[1] 张国辉. 二十世纪初期的中国钱庄和票号［J］. 中国经济史研究，1986（1）.

[2] 张国辉. 二十世纪初期的中国钱庄和票号［J］. 中国经济史研究，1986（1）.

[3] 洪葭管. 略论山西票号、上海钱庄的性质和历史地位［J］. 近代史研究，1983（2）.

[4] 张国辉. 二十世纪初期的中国钱庄和票号［J］. 中国经济史研究，1986（1）.

易所都在二十世纪三四十年代倒闭，成为近代金融业中存活时间最短的老字号。

中华人民共和国成立后，票号和钱庄废止，但其在中国金融史上的地位和对中国金融业发展的深远影响毋庸置疑。秦省如在1935年的《钱业日报》上发表了一篇《山西票庄在今昔经济上之地位》一文，写道："所幸山西票庄，筚路蓝缕，以启荆棘，调查各地之市况，制定兑换之标准，虽市制复杂，银色相差，亦可使之彼此流转，互为交易。盖此种业务，在当时本为汇兑之便利计耳。殊不知金融流通，即以此而作基础，我恐今日中国之金融事业，于混沌杂乱中，尚能回转流通者，山西票庄之所为或亦不无关系也。"❶

2005年年末，作为全国小额信贷组织的试点，山西省平遥县率先将历史上知名的票号——晋源泰和日升隆组建成两家纯粹由民间投资的小额贷款有限公司，以服务"三农"为宗旨，主要采用信用、担保、抵押和质押等多种形式进行贷款，实行市场化利率，以人民银行公布的基准利率的4倍为上限，不得吸收储蓄资金，不得跨县经营。❷ 虽然票号的原始功能已经完全改变，但这种将老字号与金融相结合的举措也值得历史来检验。

三、老字号的传承现状

我国的老字号企业历史悠久。据统计，我国老字号历史不足100年的约占57.3%；100至200年的占28%；200至500年的约占12.7%；500年以上的占2%。❸ 老字号企业门类齐全，涉及食品、医药、珠宝、手工艺、建筑、服装鞋帽、机械制造、出版、金融等行业。据2006年统计数据显示，食品工商业和餐饮业老字号占64%左右，中医药老字号企业占10.8%左右，日用百货加工

---

❶ 李洋光．浅谈晋商票号对中国金融业发展的影响［J］．山西财税，2012（1）．

❷ 王慧峰．晋商票号重开张［N］．人民政协报，2006-04-25．

❸ 王正志，等．中华老字号：认定流程、知识产权保护全程实录［M］．北京：法律出版社，2007．

或零售业占5.6%左右，服装鞋帽加工或零售业占4.6%左右，钟表眼镜加工或零售业占3.1%左右，文化用品加工或零售业占2.7%左右，其他占5.2%左右。❶目前，我国有老字号企业几千家，其中经商务部于2006年、2011年认定的“中华老字号”有1128家。目前，老字号得到了普遍关注和重视，许多老字号企业基于原生优势乘势而上，已然成为第三产业发展中的亮点。

据问卷调查可知（见图1-1），关于相对于同行的其他品牌公司的优势，受访的老字号企业管理人员表示，排在第1位的优势是“品牌”（77.39%），排在第2位的是“产品质量”（62.84%），排在第3位的是“传统工艺技术”（58.62%）。其余优势依序为“价格”（16.48%）、“消费者”（14.56%）、“服务态度”（13.79%）等。在具有传统品牌效应的老字号企业，传统“手艺”与“品牌”是老字号企业独树一帜并且传承下来的价值链因子，也是老字号核心竞争力的重要构成。调研还发现，“品牌”“手艺”作为老字号核心竞争力的重要构成，也是一把双刃剑。老字号企业往往存在着新产品少、管理落后等问题，创新也成为老字号企业发展的难点。

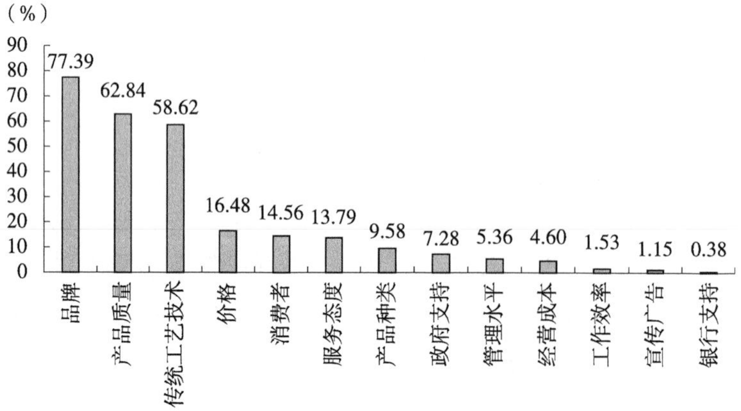

图1-1　老字号企业管理者认为老字号相较于同行业的优势

与2013年相比，“品牌”“产品质量”“传统工艺技术”依旧是老字号企业管理者认为的三大优势。但是“价格”与第3位的“技术”优势之间的优

❶ 王正志，等．中华老字号：认定流程、知识产权保护全程实录［M］．北京：法律出版社，2007.

势差上升至约 40 个百分点，可见，老字号已经突破了竞价优势，从品牌、质量和传统文化中获取竞争优势，并具备了一定的品牌溢价能力。

再进一步将主要竞争优势按地区进行比较分析，综合来看，各地老字号企业趋于统一的是在“品牌”竞争优势和“产品质量”竞争优势上存在共性，只有“传统工艺技术”的竞争优势存在着区域显著性差异。北京、广东、河北、湖南、江苏等地认为老字号的品牌优势重要性高达 100%；山东、黑龙江、福建、辽宁、山西等地介于 50%~90% 区间。吉林最低，仅有 33.3%，更加关注的是“产品质量”和“传统工艺技术”。湖南的老字号企业除了重视“品牌”优势和“产品质量”外，也重视“服务态度”。河北的老字号企业重视产品种类和“政府支持”（见表 1-1）。

表 1-1 老字号企业竞争优势分析（分地区）

地区	价格	品牌	经营成本	消费者	产品种类	产品质量	传统工艺技术	服务态度	工作效率	宣传广告	管理水平	政府支持	银行支持
北京		100.0%				100.0%	100.0%						
福建	50.0%	50.0%			25.0%	50.0%	75.0%						
广东		100.0%				75.0%	75.0%	25.0%					
广西	100.0%					100.0%	100.0%						
河北		100.0%			100.0%							100.0%	
黑龙江	11.1%	83.3%	5.6%	16.7%		77.8%	77.8%	5.6%					
湖南		100.0%				100.0%		100.0%					
江苏	100.0%	100.0%		100.0%									
吉林	33.3%	33.3%				100.0%	66.7%	33.3%					
辽宁	21.1%	77.5%	5.6%	18.3%	12.7%	60.6%	43.7%	18.3%	4.2%	1.4%	7.0%	4.2%	

续表

地区	价格	品牌	经营成本	消费者	产品种类	产品质量	传统工艺技术	服务态度	工作效率	宣传广告	管理水平	政府支持	银行支持
山东	15.0%	73.3%	3.3%	13.3%	9.2%	59.2%	64.2%	12.5%	. 8%	1.7%	5.8%	10.8%	0.8%
山西	6.7%	90.0%	6.7%	6.7%	6.7%	73.3%	66.7%	10.0%			6.7%	6.7%	
陕西		100.0%	20.0%	40.0%	20.0%	60.0%	20.0%	20.0%					
浙江	100.0%	100.0%		100.0%									
合计	16.5%	77.4%	4.6%	14.6%	9.6%	62.8%	58.6%	13.8%	1.5%	5.4%	7.3%	0.4%	

同时，根据样本来源，对老字号企业的竞争优势按9个行业再次进行了比较分析（见表1-2）。分析结果通过卡方检验（见表1-3、表1-4），不同行业“老字号”的竞争优势差异较为明显。综合来看，“品牌”对于餐饮、零售、食品、酿造、医药、文化用品、日用化工等行业的老字号来说，都是相对最重要的竞争优势；其中，日用化工业比例最高（100.0%），医药（95.0%）。其他行业老字号位居其后，相差无几。“品牌”竞争优势相对较低的为服装行业。对于服装业老字号企业来说，“产品质量”和“传统工艺技术”是决定因素。

表1-2　老字号企业竞争优势分析（分行业）

行业	价格	品牌	经营成本	消费者	产品种类	产品质量	传统工艺技术	服务态度	工作效率	宣传广告	管理水平	政府支持	银行支持
餐饮	20.6%	76.5%	2.9%	20.6%	11.8%	52.9%	55.9%	14.7%				5.9%	
零售	21.4%	78.6%	7.1%	21.4%	14.3%	64.3%	21.4%	21.4%			28.6%	14.3%	
食品	14.6%	77.1%	6.3%	10.4%	7.3%	70.8%	58.3%	11.5%	2.1%	2.1%	3.1%	5.2%	
酿造	21.1%	75.4%	3.5%	19.3%	12.3%	59.6%	70.2%	14.0%	1.8%		3.5%	1.8%	
医药	15.0%	95.0%	5.0%	10.0%	10.0%	35.0%	50.0%	15.0%	5.0%		15.0%	15.0%	

续表

行业	价格	品牌	经营成本	消费者	产品种类	产品质量	传统工艺技术	服务态度	工作效率	宣传广告	管理水平	政府支持	银行支持
服装	14.3%	28.6%				85.7%	71.4%	28.6%			14.3%	28.6%	
文化用品	20.0%	80.0%		10.0%		80.0%	70.0%			10.0%		10.0%	10.0%
日用化工		100.0%				100.0%							
其他行业	4.5%	81.8%	4.5%	18.2%	13.6%	59.1%	59.1%	18.2%			4.5%	13.6%	
合计	16.5%	77.4%	4.6%	14.6%	9.6%	62.8%	58.6%	13.8%	1.5%	5.4%	7.3%	0.4%	

表 1-3　老字号企业传统工艺技术竞争优势卡方检验（分地区）

	值	*df*	渐进 *Sig.*（双侧）
Pearson 卡方	22.713a	13	0.045
似然比	25.073	13	0.023
线性和线性组合	0.303	1	0.582
有效案例中的 *N*	261		

a. 20 单元格（71.4%）的期望计数少于 5。最小期望计数为 0.41。

表 1-4　老字号企业竞争优势卡方检验（分行业）

	值	*df*	渐进 *Sig.*（双侧）
Pearson 卡方	13.815a	8	0.087
似然比	13.256	8	0.103
线性和线性组合	0.125	1	0.723
有效案例中的 *N*	261		

结合访谈和问卷分析结果，可做出如下判断：

一是大多数老字号企业将自身具有良好信誉的和相当价值的品牌视为企业生存与发展的重要优势。品牌是一种超越生产、商品和有形资产以外的无形资产，主要载体为产品、历史遗存和传统手工艺。品牌建设的实施过程依赖于匠人和技术、产品的互动，并固化成一种老字号独特的制造文化，与工匠精神的内涵相通。工匠精神作为企业生产和管理的文化体现，与品牌在精神内核上高度统一，是品牌培育、塑造和传承的主要表现与保障条件。

二是虽然老字号的竞争优势存在着地区和行业差异，但是差异并不明显。老字号企业的价值也会受到市场因素、政治因素和外来文化因素制约。确保竞争优势的关键是要把握好传承的各个要素、符号，把握核心价值内涵，也就是传承好老字号的文化记忆。

三是在老字号的品牌优势中，经营成本和工作效率占比较低，比价格、产品质量、产品种类、消费者因素占比更低。这说明，老字号的发展已经开始步入满足人民群众日益增长的物质文化需求的新阶段，为了满足消费者的新需求，产品和技术革新问题时不我待。如何实现产品的“供给侧结构性改革”，达到传统与市场的深度融合，乃是老字号品牌可持续发展的重要环节。

关于“营销策划”方面的优势，受访的老字号企业管理人员表示，最为明显的优势是“回头客多”（80.08%），排在第1；排在第2的是“与传统节庆有关”（36.02%）；排在第3的是“销售网点多”（28.35%），其次是“经销商多”（27.97%）、“购物环境好”（19.54%），有2家老字号企业认为自媒体直播带货是其营销策划方面的优势（见图1-2）。

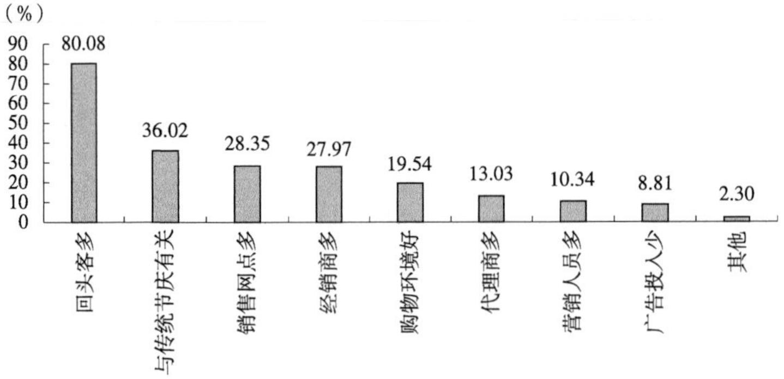

图1-2　老字号企业管理者认为企业在营销策划方面的优势

与2013年调查数据相比，“回头客多”“与传统节庆相关”位次依然是第 1、2，可以看出，老字号企业在“营销策划”方面的优势，最为显著的是“回头客”和“传统节庆”，这与老字号产品和服务的优势及其传统文化价值、历史价值密不可分，顾客忠诚度和历史文化是老字号企业的竞争优势。

关于近三年企业在经营发展方面采取的举措，受访的老字号企业管理人员表示，比例最高的是“增加新产品”（60.92%），其后是“增加销售网点”（33.72%），排在第 3 的是“提高服务水平”（31.42%），接着是“增加新的生产线”（29.89%）和“增加新的工艺技术”（22.22%）（见图 1-3）。

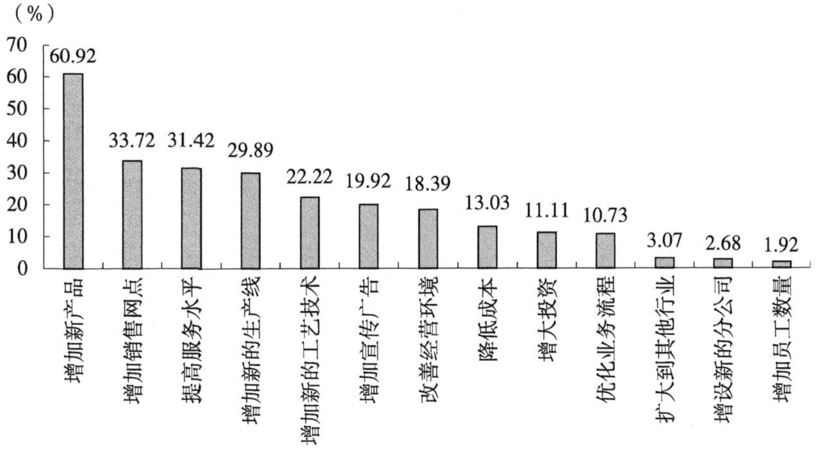

图 1-3 老字号企业近年来在经营发展方面采取的举措

与 2013 年调查数据相比，“增加新产品”“提高服务水平”“增加销售网点”依然是老字号企业在“营销策划”方面采取的最主要的举措，但“改善经营环境”由第 4 位降至第 7 位，“增加新的生产线”由第 6 位升至第 4 位。这与老字号经营环境的日益改善和新产品种类的不断丰富密不可分，同时也因为老字号具有鲜明的行业性差异。比如按行业进行交叉分析，可知，“改善经营环境”在餐饮业老字号企业中是排位第 3 的举措；“增加宣传广告”是医药业老字号采取比例最高的举措（见表 1-5）。

表 1-5　近三年受访老字号企业在经营发展方面采取的措施（分行业）

类别	餐饮	零售	食品	酿造	医药	服装	文化用品
增加新产品	52.94%	57.14%	70.83%	63.16%	25%	71.43%	70%
增加新的生产线	14.71%	14.29%	40.63%	22.81%	35%	57.14%	30%
增加销售网点	23.53%	28.57%	43.75%	42.11%	15%	14.29%	30%
提高服务水平	41.18%	35.71%	25%	33.33%	30%	42.86%	20%
增加宣传广告	14.71%	28.57%	17.71%	22.81%	45%	0	10%
增加新的工艺技术	11.76%	14.29%	18.75%	22.81%	15%	28.57%	50%
增设新的分公司	2.94%	7.14%	2.08%	1.75%	5%	0	0
改善经营环境	26.47%	14.29%	20.83%	17.54%	20%	0	10%
降低成本	11.76%	7.14%	13.54%	8.77%	15%	0	40%
增大投资	26.47%	21.43%	5.21%	5.26%	15%	42.86%	10%
优化业务流程	5.88%	28.57%	6.25%	14.04%	25%	28.57%	0
扩大到其他行业	2.94%	7.14%	2.08%	3.51%	5%	0	10%
增加员工数量	2.94%	7.14%	1.04%	3.51%	0	0	0
小计	34	14	96	57	20	7	10

四、老字号的传承特点

概言之，我国老字号的传承发展呈现如下特点。

一是门类较多，与人们的日常生活关系密切。涉及餐饮业、服饰业、医药业、手工艺业、建筑业、机械制造业、出版业和金融业等各行业。其中餐饮业、手工艺业和医药业老字号历史较为悠久，生命力较强。服饰业老字号比较具有灵活性，并富有时代特点。出版业、金融业和机械制造业与经济发展密切相关，地域差别明显。

二是在所有权方面，清朝末年以前成立的老字号最初基本都是家族企业，清朝末年和民国时期兴起的一些新兴实业老字号如“中国通商银行”“阜康票号”等则以官商合办为主。中华人民共和国成立后，绝大多数老字号通过公私合营成为国营企业。改革开放后随着转企改制的推进，大部分仍保留国有属性，部分转为民营。

三是组织形式。有的老字号家族内部之人不仅拥有所有权，而且拥有经营权，多数独门手艺传内不传外、传男不传女，甚至传儿媳不传女儿，还有的为了保持信誉和质量曾坚持不开分店，如“叶开泰”。有的老字号则是任人唯贤，所有权与经营权分离，如“日升昌”票号便由伙计雷履泰负责经营。

四是管理制度。大多数老字号都立下严格的铺规店规，或世袭祖训。如“胡庆余堂”，开业之初，创办者胡雪岩便亲笔书写“戒欺”匾额，其上书写其经营理念为：“凡百贸易均着不得欺字，药业关系性命，尤为万不可欺。余存心济世，誓不以劣品弋取厚利，惟愿诸君心余之心，采办务真，修制务精，不至欺予以欺世人，是则造福冥冥，谓诸君之善为余谋也可，谓诸君之善自为谋也亦可。”“胡庆余堂”一直尊尚匾额中所书的“采办务真，修制务精”理念来经营和管理店铺，也是其兴盛百年的原因所在。

五是竞争优势。老字号多历经百年兴盛不衰，究其原因离不开勇于创新和刻苦钻研而出独门手艺或具有开创性的生产方式或产品，并能坚守品质和保证信誉。如杭州最为著名的丝织业老字号“都锦生”，创办者都锦生对织锦具有浓厚的兴趣，并怀着实业救国的理想，他和学生一起努力钻研织锦工艺，终于研制出了既传承了杭州织锦特点，又符合时代审美情趣的织锦产品，在美国费城博览会上一举荣获金奖而声名鹊起。“马应龙”的创办者马金堂对中国传统医学，尤其是眼科有一定的研究，他反复试制出的“定州眼药”选材讲究而名贵，疗效上佳，因深得百姓好评而逐渐发展壮大。而开创中国首家票号之举的“日升昌”，创办者雷履泰便是瞅准当时晋商在全国各地做生意，与老家钱银往来基本是镖局押运或者自行捎带，不仅运费高，而且途中匪霸不断不安全的商机，利用掌柜开办的颜料庄在全国大多数地方开有分号的优势，通过各号联动开展存放和汇兑钱款的业务，既便利又经济，遂形成星火燎原之势，开创了中国金融业的崭新局面。

六是地域特点。老字号存在着区域不平衡性，多集中于历史古都、商业和文化名城，且每个地区的老字号种类和规模各有特点，如山西票号、上海金融，天津、上海与广州等通商口岸的西餐厅和洋服店等。此外，各个地区不同门类的老字号创办者也具有地域相近性，如北京的服饰业老字号大都为山东人开办，赫赫有名的经营绸缎庄的“八大祥”，即“都是由山东济南府章丘县旧军镇的孟姓大家族经营”。❶ 茶庄则多由徽帮兴建，“北京的方、吴、张、汪、寇、孟‘六大茶商’中的方、吴、张、汪都来自安徽。”❷

最后，深受经济和政治因素的制约。老字号的兴衰沉浮，与各个时代的政治、经济和文化发展有着千丝万缕、密不可分的关系。商业鼎盛时期老字号往往较为繁盛；战乱或社会动荡时期，老字号就会随之衰退甚至消亡。此外，历朝历代的城市布局对老字号的发展也有影响。唐朝、宋朝、元朝、明朝和清朝时期，我国城市发展迅速，商贸发达，集市规模大而种类丰富，因此商业老字号便从初具萌芽状态发展到了遍地开花。此外，个别政治人物对老字号的发展也极具影响。如“都一处”因为乾隆皇帝的光顾而名声大噪，“大德通”票号因为与庆亲王交好而受益，“宝发园”因为张学良的偏爱而独傲沈城等。

我国老字号的传承也面临着一些机遇与挑战：一是地域发展不平衡。目前，我国老字号企业数千家，其中经商务部于2006年、2010年认定的“中华老字号”有1128家。上海和北京是我国“中华老字号”数量高居前位的地区，分别为180家和117家，其次是江苏（96家）、浙江（91家）、山东（66家），青海和海南较少，仅有1家（见图1-4）。同时，老字号也成为地域文化的形象代言，如杭州的“天堂伞”“王星记扇子”和“张小泉剪刀”等都是游客旅游首选购买的纪念品。

---

❶ 段炳仁主编，王红著．老字号［M］．北京：北京出版社，2006：11.

❷ 段炳仁主编，王红著．老字号［M］．北京：北京出版社，2006：11.

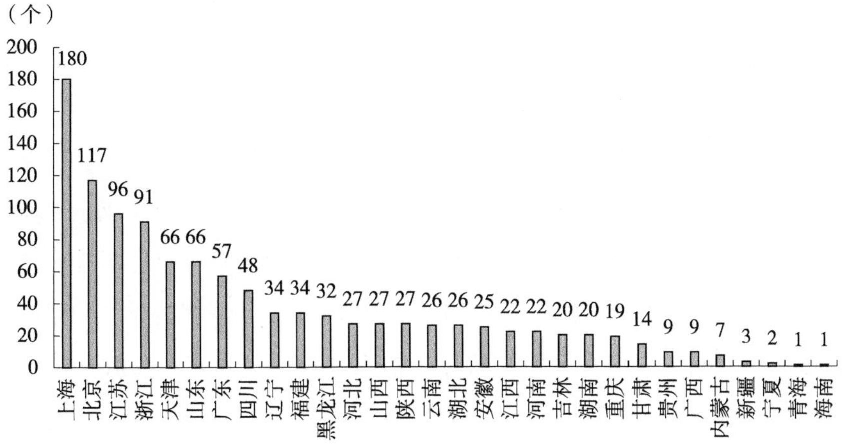

图 1-4　商务部认定的各地“中华老字号”数量对比图

二是成为民族商业品牌的代表。许多老字号企业勇于革新工艺，采用先进适用的技术改造传统工艺和设施，改进和丰富产品及其配套服务，在传承独特文化内涵的基础上，充分把握和丰富了核心竞争力，顺应了经济社会发展的新模式。比如，属于手工艺制造业的“张小泉”，在引进民营资本后就调整了产品线，不仅仅做民用剪刀，还拓展到了医疗剪刀、厨房锅具等。“王致和”在传统调味品的基础上扩展了系列产品，包括涮羊肉调料、腐乳汁、虾片、精包装干酱、仿日清酒和低盐度调料等，通过创新和拓展自己的产品结构，产品由单一性转向多元化，满足了消费者各方面的需求。“老龙口”积极拓展酒类品种，建设老龙口酒文化博物馆，丰富其产品种类和内涵，使得营业收入一直稳步增长。许多老字号已然成为我国商品经济发展中的亮点，在中国企业品牌价值排行榜中处于行业领先地位。如 2010 年中国酒类品牌价值排行榜中，“茅台”以 531.46 亿元名列第一。2012 年，美国《华尔街日报》公布的 2011 年度最具价值中国品牌 20 强中，“张裕”品牌价值达到 32 亿美元。

三是部分老字号企业面临着品牌濒危的窘境。2004 年，商务部曾对我国老字号企业做过一次调查，结果显示当时我国有近 1.6 万家老字号企业，其中 70% 经营十分困难，20% 勉强维持，只有 10% 发展较好。我国老字号历史不足 100 年的约占 57.3%；100 至 200 年的占 28%；200 至 500 年的约占

12.7%；500年以上的占2%。[1] 国外很多知名品牌都具有百年历史，如可口可乐、沃尔玛等，且依然发展良好。我国有不少经营了上百年的老字号企业，虽然品牌影响深远，却由于经营观念和制作方式落后、产品种类和形式单一、知识产权保护意识薄弱或城市拆迁等原因，面临着勉强维持生计甚至濒临倒闭的窘境。2006年申报“中华老字号”时，有许多老字号商标或企业名称被他人注册和抢注而导致品牌价值缺失。还有的企业因为商标过期或变更信息不及时等引起众多法律纠纷。2012年，社会热议的“王老吉”与“加多宝”品牌之争，也说明老字号在民族品牌的知识产权保护意识和品牌价值评估方面应提高到相应的水平。

[1] 王正志，等．中华老字号：认定流程、知识产权保护全程实录［M］．北京：法律出版社，2007：14.

第二章　老字号工匠精神传承的内涵与形式

——基于文化记忆的媒介说

2015年的国务院政府工作报告中提出了“工匠精神”这一概念，指出“鼓励企业开展个性化定制、柔性化生产，培育精益求精的工匠精神，增品种、提品质、创品牌。”那么，作为中华传统优秀商业品牌，老字号的工匠精神体现在哪些方面？当下如何挖掘、保护和继续发挥老字号的工匠精神，避免老字号走入部分学者所说的中国企业发展“富不过三代”❶ 的怪圈？这是时代的提问，也是一个耐人寻味的企业人类学研究课题。

从史料和实地调研可知，老字号历经百年兴盛不衰，究其原因，除了独门手艺、产品，还有一个重要因素就是“坚守”生产和管理的品质，而“坚守”靠的就是严格的铺规店规、世袭祖训或经营理念。如“胡庆余堂”，开业之初，创办者胡雪岩便亲笔书写“戒欺”匾额，“胡庆余堂”一直尊尚匾额中所书的“采办务真，修制务精”理念来经营和管理店铺。“同仁堂”则曾奉行一套“自东自掌”的祖训家规，即“一切不假手外人”“不用徒弟，不用资方代理人，不准子孙经营其它业务”❷。这些世代相袭的“店规”“祖训”衍生至今，形成了其独特的企业文化和人力资源管理模式，也就是老字号的工匠精神所在。

大量史实证明，工匠精神在某个特定历史阶段会直接决定老字号的兴衰，

---

❶ 汪继峰．家族企业如何迈过“富不过三代”这道坎［J］．国际人才交流，2004（2）；屈寰昕．由“富不过三代”拷问家族企业创业者［J］．商业文化，2009（9）；陈啸．民营企业“富不过三代”的原因探析及对策［J］．科技情报开发与经济，2009（36）；张伟湘，欧阳梦雪，王小莓．神秘的家族信托——解开“富不过三代”的魔咒［J］．人民文摘，2012（8）．

❷ 孔令仁，李德征．中国老字号：第九卷［M］．北京：高等教育出版社，1998：246．

那么假设工匠精神是老字号企业的核心竞争力，那么是不是决定性因素？有鉴于此，剖析老字号工匠精神的内涵和形式，可以为把握和分析老字号工匠精神传承的要素奠定较好的理论基础。

一、老字号工匠精神的内涵

企业人类学❶关注的是企业中人的社会性，认为经济的成功与文化密不可分。日本的经营人类学❷“从广义上把组织作为‘文化的存在’来理解，公司这一组织很大程度上受历史、民族、地域等文化特性的影响，同时它也是创造新的文化的‘主体’（吴咏梅，2010）”著名工商人类学家 Ann Jorda 认为：工商人类学开始关注组织文化是因为所有组织都是有文化的，而不仅仅是个机构而已。企业不是一个机械的个体，而是一个由很多员工组成的共同体。❸ 解析企业的各种现象，离不开以人为本的视野。“企业人类学中的企业既有其营利的一面，也有其承担社会责任的一面。”❹

老字号亦然。比如，很多老字号企业的职工能几十年如一日地坚守企业，并不是单纯出自追求金钱或别无他路的动机，还有社会方面的、心理方面的因素，包括对企业的归属感、认同感、在社会上受人尊敬的优越感等，而这些更为重要。企业的经营理念和管理是靠人来学习和执行的。个体的信念、特点会影响他们工作上的表现甚至企业的整体发展。因此，考量老字号企业

❶ 企业人类学是把文化人类学的理论和方法运用到企业领域的一门新兴学科，研究领域包括经济社会结构对商业传统的影响、产业转移、企业组织、人力资源管理、消费者行为分析、产品设计、市场营销、广告宣传和沟通策略、企业文化、跨文化管理、国际营销中的跨文化适应、企业的社会责任、企业的地方性和群体性、流动人口与城市就业、民族企业家等 15 个领域。

❷ 1989 年，日本的村山元英在《经营的海外转移论：通向经营人类学的道路》一书中首次提出“经营人类学”的概念。其后，中牧弘允和日置洪一郎将人类学与经营学结合在一起，对“经营人类学”开展了一系列深入的研究，并对中国企业人类学的发展起到了推动作用。

❸ ANN T JORDA. The Importance of Business Anthropology Its Unique Contributions [J]. International Journal of Business Anthropology, 2010 (1).

❹ 张继焦. 企业人类学的创新视角：老字号的研究现状、现实意义和学术价值 [J]. 创新，2015 (1).

的核心竞争力不能单纯从企业技术、规模、产值等着眼，必须充分考虑到人的社会性，将企业作为一种社会文化的存在，“匠人”“匠心”缺一不可。

迈克尔·彼特在20世纪80年代提出企业竞争理论，认为价值链包括制造产品、销售、运输、售后服务等主要活动和提供所购买的投入要素、技术、人力资源管理、企业范围内实施的多种职能的辅助活动。其中，“技术”是一个关键因素。[1] 老字号企业大都拥有独特的“技术”，而工匠精神属于人力资源管理范畴。人力资源管理决定了劳动技能和员工激励的水平，“在某些行业里，人力资源管理活动是企业竞争优势的关键。”“企业的核心竞争力是企业生存和发展的根本，也是价值链管理的根本所在。”[2] 运用企业竞争理论研究老字号的核心竞争力，需要把核心能力和系统运作能力结合起来，“拥有的世代传承的产品、技艺或服务，以及具有良好信誉的和相当价值的品牌等，可以视为‘老字号’企业的核心竞争力。”[3]

所以，老字号工匠精神的核心内涵即是一种精益求精、持之以恒的企业精神的培育与塑造体验，是对生产生活的一种信念、倾向和主张。作为一种文化记忆，老字号传承过程中，除了独门手艺、产品、服务，坚守企业信誉、履行社会责任、巩固品牌忠诚度、扩大市场影响力的经营理念，构成了老字号工匠精神传承的物质和非物质层面。在企业竞争理论范畴则归属于老字号的核心竞争力，是企业发展的关键因素。

中国文化视域下的工匠精神，其核心内涵体现在“求精”“尚巧”和“道技合一”。《周礼·考工记》曰：“天有时，材有美，工有巧，合此四者，然后可以为良。”“能工巧匠”不只拥有熟练的技艺，还具有创造性的品质，如《诗经·卫风·淇奥》中提到的“如切如磋，如琢如磨”，描述了工匠在切割、打磨、雕刻时仔细认真、反复琢磨的工作态度。朱熹进一步提炼出它

---

[1] 迈克尔·波特. 竞争优势［M］. 北京：中信出版社，2014：36.

[2] 张继焦. 价值链管理：优化业务流程、提升企业综合竞争能力［M］. 北京：中国物价出版社，2003：35.

[3] 张继焦. 中国企业都“富不过三代”吗?：对“老字号”企业长寿秘诀和发展前景的社会学分析［J］. 思想战线，2012（4）.

的核心特质，“言治骨角者，既切之而复磨之；治玉石者，既琢之而复磨之，治之已精，而益求其精也。”

中国传统制造业价值观有着稳固的记忆与参照框架，形成了现代制造在审美情趣、制造习惯等方面相对固定的传承模式，作为一种“集体共识”获得了深入骨髓的“身份认同”。我们可以从历史和现实层面，基于文化记忆、竞争优势和企业人类学等学科的综合研究来评估老字号的核心竞争力，不难发现老字号企业的工匠精神（从历史的角度称作店规、祖训或经营理念，从现代企业管理的角度可以称作企业文化、人力资源管理，也可称作老字号的“精神”）是企业竞争力价值链上的一个至关重要的因子，影响着其他因子的作用发挥。工匠精神会制约技术传承的优劣，失了“精神”，“技术”可能荡然无存。这种相互作用在小型老字号企业中尤为凸显。当然，除了这个因子，价值链上还有许多其他因素，并与工匠精神相互作用，共同制约着企业的竞争力。但就老字号企业而言，这个因子相对来说更加重要。

二、文化记忆视角下老字号工匠精神传承的三种形式

文化记忆理论认为，记忆是建构在不同层面上的状态，人“栖居其间”的生活经历，把回忆与经验联系起来，使其获得一种结构，这种结构将作为塑造性的自我画像来决定人生、指导行动。文化需要借助外部的存储媒介和文化实践来组织他们的记忆[1]，“媒介作为物质的支撑对文化记忆起到基本的扶持作用，并与人的记忆互动。”[2] 文本、图像、身体、地点等存储媒介是文化记忆的主要载体，技艺、仪式、心理等互动方式是一种确立、习得文化记忆的身体实践。存储媒介是外化的记忆媒介，承载着与历史、宗教或与生平有关的重要事件的“场所”。身体是一个自身的媒介，可以通过形成某种习惯

[1] 阿莱达·阿斯曼．回忆空间：文化记忆的形式和变迁［M］．潘璐，译．北京：北京大学出版社，2016：11-12.

[2] 阿莱达·阿斯曼．回忆空间：文化记忆的形式和变迁［M］．潘璐，译．北京：北京大学出版社，2016：12.

使回忆变得稳固，并且通过强烈的情感力量使回忆得到加强。“每种媒介都会打开一个通向文化记忆的特有的通道。”❶ 这些媒介作为“无人栖居”和“有人栖居”的一个个记忆“片段”是文化记忆的重要支撑，具有强烈的“唤醒”功能，可以激活甚至重生文化记忆。

基于文化记忆理论研究视角和人类学研究方法，通过全国范围内开展的老字号调查和个案分析可知，传说、文物、文字、图像等存储媒介是老字号文化记忆的主要载体，技艺、仪式、心理等方式是一种确立和习得老字号文化记忆的互动实践。存储媒介和互动实践同样构成了作为一种文化记忆的老字号工匠精神的两种形式。存储媒介可以激活甚至重生文化记忆，在功能记忆实施过程中，又发挥着一定的能动性；反之，功能记忆的实施也会固化成新的存储媒介。

纵观历史和现实资料，老字号的珍贵之处在一定程度上根植于其历史价值、文化价值、艺术价值和品牌价值等。这些既是可以物化的有形资产，也是一种超越有形资产以外的无形资产。无形资产需要有形资产作为储存媒介，有形资产需要无形资产来激发。对老字号而言，从发家故事到祖训店规，从一个老物件到牌匾店面，种种带有历史故事或文化符号象征的有形和无形资产都是品牌的承载者和传承体。而这些文化要素恰恰是“文化记忆”传承的主要形式。工匠精神是老字号有形和无形资产的集中体现，是品牌竞争力的关键。

我们可以将老字号作为一个有记忆的独立个体，是文化记忆两种模式功能论的实证研究。老字号工匠精神的具体载体可以主要从“匠人”“匠心”“匠品”三方面得以呈现，突出表现为产品品质、技艺传承、管理创新、民族情怀、社会责任等文化特点。

（一）“匠品”——产品品质是根本

品质是品牌的根本。老字号之所以基业长青，主要的竞争优势就是其优

❶ 阿莱达·阿斯曼．回忆空间：文化记忆的形式和变迁［M］．潘璐，译．北京：北京大学出版社，2016：21.

良的产品品质，信誉的凝结。纵观历史和现实，老字号重材求质、精益求精的案例众多。

创办于明崇祯十年（1637）的叶开泰，曾与北京同仁堂、杭州胡庆余堂和广州陈李济并称为中国四大中药店之一，最初店址位于湖北汉口，创始人叶文机，祖籍安徽徽州。明末清初，战乱纷起，百姓疾苦。明崇祯十年（1637），旅居汉口的叶文机医术高明，适逢岳州一带瘟疫流行，便前去应诊，效果甚好。于是，驻军简亲王赞助他在汉口大码头鲍家巷开办起了叶开泰药室，前店后厂，生意逐年兴旺。[1] 药室取名叶开泰，寓意药室开业只图国泰民安。至清代乾隆年间，从叶文机的后人叶松亭始，叶家后人开始走科举入仕的道路，聘请经理管理药店，亦官亦商，有钱有势。叶松亭曾官至诰受中宪大夫，助推了叶开泰的声势和发展。道光年间，叶松亭的曾孙叶名琛考中进士。清道光二十七年（1847），38 岁的叶名琛出任广东巡抚。清咸丰二年（1852），叶名琛升为两广总督兼商务钦差大臣，成为南国封疆大员。清咸丰七年（1857），英法联军进犯广州，次日失陷，叶名琛被俘。清咸丰八年（1858），叶名琛被英军押至印度加尔各答，绝食而死。[2] 叶名琛是叶家后人中官位最高和仕途最盛者，他的义举使得叶开泰名声倍增。而后其弟叶名沣率领叶开泰潜心钻研医理，扩大生产，振兴传统中药，坚决抵制洋货和西药。

叶开泰的盛名与其孜孜以求的产品和工艺品质密切相关。所产药品选料地道、品质上佳。比如，参桂鹿茸丸中的人参“非高丽参而不用，不是边油桂而不取”；[3] 虎骨追风酒“用料讲究，除选用山西上好的汾酒，配方中还有 28 种治疗风寒暑湿、舒筋活络的中药材”。[4] 制作工艺也很严格，“如虎骨胶、鹿角胶，要在溶化以后按量均衡投入酒中；杜仲、故子一定要用盐水炒焦；川乌、草乌含有乌头碱毒素，不能生用，一定用有关辅料煮制、消除毒素后，

---

[1] 孔令仁，李德征. 中国老字号：第九卷［M］. 北京：高等教育出版社，1998：157.

[2] 涂德深. 叶开泰药店的发展历史［J］. 湖北文史，2005（1）.

[3] 王默. 买药要买“叶开泰”［N］. 长江日报，2005-01-04.

[4] 涂德深. 叶开泰药店的发展历史［J］. 湖北文史，2005（1）.

再投入酒中。”[1] 由于叶开泰自制药品货真价实、效用良好，因此得以驰名湘、鄂、赣、豫、陕等各省，并远销港、澳及海外地区。清同治九年（1870），药材行帮会馆——三皇殿重建，“叶开泰为争得在药材行业中的地位，乃出巨资资助。三皇殿落成时，叶开泰借机为叶名琛之妻叶江氏做寿，在三皇殿设觞演古三天。其热闹场面，轰动全市，进而扩大了叶开泰的影响。”[2] 至1911年，叶开泰除了药店外，在北京、汉阳、汉口和武昌等地都有房屋、会馆或地皮，田地千亩。此后历经辛亥革命和军阀混战，叶开泰曾因家族矛盾和战乱发展迟缓，直至第九代传人叶凤池主理叶开泰后，他审时度势，得以在夹缝中发展。1927年，叶开泰“积累资金达白银105万两，比1912年基金增长74倍”。[3]

1956年公私合营之后，叶开泰改为武汉市健民制药厂。2006年，“叶开泰中医药传统”入选武汉市非物质文化遗产名录。2010年，武汉叶开泰药业连锁有限公司（注册商标：叶开泰）被商务部认定为中华老字号。如今，武汉健民药业集团股份有限公司为中国医药工业50强企业，国家重点高新技术企业，荣获“全国质量效益型先进企业”等称号，成为老字号企业中产品与工艺品质传承和创新的示范。

同叶开泰一样，中国的药业老字号还有许多以品质为生命的例子。比如，胡庆余堂在开业之际，胡雪岩亲笔书写“戒欺”匾额，右附数列小字为：“凡百贸易均着不得欺字，药业关系性命，尤为万不可欺。余存心济世，誓不以劣品弋取厚利，惟愿诸君心余之心，采办务真，修制务精，不至欺予以欺世人，是则造福冥冥，谓诸君之善为余谋也可，谓诸君之善自为谋也亦可。”这个匾额昭示着胡雪岩创办胡庆余堂的宗旨和经营原则，也是胡庆余堂兴盛百年的原因所在。自创办之时，胡庆余堂一直尊尚匾额中所书的“采办务真，修制务精”理念，药品原料和加工都非常讲究质量、要求严格。比如驴皮要

---

[1] 涂德深. 叶开泰药店的发展历史［J］. 湖北文史，2005（1）.

[2] 涂德深. 叶开泰药店的发展历史［J］. 湖北文史，2005（1）.

[3] 孔令仁，李德征. 中国老字号：第九卷［M］. 北京：高等教育出版社，1998：158-159.

采制河北新集或山东濮县；龟板要去汉阳采办；麝香、贝母和川连要去川贵购买；山药、生地和黄芪等要去淮河流域采购。[1] 再如胡庆余堂自制的具有镇惊通窍功用的局方紫雪丹，最后一道工序如果用金铲银锅疗效更佳，于是店家便请来能工巧匠用黄金 133 克和白银 1835 克制作了金铲银锅，这套金铲银锅现保存完好，被列为国家一级文物，存于胡庆余堂中药博物馆，成为胡庆余堂开店信誉的见证和医药工艺的瑰宝。

同仁堂亦然。创办于清康熙八年（1669）的北京同仁堂，是现存历史较为悠久的传统药业老字号。创办者为浙江宁波人乐显扬，号尊育，祖辈为世代铃医，走街串巷行医卖药。后传至第四代子孙乐显扬一代，终于获任清朝皇室太医院吏目一职，结束了乐氏祖传的铃医生涯。其间，乐显扬收集了大量宫廷秘方、古方和民间祖传秘方等。清康熙八年（1669），乐显扬报着济世养生的精神，创办了同仁堂。清康熙二十七年（1688），乐显扬逝世，其子乐凤鸣恪守祖业，于康熙四十年（1701）在北京前门外大栅栏路南开设同仁堂药铺。他勤于钻研医道，于康熙四十四年（1705）完成了《乐氏世代祖传丸散膏丹下药配方》，收入宫廷秘方、古方、家传秘方和历代验方共 362 种，提出了“遵肘后，辨地产，炮制虽繁必不敢省人工，品味虽贵必不敢减物力”[2] 的指导思想，这成为历代同仁堂人的制药精神和原则，为同仁堂积累了良好的声誉。同仁堂用药不惜工本，药材讲究，一些特殊的药材都要到当地采购。比如，麝香要购置于河南杜盛兴号；大山参和鹿茸要去辽宁营口购买；陈皮要广东新会的；当归要来自甘肃岷县；配制乌鸡白凤丸的柴胡要来自宁夏和内蒙古河套一带。

（二）“匠人”——守正创新是动力

哈布瓦赫的集体记忆理论认为：“集体记忆总是以一个处在一定空间和实

---

[1] 孔令仁，李德征．中国老字号：第九卷［M］．北京：高等教育出版社，1998：366-370.

[2] 孔令仁，李德征．中国老字号：第九卷［M］．北京：高等教育出版社，1998：245.

践内的群体为其载体。”[1] 在他的论述中虽然提出了“生活在社会中的人”作为集体的一员是拥有记忆的主体，但这种记忆是受集体影响的，记忆深受社会因素的制约。文化记忆的提出者扬·阿斯曼认为，文化记忆是“关于一个社会的全部知识的总概念，在特定的互动框架之内，这些知识驾驭着人们的行为和体验，并需要人们一代一代反复了解和熟练掌握它们”。他认为，文化记忆始终拥有专职的承载者，包括萨满、诗人、祭司、教师、艺术家、抄写员、学者和官员等，这些人掌握了关于文化记忆的知识，构成了推动文化记忆传承必不可少的功能主体。[2]

文化记忆分为两种模式，即功能记忆（“有人栖居”的记忆）与存储记忆（“无人栖居”的记忆），二者的主要区分条件就是是否有人栖居，可见“人”这一要素在文化记忆理论中的重要性。“有人栖居”的功能记忆是有意识的记忆，包括仪式、书写、语言、表演等身体实践活动。人“栖居其间”的生活经历，把回忆和经验联系起来，使其获得一种结构即特定的意义构造中，记忆制造意义，意义巩固记忆。而“无人栖居”的存储记忆是指那个包围着功能记忆的回忆的场地或物件，相比之下虽然是“不定型的一团”，在某个特定的时间点，这些场地或物件有可能会被“人”重新阐释或唤醒，更像是功能记忆的“前台和背景”，发挥记忆的指导功能。[3] 无论是哪种文化记忆，“身体”都是主要的内化的记忆媒介，通过语言、情感、象征、仪式、交往、接触等身体实践要素，打开通往文化记忆的特有的通道。

那么，“人”这一主体是如何发挥社会功能的？文化记忆理论认为，就功能记忆而言，其作用主要体现在合法化、去合法化和区分三个方面。比如，合法化是政治记忆的首要诉求，从大量史料中可以看出，统治者如果想要被

---

[1] 扬·阿斯曼．文化记忆：早期高级文化中的文字、回忆和政治身份［M］．金寿福，黄晓晨，译．北京：北京大学出版社，2015：36-37．

[2] 扬·阿斯曼．文化记忆：早期高级文化中的文字、回忆和政治身份［M］．金寿福，黄晓晨，译．北京：北京大学出版社，2015：48．

[3] 阿莱达·阿斯曼．回忆空间：文化记忆的形式和变迁［M］．潘璐，译．北京：北京大学出版社，2016：147-150．

人记住，使自己的行为被讲述、被歌唱，就得通过档案、文艺作品、纪念建筑等记忆载体，得以永久保存下来。“历史是由胜利者书写的。”❶ 而存储记忆则是功能记忆的保留地，是“复兴”的文化现象的前提条件，也是文化知识更新的基本资源，为文化转变提供可能性条件。无论哪种记忆都应该为历史提供方向的引导，“存储记忆可以匡正、支撑、修改功能记忆，功能记忆可以使存储记忆获得方向和动力。两者密不可分，属于一个兼收并蓄的文化，这种文化向内“接受自己内部的各种差异，向外敞开自己。”❷

在集体记忆理论语境下，国内关于记忆主体的研究常带有悲观主义色彩，即个体记忆是集体记忆的影子，是依附性的，这种“记忆的微光”一般只能在“缝隙”中找寻存在。❸ 而从文化记忆理论提出之后，国内的学者也开始反思个体记忆的“地位”及其功能问题。张德明（2001）认为，“作为文化意义生产中心的文化主体，其内部的结构和成分是极为复杂的”，“一个特定民族的文化记忆不是单一的，而是多元的、涉及复杂的文化权力分配和意义的操作机制。”❹ 吴薇、王晓葵（2017）认为：权力机构、商业资本、地方精英、传播媒体、当地群众构成了彝族禳灾这一文化记忆的传承主体，他们分别从自身存续角度出发，凭借不同视域积累的知识、经验，对传统价值进行了现代性书写与重构。❺ 刘亚秋（2018）认为，“扬·阿斯曼的文化记忆的理论诉求在于探寻一种社会的凝聚性结构”，将发生在从前某个时间段中的场景和历史拉进持续向前的“当下”框架之内，从而生产出希望和回忆，这些文化记忆与共同遵守的规范和共同认可的价值紧密相连，“文化记忆尤为强调个

❶ 阿莱达·阿斯曼. 回忆空间：文化记忆的形式和变迁［M］. 潘璐，译. 北京：北京大学出版社，2016：152.

❷ 阿莱达·阿斯曼. 回忆空间：文化记忆的形式和变迁［M］. 潘璐，译. 北京：北京大学出版社，2016：153.

❸ 刘亚秋. 从集体记忆到个体记忆：对社会记忆研究的一个反思［J］. 社会，2010（5）.

❹ 张德明. 多元文化杂交时代的民族文化记忆问题［J］. 外国文学评论，2001（3）.

❺ 吴薇，王晓葵. “文化”场域的博弈与“遗产”价值的重构：基于彝族禳灾记忆遗产化案例的思考［J］. 民族学刊，2017（6）.

体记忆的独特地位，甚至将个体认同与集体认同放在同一位置上。”❶ 这些论述从文化记忆建构主体的层次、内容和功能上都进行了相应探讨，并在理论研究的基础上结合中国社会实际开展了针对性的具体分析，为解释和解决中国问题的文化记忆理论范式的形成奠定了研究基础。

对于老字号企业而言，“关键人物”不仅指掌握独门技艺的员工，也指那些坚守经营理念、祖训家规等的企业创办者、管理者等，文中统称之为“匠人”。在振兴民族经济的当下，传统企业的发展已经不能囿于制作工艺的操作，还包括组织文化传承与管理创新等层面。这些“匠人”比普通员工拥有更多的知识、经验、声望或关系资源，是老字号企业中影响力较大的主体要素，他们能够有效地影响特定群体内其他成员的态度和行为，他们是将经营管理、社会责任、企业文化、个人情怀等融为一体的精英。在企业发展的关键时期，这些“匠人”发挥着重要的社会功能，也可称为“匠人效应”，是企业无形资产和核心竞争力的重要体现。

“人所生活的这个物的世界拥有一个时间索引，这个时间索引和‘当下’一起指向过去的各个层面。”❷ 地点、建筑、物品等作为存储记忆，构成了回忆空间。“它们标志了一种过去的生活，这个生活已经被消除、被遗忘了……它们同时也标志了一个回忆的可能性，回忆将在记忆的维度里重新唤醒被时间撕裂和消灭的东西，并且把它们组合在一起，使之获得生命。”❸ 记忆的“场所”是过去与现在沟通的重要媒介，无意识的历史存在物在老技术工人、老员工的眼里就是一次次鲜明的沟通记忆活动，他们是基于历时性和共时性双重属性在内的文化记忆的重要媒介。所以，很多老字号企业都将“老物件”（牌匾、加工工具、名人接触过的物件、秘方、书籍等）的搜集和展示作为一项重要工作，不仅仅是对历史的尊重，更是一种历史的回顾，并期望通过这

---

❶ 刘亚秋．记忆研究的“社会—文化”范式对“哈布瓦赫—阿斯曼”研究传统的解读［J］．社会，2018（1）．

❷ 扬·阿斯曼．文化记忆：早期高级文化中的文字、回忆和政治身份［M］．金寿福，黄晓晨，译．北京：北京大学出版社，2015：11．

❸ 马凌诺夫斯基．文化论［M］．费孝通，译．北京：华夏出版社，2002：99．

种“回顾”得到更多的员工认同、社会认同，这也是老字号文化记忆建构的重要内容。

1. 技艺传承

据问卷调查可知，老字号企业竞争优势除了品牌知名度与质量美誉度，便是“传统工艺技术”要素。技艺掌握者和操作者是“匠人”的重要组成部分。他们有些是企业掌门人，比如很多老字号的掌门人也是技艺的传承人，如“四大名鸡”之一的老字号企业“沟帮子尹家熏鸡”，董事长尹亚茹就是“熏鸡制作技艺”的第三代传承人，数十年来，她每个月都会在专用工作室进行一次秘方配制。有些技艺掌控者为老字号企业的专业技术人员，如“老龙口”的李玉恒，他是国家级非遗项目“老龙口酿酒技艺”的第11代传承人，至今已经在酒厂工作了40多个年头，“看一眼酒泡，就能判断出酒的度数；用手抓一下，就能知道酒糟的温度。”几十年如一日的坚守已经使他与老龙口融为一体。

技术的传承是发展的根基，但是持续创新和改进才能与时俱进。天津风筝的代表性老字号长清斋（风筝魏）便是一个典型的例子。创办者魏元泰曾经在天福斋扎彩铺学徒四年，当时魏元泰的长清斋与志远斋、唯心斋、益友斋等扎彩铺一样，所经营的风筝远近闻名，但长清斋的风筝也有其独到之处，比如把风筝的各个单件用木工接榫的工艺技术代替丝线梆儿，用白铁焊管代替禽翎管作插管，制作出的风筝拆装方便，易于携带。魏元泰还钻研出使风筝发声的技艺，“用藤条为弓，两颗细蒲蓬皮条作弦，升空后便发出筝鸣琴响，声音可传达半里左右。”[1] 1915年，魏元泰的风筝在美国巴拿马万国博览会获得大奖，长清斋也继而打开了国外销售市场。

面对消费新需求，如今许多的老字号企业将技术和产品革新作为重要战略部署，而实施产品革新的也大都是“技艺的掌控者”，比如，“八王寺”的一些技术员、品控员已经在企业服务近四十年，质检员每天都要重复品尝数十次新产品。一位老师傅说：“像我们这种干了一辈子流水线的老工人，到社

---

[1] 孔令仁，李德征．中国老字号：第四卷［M］．北京：高等教育出版社，1998：402.

会上已经没啥用了，也只有在面对这些机器的时候，才能让我们找回三十年前那种体面的感觉。”他们为了对得起“体面的感觉”，将几十年的技术力量注入企业的成长之中，在坚守产品质量的同时，凭借饮料市场产品生产的经验，研发出各种口味、各种包装的汽水产品。其中有一个产品是在玻璃瓶装汽水的基础上衍生而出的，那就是专供夜市、大规模餐饮企业的1L装玻璃瓶产品。“玻璃瓶装的汽水喝起来口感更加清爽，也健康。”“我从小就喝玻璃瓶的，咱老人儿还是怀念老味道。”这些致力于研发新产品和新包装的老技术工人们将“八王寺”作为自己的“孩子”一样，用尽心思和情怀。也许他们的知识层次无法与公司里其他食品专业的高级研发人才相比，但是他们的坚守是传承与创新的原动力，在一定程度上，为公司的产品与技术创新指明了方向。

2. 管理理念

老字号承载的管理理念及其文化是中华商道的集中展现，是继承和弘扬中华传统商业文明的重要载体。不同历史时期，不同发展阶段，从“店规”“祖训”到“经营宗旨”“企业文化”，这些管理理念是老字号企业的“软实力”，体现了中国特色经商之道的传承与持续创新。

老北京曾经流传着这么一句话：“头顶马聚源，脚踩内联升，身穿八大祥，腰缠四大恒。”这句口头禅中提到的马聚源、内联升和八大祥都是当年著名的服饰业老字号，代表着相应的身份地位。其中，内联升作为鞋业老字号在管理学界是一个典型案例，代表其服务特色的《履中备载》被称为国内最早的客户关系档案，基于服务优势的企业管理模式是其成功的重要因素。《履中备载》主要是内联升用来记录顾客身份、籍贯、官职、靴鞋尺寸、式样和特殊需要（如脚疾或畸形）等的手册。谁再次买鞋，只要派人告知，便可根据资料按要求迅速做好送去。这不仅为顾客提供了方便，也为想逢迎达官显贵的人士提供了便利。因此，据说光绪年间，一双内联升朝靴价值白银几十两，民国时期，一双缎鞋能卖现洋三元。现在，内联升的产品虽然几经更迭，经营各种布鞋、皮鞋等，但是其顾客资料的管理模式一直延续下来，坚持为每一名定制用户设立专门的档案，使用户不需到店便可购买到一双合脚鞋，其服务特色也成为立店的重要优势。

中国传统药业老字号中，杭州胡庆余堂的管理理念也是一脉相承，特色鲜明。胡庆余堂的创始人为清末著名红顶商人胡雪岩，他创办胡庆余堂是源于一件小事。据载，当年胡雪岩的妻子生病，他便派人到杭州当时最著名的药房叶种德堂买药，发现有一两味的中药质量较差，便提出调换，但却遭到店家的奚落，伙计还说："请你家胡大先生自己开一爿药铺"。胡雪岩听闻后非常愤怒，便决心自己开药店压倒叶种德堂。开业之际，胡雪岩亲笔书写"戒欺"匾额，上书："凡百贸易均着不得欺字，药业关系性命，尤为万不可欺。余存心济世，誓不以劣品弋取厚利，惟愿诸君心余之心，采办务真，修制务精，不至欺予以欺世人，是则造福冥冥，谓诸君之善为余谋也可，谓诸君之善自为谋也亦可。"胡庆余堂传承至今，一直将匾额中所书的"采办务真，修制务精"作为经营理念，比如制作局方"紫雪丹"用金铲银锅必须足斤足两、非典期间坚决不跟风抬价等，成为其兴盛百年的重要原因所在，以"戒欺"文化为主的"胡庆余堂中药文化"也被收录于首批国家级非物质文化遗产名录。

中国金融史中"票号"值得一提，而中国首家票号日升昌的创办和兴盛便充分体现了老字号的管理创新。日升昌前身为西裕成颜料作坊，作坊里有一个伙计名叫雷履泰，精明能干、诚实忠厚，深得老板李大全赏识。当时晋商在全国各地做生意的不少，经常会与老家有钱银往来，镖局运费较高，且途中匪霸不断。雷履泰瞅准了总号、各地分号之间存取钱款的商机，便和掌柜共同谋划，于1823年将颜料庄改为"日升昌票号"，专门经营银钱汇兑业务，结束了货币周转需要自身携带或镖局押运的历史，改变了中国金融业的发展方向。而李大全也突破了自东自掌的经营模式，只出资不管理，聘任雷履泰作为经理，全权负责票号经营，从伙计变成掌柜，雷履泰也成为中国最早的"职业经理人"之一，这在当时以家族经营模式为主的老字号中实属罕见。

从历史维度可知，管理理念作为"集体"的文化记忆，是老字号发展的重要特点，大多数老字号都立下并坚守着严格的铺规店规或世袭祖训。如

“胡庆余堂”的“采办务真，修制务精”，“同仁堂”的“炮制虽繁必不敢省人工，品味虽贵必不敢减物力”。“创业容易守业难”，百年老店的百年积淀，一定有独特的技艺、服务或经营特点，即使在不同的经济社会背景下，属于管理层的组织文化记忆会被不断唤醒与重构。比如，内联升《履中备载》这套以顾客为上的经营特色延续了下来，传统管理理念的传承是其屹立于市场的独到之处，也是获取其记忆身份的重要渠道。如今，虽然票号已经取缔，但是雷履泰忍耐、坚毅、果敢和聪慧的品质却为“职业经理人”的发展奠定了思想根基。

虽然文化记忆理论指出了集体记忆关于个体记忆功能论证的缺失，但不可否认的是，集体也可以是文化记忆的主体。在研究老字号的制度、管理、组织文化过程中，我们有必要将“集体”当作文化记忆的“个体”进行观望，就会发现老字号作为一个组织，“集体”与“个人”都栖居在自己的过去中，并从中寻找记忆的“只言片语”，从而完成现时的建构。文化的功能记忆是和一个主体相连的，这一主体认为自己是功能记忆的载体或承担主体。群体性的行为主体如国家或民族通过一个功能记忆建构自己，在这个功能记忆中，它为自己架设一个特定的过去的建构。❶

文化记忆理论认为“记忆是可塑的”。它在一个特殊压力或者特定框架（结构）下会发生重构。在老字号的发展进程中，“匠人”这一主体成为老字号文化重构的关键要素，直接影响文化记忆的附加值问题。记忆研究的理论家们常给记忆涂抹上不同的价值色彩，认为记忆是有选择的，这便是基于记忆主体真实性的探讨。就老字号而言，由于记忆主体包括管理、技术、普通员工等层面，难免也会面临特殊性、真实性、稳定性的拷问。“匠人”作为记忆建构的主体，与企业发展命运密切相连。这些主体对于文化记忆的传承与重构，也因而具有了一定的约束性、可靠性，使得文化记忆具有了相对较高的附加值。

---

❶ 温庆新. 文化记忆：历史的再现与建构［N］. 中国社会科学报，2018-11-22.

3. 改革创新

很多老字号企业的创办和发展都离不开“关键人物”的创新之举，包括企业的创办者、管理者、传统技艺的掌控者等。比如，俗谚有云：“举子落第谋生计，豆腐家族添怪品。”便道出了王致和酱园诞生的原因。日升昌由颜料作坊转型为票号，源于伙计雷履泰的独到眼光，雷履泰成为当时为数不多的“职业经理人”，日升昌也成为中国首家票号，一度鼎盛至极。除了经营者属于“关键人物”，掌握传统技艺的“匠人”也非常重要。如中国毛笔“三杰”之一的“胡魁章”笔庄，虽几易其主，却因为传承狼毫工艺的老员工仍坚守古法，笔庄因而被评为省级老字号、省级非物质文化遗产传承单位，政府和社会对其给予了大力保护与扶持。

可见，在某个特定的发展阶段，这些“关键人物”决定着企业的发展方向甚至兴衰成败，是企业的核心竞争力，也是老字号工匠精神传承的重要表现形式。如今，从老字号的不同发展状况可知，在唤醒与重构文化记忆模式的过程中，“匠人”的功能也会发生微妙的变化。比如，同样是鞋业老字号，北京有内联升，沈阳有内金生，前者从官靴到布鞋再到如今的高端定制，走出了一条传统手工艺与将创新“时尚”经营理念贯穿始终的成功之路；而后者虽然曾有辉煌的历史，包括乾隆御笔题字等，如今却已关门倒闭，除了城市动迁的压力，最重要的原因就是产品与经营方式创新不足，不能与时俱进，满足市场需求。可见，社会结构的转型对其功能要素也提出了新的要求，在新结构新功能这一问题面前，文化会发挥其结构能动性，巩固其“结构遗产”。❶

从历史和现实双重轨迹中不难看出，就老字号而言，文化记忆传承的“关键人物”，即创办者、管理者、技艺掌控者等，都在老字号传承和创新进程中成为不可或缺的一笔，发挥着重要的结构功能，可以分解为以社会责任感为给养的文化记忆内核、以管理理念为牵引的文化记忆渠道、以技术传承

❶ 张继焦. 换一个角度看文化遗产的“传统—现代”转型：新古典“结构—功能论”[J]. 西北民族研究，2020（3）.

与创新为驱动的文化记忆载体三种类型。通过三种记忆功能之间的交互融合，“匠人效应”辐射到了个人、企业、政府和社会等若干层面，成为企业的核心竞争力。

如今，很多老字号企业的技艺、传承活动等被认定为非物质文化遗产；掌门人、技艺传承者等也就是文中讨论的“匠人”被认定为非物质文化遗产传承人，老字号企业所处的场所、空间、拥有的物件等也被纳入了文物保护的范畴。可以说，老字号基于世代传承的产品、技艺或服务，是具有广泛社会认同和良好信誉的品牌和文化遗产，肩负传承中华优秀传统文化和商业文明的使命与责任。而从我国老字号企业的发展历程中不难看出，每个重要的历史阶段，“匠人”的引领和决策对企业的发展、壮大、复兴都功不可没，“关键人物”在历史的重要节点都发挥了至关重要的作用，这些“关键人物”不断传承与重构着老字号企业的文化记忆，使组织文化、品牌文化、商业智慧等老字号的核心竞争力得以持续发挥优势，是中国传统商业文化中非常重要的结构性遗产。

马凌诺夫斯基认为，一切文化要素都是在活动着、发生作用着，而且是有效的，“文化，人类的累积的创造物，提高了个人效率的程度和动作的力量。”[1] 从集体记忆到文化记忆，从关注文化的共时性到历时性，一定程度上是对文化的功能性进行了逐步地补充或完善。正如阿斯曼所说：文化记忆理论试图关注文化的历时性，即它起到稳定作用和再生产的功能。文化经历着世代交替和历史变迁之后仍然保持一致性，换句话说，能够形成“历时的身份”，这便是当下企业人类学理论中新古典结构功能主义对现代企业进行解读的一个具有实践意义的重要话题。

（三）“匠心”——民族振兴是使命

老字号作为百年老店代表着我国传统商业文化及其精神，品质是生命，

---

[1] 阿莱达·阿斯曼. 回忆空间：文化记忆的形式和变迁［M］. 潘璐，译. 北京：北京大学出版社，2016：151.

守正创新是动力，民族振兴则是根本，是内核，更是使命。纵观历史长河，老字号无疑是民族工业振兴史歌中不可或缺的一笔。张裕葡萄酒、鸵鸟墨水厂、中国铅笔厂、都锦生丝织厂等老字号企业，创办初期，都曾怀着实业救国的理想，在国外产品充斥国内市场的挤压下，力排万难，勇于革新，见证了国人自新、自救、自立、自强的执着追求与梦想。

“感情是记忆的坚不可摧的中心。”[1]“身体可以通过形成某种习惯使回忆变得稳固，并且通过强烈情感的力量使回忆得到加强。”[2]创办于清末民初时期的老字号企业，其诞生的历史背景或多或少带有强烈的“实业兴邦”色彩，而后，这种民族情怀上升到了抵抗日本侵略、守护民族实业家园的层面。改革开放后，国际市场竞争压力无处不在，老字号企业面临的品牌之争、产品更迭之争等困难此起彼伏。不同的历史时期，“民族情怀”这种“强烈情感”滋养出了对公众、消费者、经销商等相关群体的高度社会责任感，赋予了老字号企业强大的奋进动力，这也是老字号最珍贵的文化记忆所在，作为记忆的内核，发挥着强烈的凝聚力，具有内部稳定剂的重要功能。

1. 老字号与实业救国

从清朝末年开始，外国商品开始进入中国市场，外商企业在国内纷纷大施拳脚，而“因民智闭塞，未谙外情，一切生产事业类皆故步自封，不求改良”。[3]如许多我国曾处于世界领先地位的服饰类产品制造业被外国赶超。比如，“在1875年，中国输出生丝74.183担。1925年，127.982担。日本在同一时期，（即1875年），输出生丝仅11.810担。1925年，竟增至408.719担。”[4]可见，从清光绪元年（1875）到1925年间，中国从比日本多输出生丝6倍衰落至仅为日本输出量的近四分之一。

随着洋务运动的开展，面对民族经济的衰退，中国的许多有识之士、民

[1] JEAN STAROBINSKI，ROUSSEAU. Eine Welt von Widerständen［M］. München，1988：294.

[2] 阿莱达·阿斯曼. 回忆空间：文化记忆的形式和变迁［M］. 潘璐，译. 北京：北京大学出版社，2016：360-361.

[3] 曾同春. 中国丝业［M］. 北京：商务印书馆，1929：1.

[4] 曾同春. 中国丝业［M］. 北京：商务印书馆，1929：3.

营资本家和爱国华侨等抱着“国非富不强，富非实业不张”的理想，通过努力革新技术、投资办厂和开办实业等振兴民族经济及发展国货。如创办于清光绪五年（1879）的中国第一家洋服店苏州李顺号洋服店、始建于清光绪十一年（1885）由中国人创办的最早的西餐厅太平馆餐厅、创建于清光绪十四年（1888）的中国最早的西药药店——中西药房、兴办于清光绪十八年（1892）的我国近现代历史上最悠久最有名望的葡萄酒老字号——张裕葡萄酒、开业于1912年的李占记钟表行、兴建于1915年的山东烟台宝时木钟厂、成立于1918年的第一家由国人自己开办的交易所——北京证券交易所和创办于1935年的第一家中国自己的铅笔工厂——中国铅笔厂等。

19世纪，德国、日本、美国和俄国等国家的铅笔先后输入中国，霸占了中国的铅笔市场。1933年，江苏常州人吴羹梅从日本横滨高等工业学校毕业后，在真崎大和铅笔株式会社实习。回国后，他满怀实业救国的理想，立志创办中国自己的铅笔工厂。他呼吁说：“铅笔在各种文具品中占重要之位置而与小学生关系又切。查海关贸易报告，去年（1932）年铅笔输入我国者，达150万金单位之巨，区区铅笔一物，每年亦竟耗我国人之财富达数百万元之巨。吾人所惕者在此，觉有从速创办此种工业之必要者亦在此”，“虽九龙已有我国唯一之大华铅笔厂创设，然持此一厂，抵制外货，力当未逮，此种工业实大有提倡发扬之必要。”❶ 1935年10月8日，吴羹梅和同乡章伟士、同学郭子春等人集资5万元，在上海市斜土路开办起了中国铅笔厂股份有限公司，这是内地第一家能够自己制造铅芯、铅笔板和笔杆及外观加工的全能铅笔制造工厂。公司向日本昭和铅笔机械厂和上海顺昌机器厂订购设备。时任上海教育局局长潘公展为董事长，章伟士任董事、经理兼会计科长，吴羹梅任协理兼厂长，郭子春任副厂长兼工务科长。❷ 当时，国产铅笔要同外国铅笔竞争，困难重重，吴羹梅饱含爱国热情和振兴民族经济的理念，宣称工厂的产品是中国技师、中国原料和中国资本，同时将“中国人用中国铅笔”八个

---

❶ 资料来源于中国第一铅笔股份有限公司官方网站：http://www.chinafirstpencil.com.

❷ 孔令仁，李德征. 中国老字号：第四卷［M］. 北京：高等教育出版社，1998：324-325.

字印在铅笔上，以激发同胞的爱国热情，促使国人使用国产铅笔。1936年，还将公司定名为中国标准国货铅笔厂股份有限公司。在国人爱国热情的支持下，公司逐步挤进由外国铅笔霸占的铅笔市场。后又将铅笔摆进了上海最繁华的南京路上著名的永安、先施和大新等三大百货公司的文具柜台，逐步在上海站稳了脚跟，还远销至云南、陕西和新疆等边远地区。

还有始创于1935年的鸵鸟，是中国自产墨水的首家老字号。品牌创办之时，国内经营的墨水和文具基本都是进口货，大部分来自美、英、日、德等国家，国内生产的墨水只有低档的盐基墨水和墨水片。[1] 创办者张言廷和郭尧庭作为爱国商人，意识到国货与国运的关系，便开始研制国产墨水，立志创出自己的品牌。1942年起，郭尧庭根据商务印书馆出版的《工业大全》，对照上面墨水生产的基本常识，聘请化学人才，和本店的技工一起开始研制墨水。经过两年多反复试验，生产出少量普通墨水，取名丽得牌，供学生们使用。1945年，终于研制出了鞣酸铁墨水，即蓝黑墨水，取名鸵鸟牌，寓意墨水像鸵鸟一样有耐力，写出来的字字迹牢固稳定，不会沉淀变质。当时，外国人曾讥讽中国文化落后，是一盘散沙，品牌取名鸵鸟，也寄托了希望如同鸵鸟在沙漠中畅行无阻一样，鸵鸟牌墨水这一民族品牌能够畅销全国。鸵鸟墨水正式投产时，天津还在日伪控制之下，诚文信克服了没有厂房、没有生产容器和没有包装瓶等困难，在简陋的条件下坚持生产，从此结束了洋墨水占据中国文化市场的历史。

2. 老字号与抗日战争

许多老字号在抗日战争和解放战争时期虽然饱受摧残，不得已缩小规模或辗转迁徙于内地与港澳地区，发展缓慢而坎坷，但却尽显民族气节，拥有顽强的生命力。

如创办于1922年的我国知名丝织业老字号都锦生，创办者为我国著名民族企业家都锦生。杭州织锦融合了南北织锦技艺的精华，具有独特的艺术风格和技艺特点。都锦生从小酷爱美术，先后求学和任教于浙江省甲种工业学

---

[1] 孔令仁，李德征．中国老字号：第四卷［M］．北京：高等教育出版社，1998：360.

校（浙江大学的前身）机织科。都锦生曾聆听过孙中山先生的演说，对他振兴民族经济的思想影响甚深。他怀着实业救国的理想，努力钻研织锦制作工艺，辞去了学校工作，开办了都锦生丝织厂。该厂生产的丝织风景曾荣获美国费城国际博览会金奖。抗日战争时期，作为民族工业，产品出口大受影响，但创办者都锦生却坚持抵制日货，不再购进东洋丝，而用价格较高的法国和意大利的产品来代替。1939 年，日本侵略者因为憎恨都锦生的织锦与日本丝绸竞争，强迫都锦生担任伪杭州市政府科长一职，遭到都锦生的拒绝后，便将其主要厂房和机械设备纵火烧毁，都锦生的半生心血毁于一旦。而后，都锦生虽然将少部分设备搬至上海经营，但由于局势动荡，日侵甚嚣，1941 年，丝织厂终于被迫关闭。1943 年，都锦生因患脑出血在上海辞世，终年 46 岁。而后，都锦生的妻弟宋永基中止学业接管工厂。1948 年，都锦生丝织厂搬回杭州艮山门原址，恢复生产，但由于通货膨胀、市场混乱和内战等因素，工厂已远不及当年，年产值不过三万多元。❶ 新中国成立后，都锦生才又重新焕发生机。周恩来总理在 1957 年视察都锦生丝织厂时曾指出，“都锦生织锦是中国工艺品中一朵奇葩，是国宝，要保留下去，要后继有人。”如今，都锦生“杭州织锦技艺”被列入第三批国家级非物质文化遗产名录，公司被授予首批联合国教科文组织全球创意城市网络“工艺与民间艺术之都”传承基地称号，杭州织锦工艺得以有效传承。

再如始创于清光绪十八年（1892）的张裕葡萄酒，是我国近现代历史中最悠久最有名望的葡萄酒老字号。我国酿制葡萄酒的历史非常悠久。《史记·大宛列传》记载：“宛左右以蒲陶为酒，富人藏酒至万馀石，久者数十岁不败。俗嗜酒，马嗜苜蓿。汉使取其实来，於是天子始种苜蓿、蒲陶肥饶地。及天马多，外国使来众，则离宫别观旁尽种蒲萄、苜蓿极望。”❷ 讲述的便是张骞出师西域，将葡萄酒的做法引进中国的这段历史。然而，十七世纪中叶以后，由于玻璃制皿和葡萄酒酿制技术的进步，法国等国外一些国家在葡萄

---

❶ 谢牧，吴永良．中国的老字号：上［M］．北京：经济日报出版社，1988：142-143.

❷ 《史记·大宛列传》。

酒业方面的成就非常显著。张裕的创始人张弼士便是因为有长期留洋的经历，从国外汲取了酿制葡萄酒经验，转而回国实业兴邦。清光绪十八年（1892），因为张弼士从法国驻巴城领事那里得知烟台的地理位置和气候温度最适宜种植酿造葡萄酒，便投资300万两白银在烟台置地建厂。1915年，张裕公司出品的白兰地荣获美国巴拿马太平洋万国博览会金奖。

3. 老字号与改革开放

新中国的成立使得众多老字号重新恢复生机。经过20世纪50年代的公私合营之后，大部分老字号收归国有。“文革”时期，很多老字号被当作“四旧”，几易其名，发展停滞不前。1978年，改革开放的大潮开始席卷全国。老字号不仅纷纷恢复了名号，而且在国有企业转企改制的进程中做出了表率，其管理体制和经营方式等纷纷从计划经济转为市场经济。许多老字号转企改制成了股份制公司，并在上交所或深交所上市，以其百年信誉和传统经营理念在市场经济中优胜劣汰，焕发新的光彩。

老字号的民族情怀从民族饮料业的“水淹七军”事件就可一窥端倪。我国的传统民族饮料业有七强之说，即重庆的“天府”可乐、广州的“亚洲”汽水、北京的“北冰洋”饮料、山东的“崂山”可乐、武汉饮料二厂、沈阳的“八王寺”、天津的“山海关”。1993年，美国可口可乐公司进入中国后，以“邀约入股”的商业手段，先拿到营业执照，把“八王寺”清产核资变成他的小股东，再将“八王寺”包括商标所有权、设备、市场份额、精英骨干等全部资产并入其成立的沈阳合资公司。一夜之间，可口可乐几乎没付出任何代价就吞并了“八王寺”，“八王寺”被迫停产。当时进入中国的另外两家外资碳酸饮料公司，还利用相似的手法，兼并了其他6家民族碳酸饮料厂，这段历史被业内称为“水淹七军”。“八王寺”及“金铎”商标从此被雪藏将近10年。2003年，困境中的“八王寺”由政府组织进行了全面改制。“八王寺”现任掌舵人李实（化名），曾在美国求学，归国后致力于民族实业，于转制时的困难时期收购了“八王寺”汽水厂。面对破旧不堪的厂房、残缺不全的设备、老弱病残的员工，李实说：“最大的困难并不是这些，而是企业的商标所有权。”他认识到商标是企业复兴的关键问题后，便聘请国内外专业律师团队，经过和可口可乐公司的艰难谈判，耗费近 3 年的时间和大笔资金，终于通过法律手段要回了商标，使得“八王寺”“名正言顺”。现在李实不仅是“八王寺”的董事长，还于 2018 年收购了百年酒业老字号“老龙口”，“饮料就喝八王寺，喝酒就买老龙口”，双剑合璧，成就了东北老字号界的一段佳话。

除了初心不改，老字号在改革开放的浪潮中还充分做出了行业表率，锐意创新，勇于在市场经济中奋进勃发。如始建于 1935 年的广州著名餐饮业老字号——广州酒家，改革开放后的发展速度很快。1983 年，酒家自筹和贷款 600 万元进行全面装修改造，使其面貌、格局焕然一新，成为国家旅游城市定点接待单位。1989 年，广州酒家在海珠区滨江路开设了滨江西分店。1991 年，成立广州酒家集团公司，在餐饮服务的基础上大力发展食品工业，企业规模不断发展壮大。2009 年，广州酒家集团全面转制为股份有限公司。集团现跻身全国餐饮业十强，成为一个总资产达 5 亿多元的具广州餐饮特色的大型饮食企业集团。

始创于清光绪十九年（1893）的瑞蚨祥，作为知名的服饰业老字号，没有固守传统服饰及其店铺的产品和经营模式，一直凭借其与时俱进的先进管理理念，锐意革新。改革开放后，瑞蚨祥结合传统服饰特点和现代审美情趣，用现代科技结合传统工艺，不断更新产品和服务，在加工和展示东方传统服饰上取得了可喜的成绩。现在，瑞蚨祥带有天井的两层楼房是北京大栅栏唯一保持老字号原貌的店堂，同时许多知名人士和国外政要及其夫人都会选择瑞蚨祥来加工和制作一件中国传统服装。此外，瑞蚨祥还开办了网络商城，在老字号企业中更加凸显了其创新性的市场意识。

再如鸵鸟墨水，20 世纪 90 年代，是同行业中第一个将墨水应用于高新打印技术的企业。20 世纪末，面对办公用品和书写工具的不断更新，墨水的功能逐渐被中性笔、水性笔和电脑等代替，为了维持市场份额，鸵鸟公司积极研发和调整产品，注重科技与市场的紧密结合，研制开发了具有高附加值、高技术含量的喷码墨水和添加剂。这使得鸵鸟墨水在工业数字化领域占有一席之地。据有关资料统计，2009 年，鸵鸟牌自来水笔书写墨水占公司销售额的52%；鸵鸟牌墨汁占公司销售额的12%；鸵鸟牌喷码墨水、计算机喷涂打印墨水等系列产品占公司销售额的15%。除了自产产品，鸵鸟公司还力争丰富产业链条，积极为其他笔具和文化产品厂家提供配套服务，如与宁波贝发、山东白雪和温州笔业等大型企业集团合作，为其提供荧光笔墨水、直液式钢笔墨水和消字墨水等产品。鸵鸟墨水作为国内墨水行业领跑者，每一步产品和技术的革新都备受瞩目，持续影响着国内墨水行业的发展方向。

时至今日，许多老字号发展规模不断壮大，不仅分店遍及全国，而且在国外许多地区也有开设。诸如同仁堂、马应龙、王老吉、恒顺、茅台、老凤祥、中国宣纸集团（红星）和健民制药集团（叶开泰）等都已成为上市公司，发展前景相当可观。据悉，许多老字号都具有非常高的品牌价值，不仅渐次发展成为行业领军企业，而且在全国品牌价值排行榜中也位居前列。如美国《华尔街日报》公布的2011年度最具价值中国品牌20强中，张裕品牌价值达到32亿美元（折合人民币约为204亿元），较上年上升77%，俨然已经发展成为中国乃至亚洲最大的葡萄酒生产经营企业。全聚德集团在世界范围内的大都市都开设有分店或分号，年销售烤鸭500余万只，接待宾客500多万人次，品牌价值近110亿元。同时，作为中华商业文明的传承者，老字号世代相袭的传统制作工艺也成为珍贵的非物质文化遗产。比如，全聚德的"挂炉烤鸭制作技艺"和"仿膳（清廷御膳）制作技艺""东来顺涮羊肉制作工艺""六必居酱菜制作工艺""恒顺香醋酿制技艺""五粮液酒传统酿造技艺""大益茶制作技艺""内联升手工制鞋工艺""盛锡福皮帽制作工艺""宝庆金银细工技艺""王麻子剪刀锻制技艺""王星记制扇技艺""龙泉宝剑锻制技艺""金石篆刻（西泠印社）""宣纸传统生产技艺""陈李济中药文化""同仁堂中医药文化"和"马应龙眼药制作技艺"等都是国家级非物质文化遗产，其中"宣纸传统生产技艺"还入选了联合国教科文组织的世界非物质文化遗产保护名录。

三、个案研究——“胡魁章”笔庄工匠精神传承内涵

（一）个案选取

沈阳“胡魁章”、北京“李福寿”和上海“周虎臣”并称为中国毛笔中的“三杰”。“胡魁章笔庄”创办于清道光三年（1823），距今已有200年历史。选择“胡魁章笔庄”作为研究对象，是因为在数次历史变革中，“胡魁章”虽然经营规模小，产品较为单一，却一直保持着生命力。通过多次访谈得知，其中一个很重要的原因就是员工对企业的认同感和归属感，还有从进了“胡魁章”的门便跟“老人”学到的“胡魁章”的“道理”“精神”。美国工业人类学❶家阿普尔鲍姆（H. Apple-baum）曾从产业工人的共同生活中归纳出他们的工作文化（work culture），指出这种工作文化是适合工作绩效和社会互动的一套知识、技术、态度和行为体系，并制约和影响着生产的许多环节。❷ 可见，“手艺”和“精神”这两个价值链因子对于“胡魁章”来说，作用非常凸显。而且，“胡魁章”这个样本较小，经营规模不大，人员结构简单，价值链较为单一，有利于更集中地对各因子作用于企业核心竞争力进行功能性分析，也更能直观地反映出价值链上“工匠精神”这个因子的作用力。

（二）“胡魁章”的工匠精神

“没有出家心，做不了狼毫笔。”对于“胡魁章”来说，“出家心”就是意味着“心善”“念纯”“耐得住寂寞”。现任制笔师李如❸介绍：“刚学徒那会儿，师傅啥也不教，就只是让瞅着。师傅说，先瞅，能坐得住才能学。”年轻时他们也想干别的工作，可是都打消了念头。“师傅教我们时说，这一行不

---

❶ 美国的企业人类学经历了从工业人类学（industrial antropology）到组织人类学（Organizational anthopology）或工商人类学（Business anthropology）的进程。

❷ H. A. APPLEBAUM. Work in Market and Industrial Societies［M］. NY：SUNY Press，1984.

❸ 文中人物名字均为化名。

能大富大贵，要有一颗平常心。”有了平常心，还要克服艰苦的制笔环境。“现在的毛越来越难拔了”“可能是气候变暖的缘故，绒比毛都多，根本看不到毛根儿，拔完身上全是绒，有时还往嗓子眼儿里钻，真难受。”做羊毫笔时，羊毫从羊皮上拔，羊皮要沤出蛆，让蛆吃了皮，毛才拔得下来。每逢夏天，羊皮沤得很快，满盆子的蛆，味道比厕所还臭。许多想学徒的人一看到这场景扭头就走，再也没来过。平时两位师傅做笔时从不闲聊，只是开个收音机提神，省得犯困。他们爱听评书，但从不听音乐，“音乐太吵，静不下心”。一天八小时，累的时候就站起来溜达一会，直直腰，看看花草放松一下眼睛。做笔的工作枯燥乏味收入低，很多人尤其是年轻人没有耐心学，更别说把它当工作几十年如一日地干。据悉，曾经有聋哑学校的学生来学都待不下去。对于胡魁章来说，“后继有人”必须求得有缘人、有识之人。

“入了门那天就不能做假。”笔庄有个不成文的规定，绝对不能做假。笔庄现在的难处主要是“做不出那么多笔”，究其原因一是因为制笔师少，学徒少，招不来合适的人；二是笔庄做的狼毫笔的一大特点就是用苘麻❶作为重要原料，当代仅有胡魁章笔庄还在延续和传承着这种古老的工艺，这种工艺使得胡魁章的狼毫笔比普通毛笔要耗时百倍。今天市场上充斥着各种化纤尼龙加健的毛笔，非专业人士难以区分，访谈中问及是否能不放苘麻，用普笔代替狼毫笔时，笔庄的王主任很惊讶地说：“再慢也得坚持做，这是老祖宗的手艺，不能丢”，否则就是“上对不起祖宗，下对不起子孙。”对于加苘麻影响效率的问题，笔庄的人说：“用过的人都知道是好笔。”“卖的少也没关系，反正也做不了那么多笔。”而且，他们认为用化纤尼龙加健的笔难以临写古代碑帖，容易使初学毛笔者养成不良习惯，甚至产生厌学心理，保存这项古法制笔技艺非常重要，影响深远。笔庄的现任学徒启东说，他来了三年，从没见师傅们晚来早走过，没人管他们，也没有质量监督，胡魁章出的笔靠的全是他们的自觉性，而他们所呈现出的自觉性总让人觉得他们完全不像现代人。

---

❶ 锦葵科植物，北派制笔的重要原料，笔中参苘的制笔方法应该已有八百年以上的历史。通过对苘麻的梳理，切割成马蹄形，在笔头的锋、腰、根中分别加以一苘、二苘、三苘，这样的毛笔像磁石一样吸着笔柱中的尾毛，使其抱拢不散、易于吸墨、吐墨均匀。

“至今顾客没有因为笔的质量问题找来的。”这是笔庄人一直为之津津乐道的事。

“喜欢才能做得长，做得好。”笔庄的王主任已经在笔庄工作了30多年，经历了笔庄从复建到兴盛，又从兴盛到衰败，现在又再次振兴的历程。20世纪80年代末、90年代初，笔庄是盈利的国营单位，门槛很高，现任制笔师刘师傅说：“当时做梦都想来。”“进来了就很高兴，很珍惜。”1998年转企改制那时，笔庄经营惨淡，以前的经理甚至觉得冬天烧煤取暖的钱比卖笔挣的钱还多，所以到了冬天就让员工们放假回家，希望他们自谋出路。笔庄的产权、房屋等也几乎被变卖一空。但他们并没有放弃笔庄，笔庄开门时一叫就来。现在笔庄慢慢恢复了元气，他们的工资也才两千元左右，比沈阳最低工资高不了多少。问王主任怎么不换个工作，她开玩笑地说：“我也不会干别的啊！”但顿了顿又严肃地说：“要说不喜欢也是不可能的。喜欢才能做得长，做得好。”她说1997年笔庄遭遇黑社会强迁时，她四处奔走，找到政府有关领导，结果该领导让他们别找了，说笔庄还不如一个小饭店呢，言外之意是笔庄的收益甚微，纳税额连一家小饭店都不如，这事不值得管。王主任说，她当时就气得说不出话来，她说：“我们是老字号，是祖宗留下的传统文化，多宝贵啊，怎么能和小饭店比呢?!”

“对创业者而言，具备总体上对文化价值观的良好理解及个体上、个性化的文化特色，能够在国际市场和经济全球化中获得成功。”[1] 对笔庄文化的认同感决定了笔庄的传承。现在笔庄的经营者萧总就是一位热爱书画艺术的文人，曾经在传统媒体工作过，有人想出资千万收购笔庄他都没同意，这个价格已经远超他当初收购笔庄的价格。现在，他不仅不着急出售笔庄，还广邀好友和有识之士开办了“胡魁章书道馆”，旨在定期开办以胡魁章为主题的文化沙龙，传播书画艺术等传统文化。与此同时，萧总还拓展经营思路，加大经营范围以及衍生品的开发，恢复生产了宫廷笔、胎发笔、定制笔等传统制式毛笔和多种文房产品，开发了具有本地特色的文化礼品。为了普及书法这

[1] 田广．工商人类学与文化差异管理［J］．青海民族研究，2013（3）．

项传统文化，胡魁章博物馆和胡魁章书画学校也正在筹建中。

2012年新入门的学徒启东也是现在笔庄上下非常认可和喜爱的一位年轻人，他毕业于鲁迅美术学院书法专业本科，读书时主动来胡魁章学习，毕业后就加入了胡魁章的大家庭，潜心学习制笔工艺，有望成为第七代传承人。笔庄的师傅说："这是个好孩子，懂书法，做起笔来更有感觉。""这么多年了，启东学得很好，这孩子能吃苦，笔庄有希望了。"启东说，他自幼学习书法，用的就是胡魁章的笔，也很喜欢胡魁章的笔。问他做笔枯不枯燥，他说："还行，也挺有意思的。"他说他来学做笔，师傅们心里很高兴。刚开始，他以为水盆里的水是没了再换，不知道里面有毛，如果不及时换，味道会很大。过了好长时间，他才感到奇怪，为啥他水盆里的水总是清的？后来，张师傅告诉他，是李师傅每天帮他换的。还有那些工具，最开始他都是乱放的，不知道牛骨梳长期在阳光下暴晒会坏，但他每次坐下来都发现牛骨梳总在窗户根儿下。发现这些后，启东就跟李师傅说："师傅您这可不对啊，都是徒弟该干的活儿，您怎么替我干了啊？"师傅说："现在不一样了，只要你能坚持学，我帮你干啥都行。"

（三）工匠精神是老字号的竞争优势

企业人类学认为："工业也包括人事安排和文化系统，二者将个人整合在工业生产的过程之中。工业生产不仅仅是人与物之间的关系，更包含人与人之间的关系。"[1] 我们不能用纯经济的眼光来评析老字号的优劣，"人"的因素和"文化"的因素往往是老字号的隐形竞争力，是不容忽视的命题。"表面上，企业承担社会责任不符合企业价值链管理原则，会拖累企业发展，会影响企业形成竞争优势。实际上，企业承担社会责任是企业形成竞争优势的一种竞争策略。"[2] 也可以说是保障企业拥有核心竞争力的重要因素。但我们不能以企业承担社会责任的大小来衡量其是否优秀。有学者认为：企业是一种

---

[1] 张继焦. 企业人类学：作为一门世界性的前沿学科［J］. 杭州师范大学学报：社会科学版，2014（4）.

[2] 李宇军，张继焦. 从价值链角度看企业发展与承担社会责任的关系［J］. 思想战线，2011（3）.

以文化为根隐喻的组织，其中最重要的是不断组织的过程。在这一过程中，即使是企业最物质的一面，也只有赋予其意义才是真实的。❶

就“胡魁章”而言，其所承担的社会责任就是对员工负责、对产品质量负责、对品牌负责、对消费者负责。而“负责”的体现就是笔庄的工匠精神，仿佛一种无形的力量在驱动着笔庄的发展，影响着笔庄的发展方向和经营情况。狼毫笔是笔庄的传统手艺，这是笔庄人为之骄傲的特色，不愿丢也不会丢。面对普笔满天下、占据大部分毛笔市场的社会形势，笔庄的人还坚持“不做假”“出家心”。日本的经营人类学家中牧弘允认为：经济腾飞是建立在“企业人”勤奋工作的基础上的。❷ 这里的“企业人”指的是那种对企业有很强的归属意识，埋头于企业的工作，不顾家庭，把自己的一生都奉献给一个企业的人。而从“胡魁章”的工匠精神和践行工匠精神的实践来看，笔庄的发展离不开笔庄人的认同与奉献。不仅笔庄承担着相应的社会责任，笔庄的员工也对笔庄对社会尽着相应的责任。这是笔庄经历了近 200 年仍屹立不倒的重要缘由，是笔庄的核心竞争力要素。

没有特定的工匠精神，老字号无法保持竞争优势。老字号企业核心竞争力的重要因子就是其内在的工匠精神，是其最重要的无形资产，是品牌培育和塑造的主要表现和必要保障。“出家心”“坐得住”“不做假”“尊重传统文化”“热爱笔庄”等，“胡魁章”的这种企业文化是人与企业互动的成果。因为对企业的认同感，员工才会自觉履行相应的责任感，包括保障产品质量、对企业和自身的定位明确等。因为有了这些员工的坚守，企业也才百年如一日的工艺不变、质量不变、风格不变。员工的责任感与企业的社会责任感互相作用，融合得好就会使企业内部团结、和谐。这是确保价值链上各环节作用良好的保障，是企业无形的核心竞争力。作为企业核心竞争力，“工匠精神”与“技术”之间也是互相作用、密切影响的。因为“胡魁章”制笔工艺

---

❶ 殷鹏．“霍桑试验”与“曼城工厂研究”：企业人类学研究的方法回顾、比较与反思［J］．杭州师范大学学报：社会科学版，2014（4）．

❷ 中牧弘允．经营人类学序说：企业的“民族志”和工薪族的“常民研究”［J］．学术界，2001（5）．

是珍贵的非物质文化遗产，虽然工作环境恶劣、孤独、工资低、强度还不小（比如水盆师傅很容易患上风湿），但是笔庄人不忍放弃、不愿做假，而且还要努力让其传承下去（遭遇强迁时各方奔走争取权益、带徒弟如带儿女），否则“上对不起祖宗，下对不起子孙”。也正因为这些“精神”和“信念”，笔庄的“手艺”终于被保留和继承了下来，并成为“北派狼毫”的杰出代表，笔庄因而被评为省级老字号、省市级非物质文化遗产，受到政府的保护和扶持，也受到社会各界相关人士的关注和支持。在充分挖掘、保护和传承老字号工匠精神的基础上，如何加强和发挥好“技术”和“工匠精神”这两个核心竞争力，从而带动价值链其他因素的有效作用，比如扩大规模、壮大人才队伍、提高知名度和影响力、提升品牌价值等，则是需要进一步研究和综合分析的现实问题。

李培林认为：“真正决定一个国家是否实现现代化的因素并非与自身文化传统的完全决裂，而是社会结构的转型。因为如果从深层意义上来理解，传统本身就是一个蕴含着过去、现在和未来的动态积淀过程。”[1] 同理，对于老字号而言，与传统的工匠精神脱离，并不见得就是现代企业，但可以通过现代企业营销手段等方式赋予传统老字号企业以时代性。

四、个案研究——“祖家坊”工匠精神传承的记忆媒介

（一）个案选取

此处选取“祖家坊”作为个案，一是基于历史和文化价值因素。“爱新觉罗祖家坊”（简称“祖家坊”）始建于崇祯八年（1635），曾为清朝特供御酒。“祖家坊”拥有国家非物质文化遗产“祖家坊白酒传统酿造工艺”和“辽宁老字号”称号。现有保存良好的旧土地执照、祖传牌匾、旧酒糟和马槽等旧物件，并建有国家级 AAAA 景区“爱新觉罗皇家博物院”。“祖家坊”的

[1] 李培林. 另一只看不见的手：社会结构转型［J］. 中国社会科学，1992（5）.

文物资源也是作为“文化记忆”的储存媒介，基础丰富，文化传承状态良好。二是基于市场因素。近年来，“祖家坊”一直加大历史和文化资源挖掘，再加上市场营销模式与时俱进，因此其潜在市场优势乘数（1.54）较高，品牌价值也在域内同行业老字号企业中处于领先位置。[1] 笔者于 2008 年开始，曾先后多次走访“祖家坊”，经过多年跟踪调查，获取了大量一手资料，并见证了酒厂从默默无闻到名震沈城的发展历程。“祖家坊”从复苏到振兴的重要原因之一，就是其充分意识到“过去”的重要性，努力挖掘和弘扬酒文化记忆要素，使其经营利润和品牌影响力逐年递增。

（二）“祖家坊”文化记忆的存储媒介

1. 传说

紫气东来。传说当年努尔哈赤屯兵于五龙山下，时逢大旱，兵将饥渴难熬。努尔哈赤情急之下，将手中大枪用力向地下一戳，因用力过猛，大枪深插土中只剩一小段木柄，士兵将枪拔起时连带出一股泉水喷射而出。泉水清冽甘甜，千万军马饮而不干。后人为纪念这井泉，称其为“八旗井”，还留下一副对联：“只闻风流应属我，不晓英雄歌圣贤”。当时民间都认为，清朝皇脉是从这口井也就是从东方而来，“紫气东来”也就是指大清皇脉来自东方。传说中的“八旗井”至今仍可以在祖家坊所在的沈阳市法库县半拉山村找到。古井深 6 丈、水深 3 丈，与地下暗泉相通，四季恒温保持在八摄氏度左右。法库县志记载，辽景宗保宁年间，生活在这里的百姓就开始用这口古井里的水酿酒，“祖家坊”所酿之美酒就由此水源而来。

“鸽血红”。“祖家坊”酿造并储藏了 70 余款美酒，许多款酒都与历史传说或故事相关，如乾隆帝盛赞的“鸽血红”。据传，“鸽血红”是清代名医沈金鳌酿制的。当年沈金鳌按照秘方，用各地的贡酒尝试酿制御用私房酒，但都不理想，直到碰到了“祖家坊”的贡酒。祖忱说：“祖家坊的酒有三个特

---

[1] 王焯．沈阳老字号品牌价值 THBV 评估和提升对策［J］．北方民族大学学报：哲学社会科学版，2015（6）．

点，第一就是红里透着黄金的颜色，叫红里透金。第二就是酒味占上风，药味不露头。第三就是药性非常强。”当乾隆喝这个酒时，看到酒的颜色与手上戴的一个由鸽血石打造而成的扳指一样，他便将酒命名为“鸽血红”。自此，“鸽血红”便成为乾隆皇帝餐桌上的御用美酒，也成为“祖家坊”的名酒品牌之一。

2. 酒海

祖家坊的酒海制作依照古法且取材于当地。过去满族人贮存酒的容器要用红松制作。内壁用鹿血、徽宣等裱糊好的木酒海，27 封、每封 5 层，刷 6 遍香油。制作酒海的材料是用当地的林木树条精心编成。大的叫酒海，小的叫酒篓。酒海内部的制作也非常讲究，酿酒师们先将树皮晒干，再用清水浸透，放入特制的石锅中蒸煮，将树皮完全蒸透煮熟后，用石碾子碾压、清水洗净，再用枣木做的捣木将树皮捣成饼，切成丝，下水池浸泡一天一夜，制成纸浆，用特制的竹篦子捞取纸浆，阴干后即成为树皮纸，再加以花泥、蛋清、鹿血等糊制百余层。用这种独特方法制作的储酒器存酒点滴不渗，酒海内四季保持恒温，受外界影响甚微，且绿色环保，不会起任何化学反应。“祖家坊”里尚存最久的酒海已逾百年，容量从 5 斤、10 斤、30 斤、700 斤至 3 吨、5 吨、8 吨、16 吨不等。

现在“祖家坊”里有个 100 吨的超大酒海，一共糊了 900 层，历时 6 年糊制而成。祖忱一提到这个酒海非常激动。他说，“糊制酒海是一个功夫活”，“每糊一层是一天，还得晾三天吹干了再糊另一层，冬天不能糊，阴雨天不能糊，单做这个酒海就用了六年时间”，“糊完之后给它盛上酒，当时的心情是极其的震撼，从古至今，尽管说老祖宗传下来的这个工艺，但是能够做成一百吨，我应该也算是发扬光大了”。“祖家坊”的这个大酒海正在申请吉尼斯纪录，在祖忱看来，这一坛坛手工制作的酒海，体现了对白酒和祖先的最大敬意。

通过“紫气东来”“鸽血红”“酒海”“泥窖”等有形和无形记忆载体的传承可知，“文化记忆”被外化、对象化并以符号的形式储存。它不是一种隐喻（metaphor），而是一种建立在一定载体之上的转喻（metonym）。事物并不拥有自己的记忆，但它们会通过图片、故事、文献、风景，以及其他记忆场所提醒和触发群体的记忆。[1] 关于“祖家坊”来源、酒文化、酿酒物件和工艺的载体还有很多，这些具有历史和文化价值的存储媒介使得“祖家坊”人在保存和重现这些载体的过程中，积淀出了珍贵的匠人精神，群体的“共同记忆”和“文化认同”不断强化，“文化记忆”得以有效传承与不断创新。

(三)“祖家坊”文化记忆的身体实践

1. 开坛仪式

“好酒开坛，众神归位”，这是一代代“祖家坊”传统手艺人流传下来的风俗。开坛时候，祖家家族有一个习俗，就是选取指定时间，找一些会品酒的，再找一些有影响力的人来品尝，他们还举办仪式，包括敲萨满鼓、跳萨满舞等，敬狐仙、敬酒仙。开海的第一坛酒，必须指定一个身份尊贵的人来喝。

2. “掐酒断花”

“断花”就是指流下来的酒，流到渣子下面的时候，形成一个酒花。如果酒花形成了豆花状时，那就表明酒的度数特别高；如果形成了珍珠状，那就表明酒的度数很低。“酿造靠祖传的石锅、判断酒的度数靠眼神、测量水分靠手法”，对于祖祖辈辈传下来的古法，祖家人认为光靠感觉还是不够的，还应该经过现代的科学检测，才能证明古法是否符合科学标准。

3. 酒厂复建

满族酿酒有着悠久的历史。作为为数不多的满族酒业老字号，“祖家坊”从重建再到振兴的发展历程，可以被视作一种“社会认同”的满族酒文化的复兴过程。辽金时期，女真人已懂得用糜造酒。据《扈从东巡日录》记载，其制法为“炊谷为糜，加以曲蘖，须臾成酒，朝酿而夕饮，味少甘，多饮不醉”。这种酒又称黄酒、秋酒。“祖家坊”最好的酒便是“黄糜子”酒。1956年公私合营之后，酿酒老师傅们回到村庄务农。改革开放初期，在政府的鼓

---

[1] 扬·阿斯曼. 交往记忆与文化记忆 [J]. 管小其，译. 学术交流，2017 (1).

励和支持下，酒坊又转到了祖家人手中。酒坊现今负责人祖忱说：“员工都是当地招来的，都是一公里之内本村本屯的”，“我找到这个老师傅的时候，每一个老师傅都主动说，既然你小伙子想把酒酿好，我豁出来把所有技能都无私地传给你”。第一次试酿出“黄糜子”酒时，老师傅们都很激动。之后，老工人、老酿酒师傅，带着他们的儿女、亲戚等家族成员一带二、二带三地加入酒厂，老窖泥重新培曲、激活，酒厂逐渐恢复起来了。

“文化遗忘”是一种结构性的健忘，而被“记忆”的东西是由一定诉求所支撑的。构成“文化记忆”的诉求来源于仪式、价值、制度、节日等“神圣”的维度，来自宗教、社会各个领域。[1] 无论是庄重的开坛仪式还是辨别酒品的“掐酒断花”，还有酒厂复建初期对再酿满族特色“黄糜子”酒的不懈追求，“祖家坊”人一直遵循并探究的已然不仅仅停留在历史层面，而是通过这种现实与历史之间的互动实践，将记忆的碎片不断具象化，构建起被群体认同的“祖家坊”文化。如今“祖家坊”已成为一张立体的民族特色文化名片，以辽代皇室酿酒作坊为基础搭建的爱新觉罗皇家博物院，现已成为国家AAAA级旅游景区和满族风情旅游基地。在看似多元化发展的背后，“祖家坊”的人明白，酒厂的兴盛离不开祖传下来的酿酒工艺，更离不开当地人对祖家酒的情怀。这种情怀就是那股“乡愁”，就是听着“紫气东来”的故事，喝着“八旗井”的水和脑海中回味着那股“祖家酒”的味道长大的五龙山下百姓所共同拥有的“文化记忆”。

“记忆的运动是零星出现的”，“回忆总是需要激发”的。[2] 通过“祖家坊”发展进程中存储媒介与文化实践的案例可知，传说（“紫气东来”“鸽血红”等）、文物（泥窖、酒海）等存储媒介是“文化记忆”的主要载体；除了这些媒介，“祖家坊”“文化记忆”的存储载体还有很多，比如，县志中的文字记载、老营业执照、老牌匾、酒厂旧址，等等。“每种媒介都会打开一个

---

[1] 刘亚秋. 记忆研究的“社会—文化”范式对“哈布瓦赫—阿斯曼”研究传统的解读［J］. 社会，2018（1）.

[2] 阿莱达·阿斯曼. 回忆空间：文化记忆的形式和变迁［M］. 潘璐，译. 北京：北京大学出版社，2016：18.

通向文化记忆的特有的通道。”[1] 这些存储媒介作为“无人栖居”的一个个历史“残片”，是“文化记忆”的重要支撑，具有强烈的“唤醒”功能，可以激活“文化记忆”。同时，这些存储媒介也并不是简单的客观存在，“一千个读者心中有一千个哈姆雷特”，在与人、事、他物的互动实践，也就是功能记忆的实施过程中，它又发挥着一定的能动性，带有功能记忆的色彩。具体而言，技艺（“祖家坊”白酒传统酿造工艺、“掐酒断花”）、仪式（开坛仪式）、心理（满族酒文化认同、五龙山下的“乡愁”）等互动方式是把过去现实化的过程，是一种确立、习得“文化记忆”的实践，是“文化记忆”的重要支撑。比如小酒海衍生出了可以申请吉尼斯纪录的巨型酒海，文物遗址打造成了国家 AAAA 级旅游景区。这个巨型酒海、旅游景区以后也会固化成新的存储媒介，功能记忆又反之可以向存储记忆转换。

[1] 阿莱达·阿斯曼．回忆空间：文化记忆的形式和变迁［M］．潘璐，译．北京：北京大学出版社，2016：21.

第三章　老字号工匠精神传承的特性

——基于文化记忆的模式说

从国内相关研究可以看出，文化遗产这一社会热点是文化记忆研究持续重点关注的对象，也可以说在文化遗产研究领域，越来越需要更多跨学科理论的“浇灌”与支撑。这跟老字号的研究非常类似。但是，国内从文化记忆角度对文化遗产开展的大部分研究，往往集中于语言学、文学、艺术学领域的单一性研究层面，缺少整体性、宏观性、理论性的论述，忽视了文化记忆理论对文化传承与重构特性的阐释，而这才是文化记忆理论价值之所在。

老字号工匠精神可以看作一种文化遗产，如何将文化记忆理论中存储记忆和功能记忆两种模式的互动及功能研究，与文化遗产中的有形遗产（文物）和无形遗产（非物质文化遗产）两种文化类别进行对接，通过文化遗产保护与开发进程中的问题、经验，对老字号工匠精神的传承特性进行解析，以期建构起老字号、文化遗产保护与利用研究的新范式，这是文化记忆、老字号、文化遗产研究需要关注的重要问题。

一、文化记忆的两种模式

哈布瓦赫提出了“集体记忆”理论，他认为，记忆深受社会因素制约，“存在着一个所谓的集体记忆和记忆的社会框架”，“个体思想将自身置于这些框架内，并汇入到能够进行回忆的记忆中去。”[1] 这种集体在复现过去时对历史的重构与列维的“冷”社会思想非常类似。皮埃尔·诺拉将哈布瓦赫的集体记忆排出了一个序列，构建了一套集体记忆理论，他认为，集体记忆和历史记忆是不同的，前者是“流动的、变形的”，后者是“分析性的、批判性的和理

---

[1] 莫里斯·哈布瓦赫. 论集体记忆［M］. 毕然，郭金华，译. 上海：上海人民出版社，2002：69.

性的”。[1]

扬·阿斯曼认为，集体记忆理论掩盖了历史的功能，“哈布瓦赫没有超越群体层面，没有考虑将其记忆理论扩展到文化理论领域。”[2] 为此，他开创了文化记忆理论，将文化视为记忆，文化记忆是由一个社会建构起来的历时的身份。文化的功能可以从共时性和历时性两个层面进行解析。从共时性角度来说，文化服务于协调和组织不同的群体。从历时性角度来说，文化定位和促成不同的功能。比如，宗教、艺术和历史，文化的这些方面和这个功能便称之为文化记忆。[3] 文化记忆关注的是过去中的某些焦点，过去并非自然生成，而是由文化创造的。

文化记忆理论认为，文化记忆可以分为存储记忆和功能记忆两种相互补偿的模式。其中存储记忆也可称之为“无人栖居”的记忆，主要指建筑、器物、遗迹等文化记忆的物化表现与载体。扬·阿斯曼认为，存储记忆具有重要的启发作用，“不仅因为它们能够通过把回忆固定在某一地点的土地之上，使其得到固定和证实，它们还体现了一种持久的延续，这种持久性比起个人的和甚至以人造物为具体形态的时代的文化的短暂回忆来说都更加长久。”正如 J. G. 赫尔德在《关于促进人性的通信》里所说：“如果人们沉默，石头就会叫喊。”存储记忆和功能记忆既是一种“残片”和“传统”的对立关系，又是一种“潜在”和“现实”的互动关系。存储记忆是功能记忆的“保留地”，功能记忆是经过“选择、联缀、意义建构”的过程，是存储记忆的固化、合法化和区分化。[4]

由于其对文字、图像、建筑、仪式、心理、风俗、习惯等文化要素的关注和论述，许多学者开始将文化记忆理论与文化遗产研究相结合。其中，语言学领域研究较多，李永祥[5]（2016）认为，可以用文化记忆解释逻辑和神

---

[1] 帕特里克·格里．历史、记忆与书写［M］．罗新，主编．北京：北京大学出版社，2018：138.

[2] 扬·阿斯曼．文化记忆：早期高级文化中的文字、回忆和政治身份［M］．金寿福，黄晓晨，译．北京：北京大学出版社，2015：46.

[3] 扬·阿斯曼．“文化记忆”理论的形成和建构［N］．光明日报，2016-3-26.

[4] 王焯．过去、回忆、建构：“老字号”文化记忆的人类学阐释：以“祖家坊”为个案［J］．杭州师范大学学报：社会科学版，2018（3）.

[5] 李永祥．灾害场景的解释逻辑、神话与文化记忆［J］．青海民族研究，2016（3）.

话；郭振华[1]（2016）指出，以地方性知识为表征的文化记忆研究，对研究中国社会变迁具有积极意义；王文兵[2]（2018）认为，在文化记忆的编码、存储和重构过程中，土家族铭刻古籍承载的文化信息得到了传播、增值与沉淀；吕龙等[3]（2020）以苏州金庭镇为例，构建了“文—旅”空间协调度、文化记忆连续性和旅游市场认同度的协同评价模型。

二、老字号工匠精神传承的两种模式

老字号的评定标准之一便是具有世代相传的独特的技艺或服务，老字号属于一种文化遗产。

根据联合国教科文组织相关文件可知，文化遗产包括物质（有形）文化遗产和非物质（无形）文化遗产。物质文化遗产即具有历史、艺术和科学价值的文物，包括古迹、建筑群、遗址。非物质文化遗产指被各社区、群体、个人，视为其文化遗产组成部分的各种社会实践、观念表述表现形式、知识、技能以及相关的工具、实物、手工艺品和文化场所。[4]

物质文化遗产和非物质文化遗产作为文化遗产的两种存在形式，恰好能够对应文化记忆的“无人栖居”和“有人栖居”，即存储记忆与功能记忆。比如遗址、圣地、废墟、创伤之地等“地点”作为存储记忆，也属于物质文化遗产范畴，除了建筑本身的历史、艺术和科学价值以外，“地点”具有重要的启发作用，“不仅因为它们能够通过把回忆固定在某一地点的土地之上，使其得到固定和证实，它们还体现了一种持久的延续，这种持久性比起个人的

---

[1] 郭振华．文化记忆下的腊湾老人舞研究［J］．体育文化导刊，2016（4）．

[2] 王文兵．土家族铭刻古籍的文化记忆表达及其传播价值［J］．湖北民族学院学报：哲学社会科学版，2018（5）．

[3] 吕龙，黄震方，李东晔．乡村文化记忆资源的“文—旅”协同评价模型与应用：以苏州金庭镇为例［J］．自然资源学报，2020（7）．

[4] 联合国教科文组织．保护非物质文化遗产公约［EB/OL］．联合国公约与宣言检索系统，［2022-3-11］．https：//www.un.org/zh/documents/treaty/files/ich.shtml.

和甚至以人造物为具体形态的时代的文化的短暂回忆来说都更加长久。”[1] 老字号世代相传的技艺或服务中包括口头传统及表现形式、表演艺术、社会实践、仪式、节庆活动、有关自然界和宇宙的知识和实践、传统手工艺等，都属于非物质文化遗产的研究范畴，也与文化记忆中的功能记忆相契合，而功能记忆“始终拥有专职承载者负责其传承”，[2] 这里的承载者与非物质文化遗产传承人的功能也大致趋同。在一定意义上，“非物质文化遗产的传承人及其相应文化区中的民众，他们是文化记忆缔造的参与者与践行者。”[3]

表 3-1　“辽宁老字号”认定证明材料明细表

序号	认定条件	证明材料	备注
1	字号成立50年以上（含50年），主营业务传承脉络清晰，持续经营至今	历史记录资料，如地方志、县志、历史档案等史料记载的摘录（需由当地档案馆在内容记录页扫描件盖章）；反映组织存在、传承脉络、持续经营等的事件、活动的文献记载复印件；历史证明人书面证明；各级行政主管部门出具的证明文件等	至少提供其中一项证明材料
		历史实物资料，如老照片（字号、牌匾或经营场所）；重要实物证据（各种历史经营凭证、老物件的复印件或照片）；反映组织存在、事件、活动的文献记载复印件；历史证明人书面证明；各级行政主管部门出具的证明文件等	至少提供其中一项证明材料
		拥有与企业历史上或当前使用字号相一致的注册商标专用权	拥有商标所有权的申报企业提供
		*与企业主营业务一致的商标注册证书（注册人应与营业执照的企业名称一致）	
		*《商标使用许可合同》及《商标使用许可合同备案通知书》（《商标使用许可合同》中应明确商标使用许可类型为独占使用许可）	拥有商标唯一使用权的申报企业提供

[1] 阿莱达·阿斯曼．回忆空间：文化记忆的形式和变迁［M］．潘璐，译．北京：北京大学出版社，2016：344.

[2] 扬·阿斯曼．文化记忆：早期高级文化中的文字、回忆和政治身份［M］．金寿福，黄晓晨，译．北京：北京大学出版社，2015：54.

[3] 毛巧晖．非物质文化遗产：文化记忆的展示、保护与实践［J］．西北民族大学学报：哲学社会科学版，2016（4）.

续表

序号	认定条件	证明材料	备注
2	拥有世代传承的独特产品、技艺或服务	介绍独特产品、技艺或服务的文字、影像资料，如独特传统技艺、传承谱系等，能体现创始人、传承人等的基本信息	提供相关文字材料，并视情况提供图片或其他影像资料
		*技艺或文化艺术列入国家级、市级、区级非遗名录、文物保护单位的证明文件复印件；传承产品的工艺流程、配方和传统服务技艺介绍；相关的其他证实性材料	
3	具有中华民族特色和鲜明的辽宁地区传统文化特征，具有较高的历史价值和文化价值	字号故事或典故的历史文献记载复印件；媒体报道、社会流传材料复印件；历史名人题词照片或复印件；组织建造的文化博物馆、展室展厅、技艺展示、销售窗口的照片；组织出版的文化产品（历史文化书籍、影视作品）等，能够体现优秀传统文化和鲜明地域特征	提供相关文字材料，并视情况提供图片或其他影像资料
4	具有彰显中华民族优秀传统文化精髓的企业文化	介绍历史传承至今的组织文化相关的文字、影像资料，如店训、堂规、经营理念、其他组织文化活动等	提供相关文字材料，并视情况提供图片或其他影像资料
5	具有良好信誉得到广泛的社会认同和赞誉	基本户开户银行出具的银行资信证明	提供相关文字材料，并视情况提供图片或其他影像资料
		近三年依法缴纳税收的证明	
		上年度依法缴纳社会保障资金的证明材料	
		近三年无重大违法记录声明	
		在“信用中国”、“信用辽宁”等查询平台上信用良好	
		各级政府有关部门、行业组织、信用评定机构颁发的相关荣誉证书	
		与认定条件相关的荣誉证书或相关材料复印件	
		诚信度、知名度、美誉度的媒体报道等相关证明材料	

续表

<table>
<tr><th>序号</th><th>认定条件</th><th>证明材料</th><th>备注</th></tr>
<tr><td rowspan="5">6</td><td rowspan="5">国内资本及港澳台地区资本相对控股，经营状况良好，且具有较强的可持续发展能力</td><td>法人证书、营业执照、章程等资质证明材料</td><td>—</td></tr>
<tr><td>近三年的主营业务收入、净利润、资产负债率，财务非独立核算的，报送近三年上级公司财务报表及公司内部管理数据</td><td>—</td></tr>
<tr><td>上一年度经第三方审计的财务报告</td><td>—</td></tr>
<tr><td>企业资本结构说明（包括股东名称和所占比例）</td><td>提供相关文字材料</td></tr>
<tr><td colspan="4">注：标“*”的为可选项，申报企业可根据实际情况提供相应的证明材料。</td></tr>
</table>

如表 3-1 所示，从老字号的认定标准中，可以更清楚地解析老字号企业的两种传承模式。2021 年，《“辽宁老字号”认定通则》正式发布，认定条件主要包括：字号成立 50 年以上（含 50 年），主营业务传承脉络清晰，持续经营至今；拥有世代传承的独特产品、技艺或服务；具有中华民族特色和鲜明的辽宁地区传统文化特征，具有较高的历史价值和文化价值；具有彰显中华民族优秀传统文化精髓的企业文化；具有良好信誉，得到广泛的社会认同和赞誉。在老字号认定需要提供的历史材料中，历史记录资料和历史实物资料是重要的参考依据，如地方志、县志、历史档案等史料记载的摘录；反映组织存在、传承脉络、持续经营等的事件、活动的文献记载复印件等；老照片（字号、牌匾或经营场所）；重要实物证据（各种历史经营凭证、老物件的复印件或照片）。在“拥有世代传承的独特产品、技艺或服务”认定类别中，老字号企业需要提供独特产品、技艺或服务的文字、影像资料，如独特传统技艺、传承谱系等，能体现创始人、传承人等的基本信息；传承产品的工艺流程、配方和传统服务技艺介绍，相关的证实性材料（见表 3-1）。这些认定资料都是老字号有形和无形资产的评定依据，涵盖可移动和不可移动的文物资料，即“无人栖居”的文化记忆和历史传承至今的组织文化相关资料，包括店训、堂规、经营理念、其他组织文化活动等，即“有人栖居”的文化记忆。

老字号作为一种文化遗产，其保护模式可以与文化记忆的两种模式相对接，保护文化遗产的目的就在于，在人类适应社会环境并与自然、历史的互动中，文化的多样性和人类的创造力得以持续发展。而文化记忆通过维系与构建“过去”使得文化认同得以实现，这与保护文化遗产的目的在本质上是一致的。

三、个案研究——老字号满族文化传承特性分析

老字号是中国自主的商业品牌，见证着中华商业文明的历史脉络与发展特点。从现今可考的众多老字号中不难看出，地域性、民族性、时代性和行业性是其发展历程中较为鲜明的几大特色。清朝的老字号发展最为繁盛，故而老字号中的满族文化是其民族性中较为突出的一面。通过老字号传承满族文化进程的分析，可以把握老字号工匠精神传承的民族性特点。

（一）满族人创办的老字号

在兴起和创办老字号的满族人中，既有达官显贵，也有做工学徒。较为知名的有北京的“步瀛斋”、锦州的“道光廿五”、沈阳的“那家馆”和郑州的“葛记焖饼馆”等。

北京“步瀛斋”鞋店创办于清咸丰八年（1858），迄今已有160多年的历史。与内联升、盛锡福、同升和等鞋帽老字号齐名。创办者是当时朝廷内造办处的满族李姓官员。由于为官员创办，产品的定位便主要为朝廷内的高级官员，能穿上步瀛斋的鞋也是一种身份的象征。其“敬业乐群，诚信待客”的经营理念享誉京城。现在的步瀛斋依然在北京前门大栅栏营业，二层仿古建筑内荟萃了各式鞋类，但辉煌远不比从前。

锦州“道光廿五”创建于清嘉庆六年（1801），迄今已有220多年历史，是运用满族传统酿酒工艺制作和经营满族传统贡酒的知名酒类老字号。创办者为锦州满族显贵高士林。1926年，张学良将军曾称赞并挥笔写下“酒中仙”三字。1954年，朱德总司令曾题词赞道：“南有茅台，北有凌川（道光廿五酒厂原名为锦州凌川酒厂）”。

沈阳“那家馆”开业于清同治十三年（1874），迄今已有140多年的历

史，独特风味菜为满族特色食品白肉血肠。创始人为满族正白旗人那吉有。那吉有出身于一个贫苦家庭，年少时在当时知名的饭馆吉兴园学艺。出师后便自立门户。由于其经营的菜品尤其是白肉血肠非常迎合当地的饮食习俗，生意日渐兴隆。“那家馆”匾额上三个大字由当时东北省财政厅总管兼奉天省省长王永江所题写，可见那家馆的名声与威望。❶ 抗日战争时期，那家馆被迫迁至北京，新中国成立后，政府又将那吉有之子那文贵请回沈阳重开那家馆。现今，那家馆几易其址，名声远不如昔日，除了主营满族特色白肉血肠等菜品外，还兼营南北风味菜品。

郑州“葛记焖饼馆”创办于 1926 年，创办者为满族清室镶黄旗人葛明惠。他年少时曾在珂王府当差，做得一手好焖饼，深得王爷好评。民国初年，由于清王室遣散帮佣，葛明惠流落至郑州。后在亲友资助下创办了“京都葛记”，主营自己的拿手菜——坛子肉焖饼。由于饼软肉香、价格便宜、服务周到，生意在当时郑州 74 家饭馆中最为红火。后来，葛明惠之子葛元祥传承并发扬了父亲的手艺，又制作出了炒饼、烩饼，号称“葛记三饼”，成为郑州的风味名吃。“文革”期间，葛记经营惨淡。直至改革开放后，政府为了“创百年老店”，满足社会需求，扶持葛家后人重开葛记。如今的葛记焖饼作为郑州风味小吃的代表正逐步扩大连锁经营，为弘扬中原饮食文化做出了突出贡献。❷

（二）经营满族特色产品

河北平泉的“五魁园”，创办于清道光二十五年（1845），距今已有 170 多年的历史。创办者为年迈辞官的高级宫廷御膳厨师刘德才。由于他烹饪技艺超群，生意非常红火。其中改刀肉和清宫御膳糖饼堪称一绝。如今的五魁园饭店仍坐落于河北平泉。

还有创办于 1912 年的郑州“老蔡记馄饨馆”，创始人蔡士俊早年在皇宫

❶ 孔令仁，李德征．中国老字号：第七卷［M］．北京：高等教育出版社，1998：379-381.

❷ 孔令仁，李德征．中国老字号：第七卷［M］．北京：高等教育出版社，1998：484-487.

里帮厨，随着清政府的灭亡而被遣散，在北京前门外靠着自己擅长的蒸饺和馄饨手艺，开办了老蔡记。后由于时局不稳，老蔡记迁至河南，逐步发展成为郑州的知名风味，老百姓称其为“出门百步外，余香留口中”。如今的京都老蔡记拥有七八家分店，仍是百姓喜闻乐见的中原风味小吃。

成立于民国十四年（1925）的北京“仿膳”饭庄，也是经营满族特色美食的知名老字号。由宫廷御厨赵仁斋邀请孙绍然、王玉山和赵承寿等五六个御膳房的厨师共同开办。据《晶报》记载：“北海公园松坡图书馆旁有茶点处，其商标曰‘仿膳’，盖取仿御膳制法之意。所用庖丁，闻即清御膳房之旧人，所制小吃，如豌豆糕、云豆卷、栗子糕、豌豆黄，各种糖粘、蜜饯以及包子、饺子、千层糕、蝴蝶卷、一品烧饼、小窝头之类，精美洁净，非比寻常，不愧为天厨制品。尤以小窝头为最精致，形如小酒杯，面制甚薄，不但式样与穷人所吃者不同，即面粉亦较寻常者细多矣。”❶ 民国时期，京城盛行的“满汉全席”中，仿膳首屈一指。近人夏仁虎在《旧京秋词》中写道：“菱糕切玉秫黄窝，午膳居然玉食罗。饭饱湖浜同辍茗，夕阳明外见残荷。”❷ 如今，“仿膳”经营的宫廷菜肴约800种，最能代表宫廷菜肴特色的当属“满汉全席”。作为宫廷菜系的代表，“仿膳”在一定程度上代表了中国饮食文化的最高水平。2010年，“仿膳”被商务部认定为中华老字号。2010年，“仿膳（清廷御膳）制作技艺”被列入国家级非物质文化遗产名录。

（三）与清朝宫廷文化关系密切

皇帝或宫廷大臣的赐联、赐匾、封号或承办皇差、逢迎官场等与清朝宫廷文化密切相关等是老字号发展中不可忽视的因素。比如，创建于明朝万历二十八年（1600）的“陈李济”，创办不久便发展至鼎盛的原因就是其“追风苏合丸”治愈了同治皇帝的病，于是同治便赐陈李济“杏和堂”的封号，其“百年陈皮”作为贡品；创办于清康熙八年（1669）的北京“同仁堂”，

---

❶ 《晶报》，1925年12月18日。

❷ 孔令仁，李德旺．中国老字号：第七卷［M］．北京：高等教育出版社，1998：349.

其兴盛的主要缘由就是其担任承办官药的皇差，同时还间接收集了大量宫廷秘方等；创办于清光绪十年（1884）的“大德通”票号，因为与清庆亲王和户部尚书等达官显贵交往甚笃，而备受官府信任。据悉，清光绪三十二年（1906），户部存放在大德通和大德恒票号的款银多达104万两，占户部存入票号总额的87%。[1] 此外，诸如杭州“王星记”、沈阳“胡魁章”等都因为承办进贡的皇差而身价倍增、生意兴隆。

除了皇亲国戚的嘉赏与庇佑，通晓或逢迎清朝宫廷制度的老字号也往往会事半功倍。如创建于清朝咸丰三年（1853）的制鞋名号“内联升”，其命名就非常迎合官场，寓意官运亨通、连升三级。最为重要的是“内联升”将来店做鞋的文武官员的身份、籍贯、官职、靴鞋尺寸、式样和特殊需要（如脚疾或畸形）等都逐一登记在册，不仅为顾客提供了方便，也为想逢迎达官显贵的人士提供了便利。

值得一提的是，清朝虽已衰亡，其宫廷文化却衍生出了许多别具特色的老字号，如创办于1912年的北京“全素斋”，是素菜系中最为知名的老字号之一。创办者刘海全（泉）曾是宫廷专门制作素菜的御厨。由于他聪明伶俐，又擅做咸甜适中的素菜，所以当年深得慈禧太后喜爱。据传有一次，刘海全（泉）用果肉、枣泥、山药、蜂蜜、白糖和桂花等原料制成馅，用油皮卷好，先蒸后炸，再蘸上蜜汁，盛盘后用青红丝和金糕条点缀，最后撒上白糖。慈禧太后尝后赞不绝口，这道菜便是“御味卷果”，从此这道菜便被列入御膳房的常备菜谱。[2] 刘海全（泉）也成为御膳房制作宫廷素菜的大厨。辛亥革命后，刘海全（泉）离开了御膳房，为了谋生，他便在京城摆了个素菜摊，后又在东安市场摆摊售卖素食，供应咯吱盒、蜜供、排叉、小松肉、素什锦、素鸡和独面筋等，还包办“四四到底”整桌素席，即四压桌、四冷荤、四炒菜和四大件。由于刘海全（泉）售卖的都是斋戒用的名荤实素的饭食，而且又是宫廷手艺，精致高雅、色重味浓、风味独特，很快便在京城红火起来，

---

[1] 孔令仁，李德征．中国老字号：第十卷［M］．北京：高等教育出版社，1998：381-387.

[2] 段炳仁主编，王红著．老字号［M］．北京：北京出版社，2006：127.

人称“全素刘”。如今，“全素斋”一直沿袭着宫廷素菜工艺，在素菜系中占有一席之地。

（四）老字号中满族文化的发展特点

满族老字号在少数民族创办的老字号中数量可观，但较于回族则数量少、名声小。纵观老字号的发展历史，回族老字号可谓诸多少数民族老字号中数量最为众多和地域规模最为庞大的，且许多老字号的品牌影响力至今仍在同行业或同地域范围内名列前茅。如北京的东来顺是中国最著名的清真饭庄之一，品牌价值在同行中位居前列；壹条龙羊肉馆闻名遐迩；同和轩、白魁老号等也是远近闻名。回族老字号的兴旺与其独特的民族习俗密不可分。而满族自入关以来与汉族进行的经济和文化的大融合，使得其民族习惯与汉族几乎无异，商业产品的共同共通可想而知。再加上满族人普遍安逸的生活状态，自立门户创办老字号的革新精神便较汉族和回族等民族略逊一筹。

地域发展有限。总体上来看，我国老字号的发展虽然存在着地域发展不平衡性，多集中于历史古都、商业和文化名城，但在大部分大中城市诸如广州、上海、西安、南京、长沙、南宁、重庆、乌鲁木齐、兰州、厦门等地都有着各行各业的老字号。而满族老字号多集中于东北三省、北京、河北和河南一带，其余国内大部分地区包括满族人曾大量聚集的广州、西安、太原、杭州、新疆等地却鲜有满族老字号的踪迹留存，亟待进一步发掘。相较而言，回族老字号的地域分布却非常广泛，河北有白运章包子铺、沈阳有马家烧麦，南京有马祥兴，西安有老马家、老孙家、同盛祥，哈尔滨有老仁义，长沙有李合盛等，这些都是当地知名的由回族人创办的老字号。

与清朝政府的政治命运息息相关。老字号是商业经济的产物，商业经济又深受政治因素影响，因此许多老字号的兴起、昌盛与政治的发展和时代的变革息息相关。清朝时期更是如此。而满族作为清朝的统治阶级，满族老字号与清政府的关系则更为密切。清朝鼎盛时期，满族人创办的或以经营满族特色产品为主的老字号往往较为繁盛，战乱或社会动荡时期这些老字号就会深受影响。比如清朝末期，随着清政府的衰亡和西方列强及其文化的入侵与渗透，许多与清朝政府关系密切的老字号难逃衰落的厄运，逐渐退出了历史舞台，尤其是钱庄票号类老字号。《旧京琐记》记载："汇兑庄亦曰票庄，皆山西人，交游仕宦，最为阔绰。有外放官吏，百计营图以放款。即京官之有外任资格者，亦以奇货居之，不惜预为接济。然失败者，亦往往而有。庄之执事，皆为财东之戚友，故不虞其逃匿。东家间岁一来查巡，布衣草屩若村民，大抵数日即行。庄伙之衣服皆为公物，及去职，仍以布衣归也。"❶ 可见，"票号较多地依附于清朝政府的权势，有浓重的封建性。"❷ 随着清政府逐渐走向衰落，这些与政府交往甚密的钱庄票号也难逃厄运。据 1900 年的《申报》报道："北京内城永顺、永祥、北德胜、德兴厚、和丰通、同义长及报房胡同德成，外城乾异、义丰、天太厚等钱铺均被挤轧，且有多家不敷周转，相率倒闭。"❸ 因此，票号钱庄的发展经历了十九世纪六十年代的重大发展，二十世纪期的大起大落，在辛亥革命政治风暴冲击下转向衰落，延至二十世纪二三十年代，终于趋于消亡。❹

随着清朝末期的移风易俗，许多经营满族传统商品的老字号也被迫随之调整了产品样式和结构，有的通过变革在社会动荡时期仍然发展可观，有的却退出了历史舞台。比如"内联升"不再做官靴，转而开始生产经营礼服呢面和缎面千层底；"马聚源"不再制作缨帽，转而售卖瓜皮帽和呢帽。老北京知名的服饰业老字号"八大祥"，在清朝同治、光绪年间开业，可谓鼎盛一时。八国联军进军北京时皆惨遭劫难。目前，"八大祥"中仅有瑞蚨祥一家存活至今，制作的满族特色传统服装——旗袍等深受百姓好评，许多外国政要的夫人也都会到瑞蚨祥量身定做一件旗袍作为纪念。

（五）满族老字号的保护与振兴

积极加强满族老字号的挖掘和培育力度。满族老字号顾名思义就是由满

❶ 夏仁虎．枝巢四述·旧京琐记：第九卷［M］．沈阳：辽宁教育出版社，1998：125.

❷ 洪葭管．略论山西票号、上海钱庄的性质和历史地位［J］．近代史研究，1983（2）.

❸ 《申报》，1910 年 10 月 18 日。

❹ 张国辉．二十世纪初期的中国钱庄和票号［J］．中国经济史研究，1986（1）.

族人创办或主营满族特色产品的老字号。目前可考的比较活跃的满族老字号屈指可数。经商务部认定的中华老字号中仅有10余家满族老字号，而回族老字号则有上百家。“骑射、服饰、语言这三种被直接继承下来的民族传统，成为满族最为直观、最为根本的文化特征。”❶ 而如今，许多满族文化特征面临着濒危的窘境。“从清朝灭亡，到东北的伪‘满洲国’，到新中国成立后的‘文革’，满族文化遭受了一次又一次灭绝性的打击，使满族的民族文化消失殆尽。而当今的全球化和经济一体化趋势又进一步威胁着满族文化的存在。”❷因此，应该充分利用社会各界资源积极进行与满族文化及其特色产品有关的老字号的资料挖掘、搜集与整理工作，全面了解其历史与发展特点，加强对其传统工艺的保护，对濒危的老字号要进行未立项先保护。同时鼓励其申报省级或中华老字号，具备条件的还可以申报非物质文化遗产。目前，满族老字号中的辽宁锦州道光廿五“白酒传统酿制技艺”、本溪铁刹山酒业的“永隆泉满族传统酿酒工艺”和沈阳的“胡魁章制笔工艺”等都属于省级非物质文化遗产。而国家级非物质文化遗产中满族老字号的数量甚少。作为非物质文化遗产不仅能得到政府政策的资金扶持与政策倾斜，而且能增强老字号的品牌知名度和社会影响力，因此，应该努力提升满族老字号企业对非物质文化遗产认定价值的认知度和申请力度，使其得以受到更多的关注和保护。

做大做强满族产品特色，提高品牌核心价值和竞争力。党的十八届三中全会明确指出要充分发挥市场经济的决定性作用，因此作为商品经济中的一员，老字号企业必须将传统与现代充分结合，不能固守历史，但也要对自身特色保持自信，努力尝试和研发出集传统商品特色和现代包装于一体的产品以满足市场需求。此外，目前部分老字号仍固守着传统经营理念，比如“只此一家、别无分店”“传内不传外”和“酒香不怕巷子深”等。因此，需要突破传统经营理念建立现代企业制度，充分利用现代营销理念实现科学和规范化经营。在最新出炉的中华老字号品牌价值排行榜中，满族老字号无一入

---

❶ 张佳生．满族文化的形成发展与特色［J］．中央民族大学学报，1996（6）．

❷ 胡志良，张广才，篮海．满族文化保护现状及存在问题分析［J］．商业经济，2008（5）．

选，既有历史因素，也与其产品创新力度、市场需求度、企业经营规模和市场营销措施等息息相关。因此，满族老字号应该提高危机意识，在品牌核心价值和竞争力方面做足特色与优势，以老字号中的龙头企业为标榜，在新一轮的市场经济大潮中找准定位、站稳脚跟。据悉，“道光廿五”一直致力于满族传统酿酒技艺的传承与发展，并积极开展历史资源的挖掘和保护工作，在酒类产品中因其民族特色而独树一帜，行业发展前景极其可观。现辽宁道光廿五集团满族酿酒有限责任公司属于民营股份制企业，有员工 800 余名，是辽宁省的纳税大户。2000 年，全国著名酿酒专家组通过品评鉴定确认辽宁道光廿五集团酿酒工艺为“全国唯一满族传统酿酒工艺”。2001 年，道光廿五贡酒被评为“中国十大文化名酒”。2011 年，辽宁道光廿五集团满族酿酒有限责任公司（注册商标：道光）被商务部认定为“中华老字号”。

把握政策，充分利用政府扶持措施为自身发展提供良好的外在条件或平台。2006 年，商务部下发了《商务部关于实施“振兴老字号工程”的通知》（商改发〔2006〕171 号）。2008 年，商务部等 14 部委联合印发了《关于保护和促进老字号发展的若干意见》。2011 年，商务部又下发了《商务部关于进一步做好中华老字号保护与促进工作的通知》（商贸发〔2011〕22 号）。各地方政府也在积极进行关系老字号的政策解读和制定工作。浙江省早在 2008 年便下发了《关于保护和促进浙江老字号发展的若干意见》，旨在进一步加强民族文化的挖掘和保护，引导具有自主知识产权、传承民族传统文化和技艺的老字号企业加快创新发展。据悉，上海也出台了一系列扶持老字号的政策，包括建设行业公共服务平台、聚焦创新项目的实施、支持老字号企业应用新技术和开拓国内外市场等。可见，老字号这一民族商业品牌越来越受到政府的重视和社会各界的普遍关注。事实证明，许多老字号基于原生资源优势乘势而上，品牌价值逐年提升，逐步发展成为行业的领头军和区域经济的生力军，在对外经济交流和文化走出去战略中持续做出了贡献。比如全聚德在世界范围内的大都市都开设有分店或分号，年销售烤鸭 500 余万只，接待宾客 500 多万人次，品牌价值近 110 亿元。作为老字号中颇具特色的一员，满族老字号不应该在这场浪潮中缺席，应该努力基于自身产品与文化优势，充分利用好政策倾斜等资源条件锐意进取，生产出更多满足市场需求、适合展览展演和对外经贸出口的产品，实现社会价值和经济价值的双丰收。

四、文化记忆视域下老字号工匠精神传承的三个特性

基于文化记忆理论视角，将老字号纳入文化遗产范畴之中，其工匠精神的传承，可通过物化表现、身体实践、政府力量三个维度进行特性解析。文字、图像、建筑等媒介，体现了文化记忆的成型性，具有存储、唤醒、回忆的功能；技艺、仪式、组织活动等身体实践体现了文化记忆的能动性，具有沟通、重构、认同的功能；体制机制、政策规划、鼓励培育等体现了文化记忆的约束性，具有规范、引导的功能。

（一）成型性：文化记忆的存储与唤醒

文化记忆理论认为，控制文化记忆的方式是形成符合身份认同的结构性符号系统，这个符号系统由文学作品、历史展演、图片影像、博物馆展示、公共建筑、媒体宣传等组成，通过共同的符号系统，组成个人或群体文化认同的基础，继而确立起其行为方式和价值规范。这种符号系统是存储记忆与功能记忆中物化的那一部分，即文字、图像与地点等。比如，古埃及的文化记忆主要是借助文字和书写传播的，“在文字复杂的书写文化里，谁具备读写能力，谁就有机会了解该文化中的核心文献，并掌握经济和管理方面的技能，从而成为精英。”[1] 文字是永生的媒介。而图像与文字一样，“既是记忆隐喻又是记忆的媒介”。[2] 文字曾经被阐释为思想的直接溢出，图像则被解释为一种强烈情感或者下意识的直接表现，具有强烈的内在的记忆力量。地点既是回忆的主体，也是回忆的载体，甚至可能拥有一种超出于人的记忆之外的记忆。地点对于文化回忆空间的建构具有重要的意义，它们能使回忆得到证实，

---

[1] 扬·阿斯曼.“文化记忆”理论的形成和建构［N］. 光明日报，2016-3-26.

[2] 阿莱达·阿斯曼. 回忆空间：文化记忆的形式和变迁［M］. 潘璐，译. 北京：北京大学出版社，2016：247-248.

而且非常持久。

以文化遗产的传承效果为评估，不难看出文字、图像、地点这些物化表现的重要意义。比如，历经数千年的时代变迁，辽宁形成了以查海文化、红山文化、清文化、民国文化、抗联文化、工业文化等为代表的文化遗产。其中全国重点文物保护单位数量 128 处，各级各类博物馆 109 座，国有收藏单位不可移动文物近 160 余万件；国家级非物质文化遗产代表性项目名录 76 项；国家级工业遗产 5 处。虽然文化遗产资源丰富，但是其传承效果却有着显著差别。

以“辽文化”❶ 为例，辽宁域内有较多的“辽文化”物质遗存，包括辽墓、辽代古城址、辽塔等，共几百处。此外《辽史》❷，契丹文字等文字、图像资料也都是再现“辽文化”的遗产资源。“辽文化”对辽宁的历史文化传承产生了深远的影响，“辽酒”“辽瓷”“辽砚”“辽绣”，这些相关文化遗产资源不仅停留在考古发现之中，部分还传承了下来，影响了一代代人。比如，沈阳法库县的“叶茂台辽墓群”是全国重点文物保护单位，不仅发掘出许多墓志材料❸和壁画❹，还出土了贮藏千年的辽酒。辽酒工艺传承至今，主要传承单位为中华老字号“辽宁千山酒业”，“千山酒麸曲酱香酿酒法”被认定为省级非物质文化遗产，千山酒业所在城市辽宁省辽阳市的百姓对辽酒也具有强烈的文化认同，千山白酒与城市中心的辽代建筑、全国重点文物保护单位——辽阳白塔，共同铸成了辽阳的城市文化符号，成为辽阳的特色与“乡愁”。

---

❶ 辽代文化主要涉及辽王朝的文化。辽宁曾属辽代王朝腹地，辽西、辽北地区曾为辽代皇族和后族领地，宗室和外戚的私城大多建置于此。

❷ 二十四史之一，元修《辽史》共 116 卷。记载上自辽太祖耶律阿保机，下至辽天祚帝耶律延禧的辽朝历史（907—1125 年），兼及耶律大石所建立之西辽历史。《辽史》中记载着许多辽宁境内人口、民族、地理的历史资料，对研究辽文化具有重要的学术价值。

❸ 1976 年在叶茂台辽穆群发现了辽代宰相萧义墓，出土了一方墓志，墓志通篇 1777 个字，详细地记录了墓主人北府宰相萧义的身份、家世等情况。据墓志记载，叶茂台村的西山、北山被辽代契丹人称为“圣迹山”，是萧氏家族的祖茔地。

❹ 叶茂台辽墓出土了许多墓画，如 1976 年发现的 16 号墓内有壁画《出行图》和《归来图》，绘有骆驼等，周围有骑士和随从人员；《捧酒献食图》绘有摆着食物的方桌和两名黄袍葛巾，双手捧杯的虬髯壮汉，壁画线条流畅，颜色鲜艳，颇具北方民族生活特色。

再以辽宁的工业文化为例。辽宁作为传统工业大省，工业遗产资源丰富，工业文化优势却没有得到充分的发挥。虽然辽宁目前认定的各类工业遗产 161 处❶，但是待挖掘和已经消失的工业遗产仍不在少数。比如原沈阳冶炼厂、沈阳啤酒厂等一系列具有行业代表性的老厂区在城市改造中被全部拆除，拥有 200 多年养柞蚕历史、柞蚕产量曾位居全国第一的丹东市，目前却没有一处相关的工业文化遗存，丹东柞蚕业如今已走向衰落，很多年轻人都不知道家乡曾有过柞蚕业，相关工业文化传承更是无从谈起。此外，辽宁许多工业建筑及相关遗存虽然得到了政府立项式保护，但开发模式单一，大都以博物馆、展览馆和公园为主，许多项目重建设轻管理，没有采取现代营销措施和开发文创产品等，工业文化的衍生力与资源优势不匹配。

从“辽文化”“工业文化”两种文化遗产的传承状态及效果可以看出，“辽文化”依托丰厚的史料、遗迹和部分工艺资源，完好地将文化记忆的痕迹保留了下来，使得文化遗产得以传承，并得到域内群体的文化认同；而工业文化作为辽宁当下的优势资源，因为与城市改造等矛盾，引发了遗迹留存破坏严重、文化资源定位模糊等问题，进而导致社会参与度不高、文化创新能力弱、品牌溢价能力低。工业遗产作为储存媒介并未激发出“强烈的情感”，潜在的无形力量没有得以发挥，“没有成为集体共识获得一种文化认同，距离‘冷’社会还有一段时间。”❷ 工业文化记忆的传承之路还比较漫长。

（二）能动性：文化记忆的认同与重构

文化记忆理论认为存储媒介并不是简单的客观存在，“一千个读者心中有一千个哈姆雷特”，在与人、事、他物的互动实践，也就是功能记忆的实施过程中，又发挥着一定的能动性。具体而言，除了文本、图像、地点，“身体”

---

❶ 2017 年 12 月 20 日，工信部发布了我国《第一批国家工业遗产名单》，本批次 11 个项目中，辽宁鞍山钢铁厂、大连旅顺船坞、本溪湖煤铁厂 3 个项目入选。2018 年 11 月，第二批 42 项国家工业遗产名单发布，沈阳铸造厂、国营庆阳化工厂 2 个项目入选。

❷ 王焯．文化记忆视阈下工匠精神传承机制的比较研究——以辽宁和鲁尔为个案［J］．湖北民族学院学报：哲学社会科学版，2018（4）．

这一存储媒介也是文化记忆的主要载体，主要体现在技艺、仪式、心理等方面，这些互动方式是把“潜在”现实化的过程，即是一种确立、习得文化记忆的实践，是文化记忆的重要支撑，功能记忆又反之可以向存储记忆转换。

许多文化遗产，从其各有千秋的发展历程中可以看出，作为一种“社会认同”的文化记忆在复兴和构建过程中，个人或组织都发挥着至关重要的能动性。以老字号为例，它是地域性人群的集体记忆，通过长期、跨世代的营运，老字号成为特定地域人群共同的集体记忆，构成地方性知识象征体系的一部分。人们通过群体活动，在想象（回忆）中对过去反复进行重演。❶ 比如中华老字号“沟帮子尹家熏鸡”的尹氏家族，熏鸡工艺作为一项非物质文化遗产，“秘方”永远掌控在尹家人手中，尹家熏鸡包装上第三代传人尹亚茹的头像甚至成了正品熏鸡的标志，熏鸡也成为沟帮子的代名词，辽宁人提起沟帮子镇就会想到熏鸡。在尹家熏鸡公司的带动下，全镇的熏鸡产业也得以壮大发展，镇上60%的店铺都跟熏制食品有关。

“记忆的概念，如同意志和信仰，主要适用于个体人。”❷ “身体可以通过形成某种习惯使回忆变得稳固，并且通过强烈情感的力量使回忆得到加强。”❸ 文化遗产保护和传承的重心之一就是“人”，即文化遗产的传承者、管理者和区域内的民众，他们是文化遗产保护的身体实践者，通过不同方式的文化互动，不断将个体的记忆唤醒、构建、传播，进而个体文化衍生成了小众文化、组织文化，个体记忆放大成了群体记忆，甚至影响了文化遗产传承方式和发展方向。

（三）约束性：文化记忆的规范与引导

阿莱达·阿斯曼认为，文化记忆是建立群体身份的连接结构，但文化记

❶ 张继焦．企业人类学：从社会结构视角分析经济行为［M］．北京：中国社会科学出版社，2017：231.

❷ 阿维夏伊·玛格利特．记忆的伦理［M］．贺海仁，译．北京：清华大学出版社，2015：45.

❸ 阿莱达·阿斯曼．回忆空间：文化记忆的形式和变迁［M］．潘璐，译．北京：北京大学出版社，2016：360-361.

忆不会自我生成，而是要依赖政治，并在制度性层面上受着有目的的政策的控制。“在文物保护意识的历史中，评判是否有价值进行保护的标准也发生了多次变化。”❶ 关于历史与国家或民族的关系，“它们产生于对方，又制约、证实和定义对方。”❷ 相关机制和政策既是约束力也是驱动力。“控制一个社会的记忆，在很大程度上决定了权力的等级。”❸ “记忆并非固定不变或者不可改变，而是对现实的表达，经过主观构建以符合当前的情况。”❹

从文化遗产保护和利用的相关法则、政策的演变不难看出，自 1972 年《世界遗产公约》颁布以来，文化遗产保护问题才开始受到政府和公众的普遍关注。但当时“利用”被看作遗产“保护”的对立面。直到《雅典宪章》和《威尼斯宪章》的颁布，才肯定了文化遗产展示与利用的保护功能及其必要性，并提出其利用程度与范围的条件限制。❺ 2004—2006 年是中国非物质文化遗产保护的启蒙阶段，“其间最为显著的事件是 2004 年联合国教科文组织《保护非物质文化遗产公约》获得全国人大常委会通过，正是这一决议吹响了中国非遗保护的号角。”之后，中国政府公布了一系列非遗保护政策与方案，如公布了国家级非物质文化遗产名录❻，设立“中国文化遗产日”❼ 等。在一系列有效政策的规范、培育和引导下，我国已经是拥有世界级非物质文化遗产项目最多的国家。

近 20 年来，我国从中央到地方各级政府对文化遗产工作非常重视，建立了专门的管理机构和较为健全的体制机制，制定了许多国家和地方性政策，

---

❶ 阿莱达·阿斯曼［M］. 记忆中的历史：从个人经历到公共演示［M］. 袁斯乔，译. 南京：南京大学出版社，2017：79.

❷ 阿莱达·阿斯曼. 记忆中的历史：从个人经历到公共演示［M］. 袁斯乔，译. 南京：南京大学出版社，2017：156.

❸ 保罗·康纳顿. 社会如何记忆［M］. 纳日碧力戈，译. 上海：上海人民出版社，2000：1.

❹ 桥本明子. 漫长的战败：日本的文化创伤、记忆与认同［M］. 李鹏程，译. 上海：上海三联书店，2019：5.

❺ 张朝枝，郑艳芬. 文化遗产保护与利用关系的国际规则演变［J］. 旅游学刊，2011（1）.

❻ 国家级非物质文化遗产名录是经中华人民共和国国务院批准，由文化和旅游部确定并公布。截至 2022 年 8 月，已公布了 1557 项国家级非物质文化遗产代表性项目名录。

❼ 每年 6 月第二个星期六为我国“文化遗产日”。

投入了大量的人力物力财力。比如设立了历史文化名城、历史文化街区、历史文化名镇和历史文化名村、传统村落等一些保护体制机制，认定了从国家级、省级到市级等不同级别的非物质文化遗产、项目传承人和老字号等。[1] 辽宁地方政府对文化遗产的扶持和推动作用也非常明显。通过制定政策、表彰、评奖等方式积极为文化遗产的传承服务。如辽宁就文化遗产发展出台了《辽宁省人民政府关于进一步加强文物工作的实施意见》《推进文化创意和设计服务与相关产业融合发展行动计划》《辽宁省人民政府办公厅关于印发辽宁省文化领域供给侧结构性改革实施方案的通知》《辽宁省人民政府关于印发推进文化和设计服务与相关产业融合发展行动计划的通知》等，对文化遗产的保护与利用做出了相应规定和支持，覆盖广泛、规定明晰、支持到位，有力地推动了文化遗产的传承进程。辽宁省还积极利用文化遗产及遗存，建设博物馆、纪念馆、传习馆，如中国工业博物馆、辽宁省博物馆、沈阳老字号博物馆、“九·一八”历史博物馆，举办展览和主题活动，如纪念馆、“非遗公开课”等，使得文化遗产迅速扩大了社会影响，并带动了区域经济发展。如今，文化遗产已经成为辽宁的特色文化符号，是文旅融合的重点项目。辽宁省还开展了“文化遗产助力辽宁振兴”专项活动，将文化遗产与供给侧结构性改革、区域文化产业发展、东北老工业基地振兴等政府重点关注问题相结合，将文化遗产的保护与利用工作推上了一个新的台阶。

然而，“制度”有时候也是一把双刃剑。如辽宁抚顺新宾满族自治县，拥有世界文化遗产“清永陵”和全国重点文物保护单位“赫图阿拉城”。二者虽然都是珍贵的文化遗产，但是发展现状却参差不齐。“清永陵”由政府负责管理，保护和开发模式受限，处于静态保护和被动管理状态，年入园人次几十万。“赫图阿拉城”景区为民营，负责企业非常注重文旅融合，将皇太极出生地包装的体验性非常强，而且关于皇家美食、寻根问祖等民间故事也讲得饶有趣味，城内租赁经营的一家文创公司，在设计和生产新宾特产、贡品、

---

[1] 张继焦．文化遗产的“传统—现代”转型——从“二分法”到“四分法”[J]．西北民族大学学报：哲学社会科学版，2020（2）．

旗袍服饰等方面也是经营有道，年创收 300 多万元。再如，中国现存三大故宫为北京故宫博物院、沈阳故宫博物院和台北故宫博物院，三者馆藏文物各有千秋，弥足珍贵，但是十年前，台北故宫博物院曾经联系沈阳故宫开发文创，沈阳故宫博物院因为体制问题没有放开手脚，北京故宫博物院却突破了一类事业单位的束缚，给文创产业配置了加速器。众所周知，早在 2017 年，北京故宫博物院的文创收入即达 15 亿元，而同期沈阳故宫博物院的文创收入几乎为零。

此外，按照曾经的法律规定，只要不是属于国家保护的珍贵文物或者被确认为全国重点文物保护单位、省级文物保护单位的文物的古建筑，就没有达到故意损毁文物罪的立案标准，不必承担刑事责任，文物执法部门只能对拆除古建筑的开发商给予最高的 50 万元罚款，这种政策漏洞致使城市建设中很多处于黄金地段的老建筑被拆毁殆尽，许多曾经位于沈阳黄金地段的文保单位销声匿迹，带来了巨大的社会损失。

因此，政府在文化遗产保护与利用进程中，需要处理好社会与公众、计划与市场、传承与创新、长远与当下等关系，明确政府在文化遗产传承过程中的定位和工作目标，是发挥好文化遗产的保护与利用的约束功能而不是主导功能，通过思想、原则、行为等方面进行科学而系统的规范和引导，营造传承好文脉的文化氛围，建构起一方水土的文化形象，为保持文化多样性和可持续发展保驾护航。

从上述对文化遗产保护与利用的实践中，我们可以看出，文化遗产传承与构建的路径对应着文化记忆“过去—回忆—建构”的循环范式，具有成型性、能动性和约束性三个特性。期间有许多重要的“潜在”（无形）、“现实”（有形）影响因素，并发挥着相应的社会功能。文字、图片、建筑等物化媒介，体现了文化记忆的成型性特点，具有存储、唤醒、回忆的功能；技艺、仪式、组织文化等体现了文化记忆的能动性，具有沟通、重构、获取区域或族群认同的功能；政策、规划、政府主导的主题活动等体现了文化记忆的约束性，具有规范要求、引导方向的功能。这三个特性的存在使我们在老字号文化记忆传承的道路上必须关注物质载体、身体实践、政府引导三个维度。

其一，文化记忆的成型性主要体现在物化价值。文字、图像、建筑等物化遗产是文化遗产传承的资源之本，是文化记忆重要且必要的存储媒介，能够起到唤醒或重构文化记忆的重要功能。“没有源自回忆本身的物体化”，“回忆将会悄无声息地消失。”❶ 近年来，我国在文化遗产传承方面做出了许多积极探索，积极利用历史文化遗产本体或者相关遗存建设了一批展馆（博物馆、非遗传习所、文化馆等），这些展馆已经成为文化记忆的重要载体，也成为区域文化旅游的重要选择，但是还有很多“文物”处于沉睡之中，许多文化遗产因为被拆毁、动迁等丧失了物化痕迹，而导致相关文化无法接续甚至断裂。❷

文化遗产的“存在”状态对于从文化记忆角度研究老字号保护和传承，是一个发展中的典型案例，既有的经验或教训，能够比较客观地解析老字号保护利用的依据、路径与效果。事实证明，世界上任何一种城市或城市模型，都重视文化遗产的存留，保留着地方性、族群性和宗教性。❸ 我们要固本强基，把握好“让文物活起来”的根本，传承好城市的文化记忆载体，展现好城市的特色风貌。❹ 让渗透在城市角落的文化记忆，和“那些写满故事的文化建筑”，成为推动城市复兴的新力量。❺ 保护好相关“存在”是作为一种文化遗产的老字号延续的基础路径，否则文化记忆无从激发、无处安放，文化传承就是空穴来风、无本之木。

其二，文化记忆能动性的主要体现为结构性遗产价值。文化记忆一旦形

---

❶ 阿莱达·阿斯曼. 记忆中的历史：从个人经历到公共演示［M］. 袁斯乔，译. 南京：南京大学出版社，2017：132.

❷ 以老字号为例，老字号大多曾位居城市中心商业旺铺和黄金地段，但在城市改造过程中受拆迁、动迁等客观原因影响，越来越多的老字号不得不根据城市综合改革和规划需要离开原有的标志性位置。老字号顾客群相对固定，搬迁便意味着会流失一部分老主顾。而且建筑和装修风格、标识系统等的改变对老字号文化来说也意味着一定程度的冲击。许多老字号在现代城市规划的浪潮中历经考验，甚至因为拆迁、动迁而举步维艰，甚至走向破产。比如沈阳知名鞋业老字号内金生因动迁而关门；中华老字号中和福茶庄因为动迁而官司缠身，等等。

❸ 彭兆荣. 我国的城镇化建设与文化遗产保护的关系［J］. 西北民族研究，2014（4）.

❹ 刘玉珠. 让文物活起来大有可为［N］. 人民日报，2019-12-28.

❺ 张继焦. 中国城市复兴与文化遗产关系研究现状及展望［J］. 北方民族大学学报，2020（1）.

成，就具有一定的结构性，会成为“结构遗产”，不仅会促进自身形成新的自生结构或自扩结构，也会在资源配置、城市复兴过程中发挥着不容忽视的重要作用。[1] 其中制度性遗产主要包括大型的地方节庆活动、祭祀活动，偏重于组织文化记忆。习俗性遗产主要跟人们日常的生产和生活息息相关，包括传统制作技艺、美术、音乐、舞蹈、戏剧、曲艺等，偏重于个体或小群体的自生文化记忆。非物质文化的评定便对个体和组织文化进行了区分，既有项目名录也有传承人名录，一个项目有一个或者几个传承人，而且每个项目都有保护单位，一般多为地方文化部门、市区级文化馆、文化站等。这些传承人和传承单位对文化遗产建构的能动性可想而知，甚至他们在一定程度上具有了对该遗产项目进行定性的话语权，“人亡艺绝”的危机一直存在。

“每个集体记忆都有一个时间上和空间上受到限定的团体作为载体”，[2] 在庆典、仪式、技艺操作、心理活动、日常习俗等身体实践过程中，个体与组织文化互动的方法、方向、程度的不同，会直接影响到文化遗产保护与利用的成果，影响到文化遗产的认同度和重构效果。这使得我们在老字号工匠精神传承进程中要特别重视传承主体，不仅要做好匠人的保护工作，而且要做好梯队建设，注入工匠精神文化基因，通过影像记录、研培、集训等方式，调动传承群体的积极性，持续增强其获得感和社会认同感。

其三，文化记忆的约束性体现政府“这只手”的制度价值。从“文物活起来”[3] 到“文旅融合”[4]，充分体现了习近平新时代中国特色社会主义思想的优越性，文化遗产得以在更广阔的平台上走进更广泛的视野，取得了较好

---

[1] 张继焦．换一个角度看文化遗产的“传统—现代”转型：新古典“结构—功能论”［J］．西北民族研究，2020（3）．

[2] 阿莱达·阿斯曼．回忆空间：文化记忆的形式和变迁［M］．潘璐，译．北京：北京大学出版社，2016：144．

[3] 2013年12月30日，习近平总书记在主持第十八届中共中央政治局第十二次集体学习时提出，“要系统梳理传统文化资源，让收藏在禁宫里的文物、陈列在广阔大地上的遗产、书写在古籍里的文字都活起来”。“让文物活起来”如今已经成为一种时代诉求，也是文化遗产发展的必然趋势。

[4] 2009年8月31日，文化部与国家旅游局联合发布了《文化部国家旅游局关于促进文化与旅游结合发展的指导意见》，指出“文化是旅游的灵魂，旅游是文化的重要载体。”2018年3月13日国务院机构改革方案提出组建文化和旅游部。统筹文化事业、文化产业和旅游开发与利用。

的传承效果。我国目前拥有56项世界遗产，数量位居世界第一；依托文物遗存衍生出的文化产品、文化空间（特色小镇、特色街区、文化产业园、传统村落）等创造了巨大的社会和经济价值。国内外对中国非物质文化遗产和文物的认知度和认可度越来越高，政府和社会资源配置得以不断优化，相较于英国等文化资源强国，中国政府在文化遗产传承进程中的能动性更加凸显。[1]

但是，目前我国大部分文化遗产的传承还处于依赖政府主导阶段，传承主体能动性不强，社会和民间组织参与文化遗产保护的积极性不足，政府在发挥文化承载者、宣传者、驱动者的功能方面还有很多局限，造成了文化遗产保护和利用方面仍存在着许多不平衡不充分的矛盾，文化资源转化的水平也相应受限，老字号亦然。有些地方政府保护文化遗产的目的竟然是希望将"文化记忆"变为吸引"参观者"的一桩生意。[2] 还有部分群体坚守"红线"，认为文物不能开发，非物质文化遗产不能商业化，否则就失去原味，这种意识形态的博弈也是当下文化遗产传承所面临的突出问题。

如今，作为一种文化遗产的老字号正经历着由静态保护到"活起来"的发展历程，实现了弱价值、高价值到高附加值的转变，其传承效果与城市空间、传承单位或个人、政府、社会等因素密不可分，这些要素在对立、同化、并存、联结等多重关系之间，发挥出了"新功能"。"一切文化要素，若是我们的看法是对的，一定都是在活动着，发生作用，而且是有效的。"[3] 我们要不断优化这些文化要素的配置，遵循其发展规律，关注其成长特性，实现老字号这一历史给予我们的珍贵文化记忆的良性传承与重构。

---

❶ 张继焦，党垒．文化遗产的保护和发展：基于中国与英国的经验启示［J］．贵州社会科学，2019（9）．

❷ 毛巧晖．非物质文化遗产：文化记忆的展示、保护与实践［J］．西北民族大学学报：哲学社会科学版，2016（4）．

❸ 马凌诺斯基．文化论［M］．费孝通，译．北京：华夏出版社，2002：15．

第四章　老字号工匠精神传承的动力机制

——基于文化记忆的类型说

“工匠精神”这个名词先后在《2016年国务院政府工作报告》和国务院会议中被明确提出，如今已经成为一种“中国制造”质量、品牌与创新精神的时代追求，社会各界都在热烈讨论并积极践行。某种程度上，工匠精神已然成为一种文化记忆，在社会经济结构转型进程中发挥着较强的社会功能。基于文化记忆中的两种记忆类型理论，老字号工匠精神的传承，需要把握三种动力机制，即植根于历史与现代制造价值观的文化原动力、作为功能主体的政府推动力和主要储存渠道“地点”的媒介驱动力。工匠精神是制造业精神的核心价值所在，是制造者群体意识和身份认同的重要来源。

一、“冷热理论”与文化记忆

（一）“二元结构论”

这是结构功能主义解析社会文化的重要方法，代表人物列维·斯特劳斯认为，“任何问题，不论多么微不足道或严肃重大，都可以用同样的一种方法解决。这种方法就是把对那个问题的两种传统看法对立起来。”[1] 他提出了社会结构或社会机制的“冷热理论”。“冷”社会追求的是“可以借助于自身的社会结构，用一种近乎自动的方式，将历史因素对社会平稳和连续性可能产生的影响消解掉”，“每种试图通过进入历史来获取些什么，并以此改

[1] 列维·斯特劳斯．忧郁的热带［M］．北京：生活·读书·新知三联书店，2000：49-50.

变社会结构的尝试，都会遭到令人绝望的抵抗”。“热”社会的特点“永不知足地追求改变”，“果断地将自己的历史变迁内化，使其成为自身发展的动力”，它们形成了一种关于自身变化的意识，并能够将这种意识与自我认识相融合。

（二）文化记忆的两种类型——“冷”回忆和“热”回忆

哈布瓦赫在20世纪20年代提出了“集体记忆”理论，认为记忆深受社会因素制约，“生活在社会中的人利用参照框架来记录和寻回回忆，记忆不可能存在于这个框架之外。”集体记忆的形式呈现于具体的人、事和地点的时空关联。记忆不断进行着重构，“过去在记忆中不能保留其本来面目，持续向前的当下生产出不断变化的参照框架，过去在此框架中被不断重新组织。即使是新的东西，也只能以被重构的过去的形式出现，传统只能被传统、过去只能被过去替换。”❶ 这种集体在复现过去时对历史的重构与列维的“冷”社会思想非常类似。

不同的群体有其稳固的记忆与参照框架。扬·阿斯曼认为哈布瓦赫没有超越群体层面，而且掩盖了“过去在人类文化与交往中存在的特殊方式”，即历史的功能。为此，他开创了文化记忆理论，将集体记忆的形式分为交往记忆和文化记忆，如同液体与固体、日常与节日、易逝与稳固、个别与普遍，这是两种本质不同的参照框架。交往记忆单纯依靠个体保障和交往体验，文化记忆关注的是过去中的某些焦点，过去并非自然生成，而由文化创造。相较于哈布瓦赫集体记忆的“冷”，阿斯曼的文化记忆多了些暖意，意识到了历史、组织与个体的能动性，将记忆理论扩展到了文化进化（尤其是书写文化）的视角。他借用列维的“冷热理论”，认为文化记忆的类型恰恰可以用“冷”和“热”来区分，将二者作为文化层面上的不同类型或者记忆政治中的不同策略加以考察，而且社会或者文化不一定完全是“冷的”或者“热

❶ 扬·阿斯曼．文化记忆：早期高级文化中的文字、回忆和政治身份［M］．金寿福，黄晓晨，译．北京：北京大学出版社，2015：42.

的”，我们既可以在其中区分“冷”和“热”的因素，也可以借鉴埃德海姆的“冷却系统”和“加热系统”概念。

二、老字号工匠传承动力机制——基于辽宁和鲁尔的比较研究

对于工匠精神传承机制的研究从宏观层面把握更容易得到普适性结果。比如，同样作为老工业基地的德国鲁尔和中国辽宁，从二者的比较研究中既能看出制造业文化中工匠精神传承的动力机制都体现在哪几方面，也可以作为制造业文化的微观群体——老字号文化传承机制的研究基础，进行验证和分析。

文化是同一环境中生活的人的共同心理程序，有着自身的特性和运行规律。[1] 工匠精神属于制造业文化范畴，包括传统手工艺与现代工业两个领域。在工匠精神文化演进进程中，不同地域、不同种族、不同时代由于其价值观、审美情趣和制造习惯等不尽相同，形成了相应的价值取向、行为与追求，工匠精神也因此具有了地域性、历史性、民族性和行业性。在工匠精神及其文化唤醒和重构的进程中，冷热因子交错其中，此消彼长，使得历史与现代、个人与组织、认同与重构在时空对接中碰撞出了无数火光，文化记忆得以有效构建并且世代承袭。

作为德国最知名的传统工业区，曾经面临严重危机，如今却成为制造业转型升级的标杆典范。辽宁省是东北老工业基地的核心区域，有“东方鲁尔”之称，作为“共和国长子”荣耀与骄傲了半个世纪，如今却面临转型的种种危机。通过二者的比较研究，可以深入审视制造业文化演进过程中的现象与问题，为深入探究工匠精神这一文化记忆的传承轨迹与规律提供重要的现实依据。

辽宁省是东北地区通往内陆的交通要道和连接欧亚大陆桥的重要门户，面积 14.8 万平方千米，人口 4197 万人（2022 年）。辽宁工业门类齐全，其中

[1] 田广，周大鸣. 工商人类学［M］. 银川：宁夏人民出版社，2012：13.

装备制造业和原材料工业比较发达。从“一五”时期开始，辽宁的制造业便位居全国各地之首，成为我国重要的冶金、石油、化学、机械、建材工业基地，在新中国成立至20世纪80年代一直肩负着国内制造业重担。

辽宁的制造业精神及其文化具有鲜明的历史性、时代性与地域性。有红山文化时期的玉猪龙，有民国四大银楼之一萃华金店的国家级非物质文化遗产“花丝工艺”，有明清时期就已经开埠国外的中华老字号“老边饺子制作技艺”。沈阳鼓风机厂是全国第一个风机专业制造厂，沈阳飞机厂曾把第一架喷气式歼击机歼5送上了蓝天，“辽宁舰”是我国第一艘航空母舰，等等。从传统手工艺到现代工业制造，辽宁的工匠文化及其基因一直源远流长，辽宁制造的工匠精神深深影响了一代又一代制造人。

然而，如今辽宁却随着经济结构转型和社会运转大环境的变化而变化，钢铁卖出“白菜价”，带来了一种需求危机与转型恐慌；5A旅游景区被摘牌，凸显了“辽宁制造”服务的问题重重；假疫苗事件，辽宁榜上有名，牵扯着无数年轻父母的神经，这些事件不仅影响了辽宁的经济和文化整体形象，而且产生了严重的“辽宁制造”信任危机。

鲁尔工业区位于德国中西部，地处欧洲十字路口，面积4593平方公里，区内人口570万。鲁尔区形成于19世纪中叶，曾经生产联邦德国全国90%的焦炭、30%的化工产品和80%的钢铁，是典型的传统工业区域，被称为“德国工业的心脏”，在德国经济恢复和起飞中发挥过重大作用。

20世纪50年代，鲁尔的煤炭、钢铁等传统工业开始衰退，企业倒闭、资金外流、环境污染和失业问题等使其面临着严重的经济和社会危机。20世纪60年代开始，鲁尔区开始全面的区域整治工作，在产业转型、环境治理、科技创新等方面都进行了整体更新和提升。

如今，鲁尔区三大产业比重调整成效显著。据统计，2001年，从业人员中只有30%工作在第一、二产业，70%工作在第三产业。据德国《世界日报》报道，德国500个大型企业中，有48个在鲁尔区，其中工业企业有28个，贸易和服务业企业有20个。“鲁尔区未来在欧洲仍具有较强的竞争力，该地区的生活条件和水平在世界100个最大的工业区中名列第二位，在欧洲名列第

一位。”❶

值得一提的是，鲁尔区的工业旅游和高新科技体现了德国工业遗产与时代的完美结合，“德国工艺”在新兴产业中得以延续和发展。比如，发源于鲁尔区艾森市的红点大奖，如今已经成为产品设计领域的重量级奖项，红点设计博物馆由工业厂房改造而来，现已成为德国现代工业设计和工业旅游的代表。

（一）文化原动力：工匠精神传承的价值根源

扬·阿斯曼认为，新的开始、复兴、复辟总是以对过去进行回溯的形式出现的，它们意欲如何开辟将来，就会如何制造、重构和发现过去。爱德华·希尔斯指出：“人的每个行为和信念中都有一种来龙去脉，这种行为和信念乃是一连串的传承、修改和对当今情况的适应的瞬间终极状态。尽管每个人都在自己的行为和信念中夹带着大量的过去的作为，却有许多人看不到这个事实。”❷ 这就提出了文化记忆的本源问题，即文化的历史事实与根源。工商人类学认为：“必须关注符号、语言、信仰、理想、意识形态和神话所产生的持续的组织维持能力，以便了解个人和团体的行动和承诺。”❸ 因此，在对文化原动力的回溯过程中，我们不难发现，辽宁与鲁尔工匠精神传承的冷热胶着。

1. “冷”与“冷”——传统制造价值观的各有特点

中国文化视域下的工匠精神，其核心内涵体现在“求精”“尚巧”和“道技合一”。❹《周礼·考工记》曰：“天有时，材有美，工有巧，合此四者，然后可以为良。”“能工巧匠”不只拥有熟练的技艺，还具有创造性的品质，如《诗经·卫风·淇奥》中提到的“如切如磋，如琢如磨”，描述了工匠在切割、打磨、雕刻时仔细认真、反复琢磨的工作态度。朱熹进一步提炼出工

---

❶ 白福臣．德国鲁尔区经济持续发展及老工业基地改造的经验［J］．经济师，2006（8）．

❷ EDWARD A. SHILS. Tradition［M］．Chicago，1981：43.

❸ 田广．工商人类学与文化差异管理［J］．青海民族研究，2013（7）．

❹ 肖群忠，刘永春．工匠精神及其当代价值［J］．湖南社会科学，2015（6）．

匠精神的核心特质："言治骨角者，既切之而复磋之；治玉石者，既琢之而复磨之，治之已精，而益求其精也。"

德国传统制造价值观与西方制造价值观一脉相承。传统西方文化视域中，工匠精神集中体现为追求完美与极致的理念，较早的研究主要集中于价值理论角度。比如，柏拉图在《理想国》中提出，工匠制作产品的目的不是为了获得某种物质性报酬，而是为了追求作品的完美，"我们不让鞋匠去当农夫，或织工，或瓦工"，"按其天赋安排职业，弃其所短，用其所长，让他们集中毕生精力专搞一门，精益求精，不失时机。"❶ 这样才可能制造更好的作品。亚里士多德在《尼各马可伦理学》中指出，"对制作活动而言，目的（产品）比活动过程更为重要"，因为"无论谁要制作某物，总是预先有某种目的。制作活动本身不是目的"。这些传统价值理念和追求对西方"匠人""匠心""匠品"都有着深远的影响。

中西在制造业方面的价值观虽然不同，但都有着稳固的记忆与参照框架，形成了现代制造在审美情趣、制造习惯等方面相对固定的传承模式，作为一种"集体共识"获得了深入骨髓的"身份认同"，属于文化传承中的冷因素。

2. "冷"与"热"：现代制造价值观的差距

辽宁和鲁尔工业区成立之初都为了满足某种工业生产需求，鲁尔为二战时期的德国供应了大部分资源设备，辽宁在计划经济时代是共和国装备制造的摇篮，二者都是国家需要什么便生产什么。

工业转型时期，鲁尔区迅速调整结构，坚持创新、品质和时代对接，在工业旅游、区域规划和企业结构调整方面反应迅速，充分体现了德国制造的"精、准、实用"的现代制造价值观。"所有德国人农场生产出来的鸡蛋都有'身份证'，一串长长的号码告诉消费者它的产地、蛋鸡是圈养还是放养、鸡场及鸡圈的位置，以及鸡产下这枚蛋的日期。"❷ 在德国人眼中技术、工作的意义高于经济利益，能被称为一名"工匠"是一种荣耀。近两百年来的德国

---

❶ 柏拉图. 理想国［M］. 北京：商务印书馆，2015：66.

❷ 汪中求. 中国需要工业精神［M］. 北京：机械工业出版社，2012：213-214.

现代化道路，从外部看，是一条技术兴国、制造强国的道路；从内部看，支撑这一道路的是工匠精神——对技术工艺宗教般的狂热追求远远超越了对利润的角逐。[1] 这种从个体到集体的文化记忆成为一种“加热系统”，在特殊历史时期，对文化的传承起到了非常积极的作用。

辽宁制造却反应较慢，辽宁人的懒散与保守使得曾经的敬业变成了蛮干，为之骄傲的“工艺技术”变成了保守的资本与负累。辽宁人长期以来在从事官办国有经济的过程中，彻底形成了“官本位”价值取向，习惯了行政化计划经济，使辽宁人总体上创业意识不强。这种现代制造业价值观成为一种记忆的枷锁，严重影响了辽宁制造的创新发展，属于文化传承的“冷却系统”。

在漫长的历史进程中，制造业价值观终究会历练出一套完整而平衡的文化系统，传统制造价值观与现代制造价值观是一种适应和回归的过程。某一空间或时间段的小文化记忆总会汇入大时空的文化记忆之河，经历“冷—热—冷”的螺旋式上升，形成相对固定的文化传承的“冷”模式，内化为社会的自动行为推动文化发展。

（二）政府推动力：工匠精神传承的关键要素

扬·阿斯曼认为文化记忆有两种模式：功能记忆与存储记忆。两种模式都需要相关机构的支持才能产生，这些机构的任务是保存、储藏、开发、循环文化知识。具体包括档案馆、博物馆、图书馆、纪念馆、研究所和大学等等。文化记忆与交往记忆不同，始终拥有专职的承载者，包括萨满、诗人、祭司、教师、艺术家、学者和官员等。这些机构和相关人员构成了推动文化记忆传承必不可少的功能主体。哈布瓦赫甚至认为，一个政治或组织框架的变换会导致回忆的消除。可见，社会学意义上的“记忆”是带有“帮派”视角的载体，属于一种共同的记忆。这个“帮派”就是组织、机构和特定的承载群体或个人。这些组织对文化记忆的推动作用不容小觑，甚至在特定历史时期决定记忆的传承内容与方向。可见，政府作为一种强有力的组织形式在

---

[1] 李工真．德意志道路：现代化进程研究［M］．武汉：武汉大学出版社，2005：18.

文化记忆的传承进程中发挥相当重要的功能。无论是鲁尔还是辽宁，政府这一机构的能动性在工业转型期间的作用最为突出，甚至决定了结构转型的成败与快慢。

1. 鲁尔的“冷热平衡”

德国政府在鲁尔区改造的三个时期中都发挥了重要的控制和引导作用。有学者认为，“从20世纪五六十年代的煤钢为主的传统产业结构调整到70年代的着重发展新兴产业，再到八九十年代侧重于针对不同地区的区域优势来发展优势产业，实现产业结构的多样化。德国政府从组织安排、基础设施、法律和财政支持等方面给予其保证。”❶

1920年，德国政府成立鲁尔煤管区开发协会（KVR），作为鲁尔区最高规划机构具有广泛的代表性，协会由88个成员组成，成员中60%是市县政府代表，40%是企业代表。20世纪60年代末，该协会在鲁尔区转型的关键时期制定了区域经济发展规划，提出了以煤钢为基础，发展新兴工业，改善经济结构，拓展交通运输，消除环境污染等思路与方法。随后，德国政府先后制定了联邦区域整治法、煤矿改造法、投资补贴法、环保基本法等，保障了各项发展政策的实施。1969年，面对低价石油的强烈冲击，德国政府成立鲁尔煤业公司，该公司产煤量占全国75%，作为西德最大的煤业公司，实现了对鲁尔区采煤活动的统筹管理，全盘实现采煤机械化、效率化。❷ 20世纪70年代新兴产业发展时期，联邦政府、各级地方政府及工业协会、工会等联合制订了鲁尔行动计划，通过提供经济和技术方面的资助，掌握结构调整和新兴产业发展的主导权。各级政府也积极制订了区域发展规划，如北威州成立了由政府、群众团体、工业协会的代表和当地居民代表组成的专门机构，负责制定经济结构转型计划，具体实施则由各方面专家组成的执行机构负责，管理运作有条不紊、卓有成效。1979年，北威州又发布了“鲁尔行动计划

❶ 黄丽华，张丽冰．德国鲁尔区老工业基地改造过程中政府作用分析［J］．哈尔滨工业大学学报：社会科学版，2005（6）．

❷ 陈德兴．德国鲁尔老工业区是如何重新振兴的［J］．当代世界，2003（11）．

（1980—1984 年）”，重点促进节能、环保与远程供热技术等有优势的新兴产业创新。[1]

经济结构调整需要巨额投资，政府在财政支持方面也制定和实施了系列行之有效的规划与政策。比如，鲁尔区内凡得到批准的一般性项目可获得28%投资额的资金，促进当地基础设施建设的环保和废厂房利用等项目可获得80%投资额资金。北威州规定“凡是信息技术等新兴产业的企业在当地落户，将给予大型企业投资者28%、小型企业投资者18%的经济补贴。”[2] 优惠的产业政策和有力的扶持措施对北威区新兴产业发展的促动作用效果明显。此外，政府还采取“地产基金”模式，如在埃姆斯工业园区，由政府买下已被废弃的厂房、矿山和污染地，翻新改造后租售给私人公司，建立科技创新中心或发展商贸服务等第三产业，或建立科研中心，所得收入再投入新的项目中去。[3] 这些资金扶持和运作模式，既可以获得基础资金，又能够鼓励和增加环保、科技和新兴产业的发展。

可见，联邦政府、鲁尔区煤管区开发协会和各级政府等组织机构在鲁尔区制造业形成、发展、转型进程中发挥着重要的引导和调控作用，使得其工匠精神文化的传承持续守护住了优势。这种由组织承载起来的文化记忆更倾向于一种“发热系统”，与原生、传统等问题协调得好就能达到一种冷热平衡，积极推进社会发展的速度与进程。

2. 辽宁的“冷热不均”

辽宁省政府对制造业文化的扶持和推动作用非常明显。新中国成立以来直至20世纪末，爱国、奉献、奋斗、坚韧等精神在政府的引导和推动下一度成为辽宁制造的主流文化，影响深远。比如，1999年，辽宁省政府表彰了一批省劳动模范和先进集体，包括沈阳鼓风机厂工人杨建华、抚顺特钢炉长祝振德、鞍山钢铁公司烧结总厂工人王二江等，指出应该学习他们艰苦奋斗、

[1] 胡琨. 德国鲁尔区结构转型及启示［J］. 国际展望，2014（5）.

[2] 朱佳佳. 从德国鲁尔区的复苏看我国东北老工业基地的振兴［J］. 经济前沿，2003（11）.

[3] 吴兴唐. 德国鲁尔地区“经济转型”的启示［J］. 当代世界，2015（6）.

廉洁奉公、坚韧不拔、团结协作等精神。这种表彰年年有，但随着经济形势和社会发展大背景的变更，“模范”的精神也发生着微妙的变化，体现着不同的时代诉求。比如2006年，辽宁省政府表彰劳动模范和先进集体时，指出应该以邓小平理论和“三个代表”重要思想为指导，深入贯彻科学发展观，积极应对金融危机等。

类似政府颁发的奖项类型和数量众多。比如2003年度“辽宁省科学技术奖”号召全省科学技术工作者要发扬“特别能吃苦、特别能战斗、特别能攻关、特别能奉献”的精神；2008年的“辽宁省质量管理奖”，鼓励广大企业创新发展理念，转变发展方式，积极参与国际竞争，不断提高自主创新能力和产品质量水平；2013年的“辽宁省企业创新奖”，希望各类企业学习先进的管理理念和强烈的创新意识，引导企业走“创新驱动、内生增长”的发展之路。

在国家层面上，十六大以来东北老工业基地振兴便被提上日程，国家出台了一系列政策，包括《关于实施东北地区等老工业基地振兴战略的若干意见》(2003)、《东北地区振兴规划》(2007)、《国务院关于进一步实施东北地区等老工业基地振兴战略的若干意见》(2009)、《中共中央国务院关于全面振兴东北地区等老工业基地的若干意见》(2016)等。其中对辽宁制造结构转型、产业升级、企业改革等都提出了指导性要求和具体意见。如2007年国家制定了《东北地区振兴规划》，其中对装备制造业的技术提高和创新提出了“信息化、智能化、集成化”的要求，同时还提出了开发工业旅游、大力支持发展文化创意产业等意见。

地方政府层面也紧随其后，积极响应国家号召，制定了系列发展规划与政策。如《辽宁省政府关于扶持国有大企业改革与发展有关问题的通知》(1998)提出“对企业技术中心的科技设施建设、开发性试验和中间试验项目的设施建设，投资方向调节税实行零税率”，“对加入企业集团的科研院所，5年内继续享受原有关政策；科研院所与企业联合组建股份制开发机构，其资产和知识产权可折价入股。”《辽宁省人民政府关于推进工业供给侧结构性改革的实施意见》(2016)提出要调整优化原材料工业，立足“专、精、特、新”。《中国制造2025辽宁行动纲要》（2016）提出“加快推进新一代信息技术与制造业深度融合”，培育和发展新兴产业，提升原材料产业精深加工水平等。

可见，无论是国家还是地方层面，政府通过制定政策、表彰、评奖等方式积极为“辽宁制造”文化精神的传承发挥着强烈的引导功能，但与鲁尔区相比也存在着许多显而易见的问题，比如政府行为以政府为主导，社会组织参与性不高，致使文化传承成为一种政绩表现并仅限于政绩，当“奉献”“埋头苦干”“艰苦奋斗”等政府对制造业价值的提炼与个人价值发生矛盾时，这种传承便很难维系，而且政府对制造业文化精神的提炼并不是一贯而终，总是会随着经济形势和社会发展的变革而满足不同的时代诉求，这种“记忆”的断裂是文化传承的硬伤。可见，政府在发挥文化记忆承载者的能动性方面必须处理好个人与集体、政府与社会、传承与创新三组关系。

（三）媒介驱动力：工匠精神传承的主要渠道

俄国文化符号学家尤利·洛特曼和鲍里斯·安德烈耶维奇·乌斯宾斯基认为，文化是“集体不可遗传的记忆”，因此文化记忆对媒介具有强烈的依赖性。德国文化记忆理论的奠基人之一阿莱达·阿斯曼认为，文字、图像、地点是记忆的主要媒介。这些媒介的记忆功能在不同的文化和时期里会得到不同的批判。地点属于外化的记忆媒介。J. G. 赫尔德说：“如果人们沉默，石头就会叫喊。”这是关于地点记忆的形象表达。阿莱达·阿斯曼认为：“虽然地点之中并不拥有内在的记忆，但是它们对于文化回忆空间的建构却具有重要的意义。不仅因为它们能够通过把回忆固定在某一地点的土地之上，使其得到固定和证实，它们还体现了一种持久的延续，这种持久性比起个人的和甚至以人造物为具体形态的时代的文化的短暂回忆来说都更加长久。”[1] 历史在废墟和残留物中获得了它的物质形式，使得过去的精神遗产获得了一种可触

---

[1] 阿莱达·阿斯曼. 回忆空间：文化记忆的形式和变迁［M］. 潘璐，译. 北京：北京大学出版社，2016：344.

可感的复苏或重生。废墟、圣地、纪念地、文物等都属于储存文化回忆的地点范畴。对于鲁尔和辽宁的制造文化来说，“地点”这一储存器的功能性较为突出，是工匠精神传承进程中的主要媒介渠道。

1. 热-冷：鲁尔工业遗产保护的成功模式

鲁尔区结构转型的重要举措之一就是发展以创意文化和旅游为主要内容的新产业。如 1989 年开始实施的埃姆歇公园国际建筑展（IBA）项目，“通过城市规划、社会、文化和生态环境领域的各类项目来推动区域经济的转型与发展，如工业废弃地的绿化、流域水系的治理和工业建筑与用地的再利用等。”❶ 该项目还将所有景观（工业遗产、博物馆、公共休憩场所等）串联起来打造出了鲁尔区最为著名的“工业文化之路”。IBA 是继 1957 年、1978 年柏林国际建筑展之后德国最重要的区域改造工程，历时十年，3000 多座历史建筑得以修整。刻意保留的工业遗产成为新的文化地标和鲁尔区的文化象征。

鲁尔区工业遗产的保护还有许多成功案例，比如亨利钢铁厂和措伦采煤厂被改造成博物馆，梅德里希钢铁厂被改建成北杜伊斯堡景观公园等。工商人类学认为：“修建创造利润的生成性建筑，是一种解决组织文化变迁问题的可行性干预方案。”❷ 鲁尔区在工业遗产保护和开发进程中，既注重保护，又注重创意；既重视经济效益，更重视社会效益。这种成功的保护模式已经成为鲁尔区储存德国制造文化的范式，为德国工匠精神的延续提供了行之有效的固定渠道，由创新变革的“热”发展成为一种自动和固有规律的“冷”，成为一种集体共识。

2. 热-热：辽宁工业遗产保护的“在发展”

辽宁作为传统工业大省，工业遗产资源十分丰富，目前已经认定的各类工业遗产共 161 处，但是待挖掘和已经消失的工业遗产仍不在少数。比如，原沈阳冶炼厂、沈阳啤酒厂等一系列具有行业代表性的老厂区在城市改造中

---

❶ 田广，江一帆．组织文化变迁与干预策略的工商人类学思考［J］．管理学报，2014（4）．

❷ 何军．辽宁沿海经济带工业遗产保护与旅游利用模式［J］．城市发展研究，2011（3）．

被全部拆除。大连市的企业搬迁工作从1995年至2009年历时14个年头，有259户企业在搬迁改造进程中，许多工业建筑及相关遗存没有得到应有的保护。保护模式也比较单一，大都以博物馆、展览馆和公园为主，而且许多项目重建设轻管理，没有配套的营销和宣传措施等。此外，工业遗产保护意识也比较薄弱，据悉，丹东市有200多年的养柞蚕历史，柞蚕产量曾居全国首位，但目前却没有一处相关的工业文化遗存。可见，辽宁的工业遗产存在资源整合程度低、意识薄弱、模式单调、缺乏创新等问题。这与城市定位不明确、治理成本大、社会参与度低等原因密不可分。可见，工业遗产这一储存媒介的能动性对于辽宁来说，还处于持续加热的发展阶段，没有成为集体共识并进而获得一种文化认同，距离“冷”社会还有一段时间。

（四）老字号工匠精神传承的动力机制

作为制造业文化的一种，老字号工匠精神的传承动力机制也可归作文化原动力、政府推动力和媒介驱动力三种。老字号工匠精神作为一种文化记忆在“过去—回忆—建构”的循环过程中，也经历了或“冷”或“热”或“冷热夹杂”三种发展类型。在这个循环进程中不容忽视历史、承载者和媒介三个文化价值链要素，这三个要素发挥着不同的社会功能，形成了工匠精神这一文化记忆的传承机制，即传统与现代制造业价值观作为工匠精神的价值本源是传承进程中不可或缺的原动力，政府作为工匠精神的主要承载者对传承具有强烈的推动力，但是需要注重个人与集体、政府和社会、传承与创新的平衡；“地点”（不可移动文物、老店铺等）在工匠精神传承进程中是重要的储存媒介，其保护的优劣直接或间接影响了文化记忆的形象表达，甚至决定记忆的持久性与延续性。三种动力机制推动和影响着工匠精神这一文化记忆逐步成长为一种“文化认同”，固化为一种集体制造文化的价值取向、行为与追求，在社会结构转型中成为“另一只看不见的手”。

在文化原动力方面，从内联升的服务文化可一窥端倪。创建于清朝咸丰三年（1853）的制鞋名号“内联升”，创始人是天津武清县人赵廷。他早年在京城一家制鞋作坊学做鞋，由于悟性高，很快便学得一身好手艺。慧眼独具的赵廷分析了当时京城制鞋业的状况，决定专做朝靴。在积累了丰富的客户人脉和一定的管理经验后，他决定自立门户。他自己出资两千两白银，京城一位人称“丁大将军”的贵人出资八千两白银，开办起了一家鞋店。[1] 鞋店起名“内联升”，“内”指大内宫廷，“联升”寓意穿上此店制作的朝靴，可以在宫廷官运亨通、连升三级。“内联升”将来店做鞋的文武官员的身份、籍贯、官职、靴鞋尺寸、式样和特殊需要（如脚疾或畸形）等都逐一登记在册，形成了一本名噪一时的《履中备载》。谁若再次买鞋，只要派人告知，便可根据资料按要求迅速做好送去。这不仅为顾客提供了方便，也为想逢迎达官显贵的人士提供了便利。因此，赵廷借由良好的官府关系和细致周到的服务，生意分外兴隆。当时一双朝靴价值可达白银数十两。《履中备载》也成为中国最早的“客户关系管理档案”，被编入北大光华管理学院 MBA 课程案例库。现在的内联升也继续传承着量身定做、服务周到的经营理念，既有高端定制，也有跨界合作，保持着传统鞋业的旺盛生命力。

再如知名的服饰业老字号，京城“八大祥”[2] 之首“瑞蚨祥”。“瑞蚨祥”创办于清光绪十九年（1893），创始人为山东省章丘县人氏孟洛川。孟家数代人一直在山东周村老家经营布料生意，孟洛川见北京商贸发达，便投资 8 万两白银，委派已在北京前门外布巷子经营山东寨子布多年的侄子孟觐侯，在大栅栏开了瑞蚨祥绸布洋货店。瑞蚨祥字号来源于《搜神记》中的“青蚨还钱”典故，“祥”有吉祥之意，取名“瑞蚨祥”即期望财源滚滚，以钱生钱，吉祥如意。开业后，由于瑞蚨祥商品齐全、货真价实、布料美观又不掉色不缩水，因此生意格外兴隆。瑞蚨祥的漂染工艺非常严格，刚出染房的布匹要包捆好放在布窖里存放半年以上，待染料慢慢渗透每根纱线，才可出售。这

---

[1] 段炳仁主编，王红著．老字号［M］．北京：北京出版社，2006：174.

[2] 据段炳仁主编的《老字号》一书介绍，“八大祥”即瑞林祥、瑞蚨祥、谦祥益、益和祥、瑞生祥、瑞增祥、瑞成祥和庆祥。这些绸布店基本都由山东济南府章丘县旧军镇的孟姓家族开办，在清朝同治、光绪年间开业。光绪二十六年（1900），八国联军进军北京，“八大祥”惨遭劫难。“八大祥”中实力最强者的为瑞蚨祥和谦祥益。新中国成立后，谦祥益改名为“北京丝绸商店”。目前，“八大祥”中仅有瑞蚨祥一家存活至今。

种类似酿造陈年老酒和老醋的工艺，叫“闷色”。经过独特的“闷色”工艺制作的布匹，缩水率小、布面平整、色泽均匀艳丽，且不易褪色。1926年后，由于政局变化，瑞蚨祥生意开始走向滑坡，但是其在同行中的地位仍不可动摇。据《旧都文物略》介绍：“（旧京）绸缎肆以山东孟氏祥字号为巨，货品亦佳。虽近来花样翻新，他商于市上贬价竞卖，而如瑞蚨祥等号，则守其故，常趋购者，仍不稍减云……”❶ 新中国成立后，瑞蚨祥再次获得了生机，开国大典上升起的第一面五星红旗就是用瑞蚨祥提供的面料制作而成。1954年，瑞蚨祥五号合一，率先实现公私合营。改革开放后，瑞蚨祥结合传统服饰特点和现代审美情趣，用现代科技结合传统工艺，不断更新产品和服务，在加工和展示东方传统服饰上取得了可喜的成绩。2006年，北京瑞蚨祥绸布店有限责任公司（注册商标：瑞蚨祥）被商务部认定为首批中华老字号。2007年，“瑞蚨祥中式服装手工制作技艺”被列入北京市非物质文化遗产名录。现在，瑞蚨祥带有天井的两层楼房是大栅栏唯一保持老字号原貌的店堂，已被列为国家级文物保护单位。许多知名人士和国外政要及其夫人都会选择瑞蚨祥来加工和制作一件中国传统服装。

政府推动力方面的例子不胜枚举，因为老字号是商业经济的产物，必然也深受经济和政治因素的制约，其兴衰沉浮，与各个朝代的政治、经济和文化发展有着千丝万缕、密不可分的关系。商业鼎盛时期，老字号往往较为繁盛；战乱或社会动荡时期，老字号就会随之衰退甚至消亡。比如，清朝时期，随着商品经济的发展，从事银钱兑换的钱庄和汇兑业务的票号在许多商业发达的城市迅速发展起来。当时京城银号有“四大恒”之称，这些都是著名的老字号。《旧都文物略》中记载：“旧都集市之外而银号则曩推恒庆恒肇四家，谓之四大恒。行使银票，贵重一时。又有所谓钱铺随意书条，一二吊而数十吊，市上通用，无虞赝鼎。”❷ 在上海，自乾隆五十一年（1786）至嘉庆二年（1797）以前，也陆续设立了钱庄124家。乾隆后期，钱庄逐渐从银钱兑换业

❶ 侯式亨. 北京老字号［M］. 北京：中国环境科学出版社，1991：217.

❷ 汤用彬. 旧都文物略［M］. 北京：北京古籍出版社，2000：263.

的基础上发展成为信贷活动的机构。[1] 清朝中叶，晋商创立的票号盛极一时。《旧都文物略》中说："汇兑庄则山西贾为之，交游阔绰。"[2] 当时，实力雄厚的晋商票号可分为三大帮，即平遥帮、祁县帮和太谷帮。许多实力雄厚的票号其兴盛与清朝宫廷密不可分。据悉，创办于清光绪十年（1884）的"大德通"票号，创办者为山西祁县首富乔家乔致庸。据悉，清庆亲王与"大德通"银钱往来前后达数十年，此外，票号与户部尚书交往甚笃，与地方官则往来更为密切。"大德通"票号经理高钰曾通过京城关系，打听到慈禧太后西逃有可能路过祁县，便设法与随行大臣取得联系，将慈禧太后和皇帝的行宫设在了"大德通"票号内，从此票号声名远播，备受官府信任。鼎盛时期，"大德通"票号在国内各地设立分支机构多至 40 余处，职员人数达 300 余人，存放款数额多达 1000 余万两，资本积累达 60 余万两。虽经庚子、辛亥两次变乱，损失巨大，但因其具有稳固的经济和社会基础，得以保全经营，信用倍增。[3] 光绪二十六年（1900）庚子事变爆发，八国联军入侵北京，庆亲王将现银 30 万两交由"大德通"保存，"大德通"历尽险阻坚，守住了信誉。庆亲王死后，其子孙仍继续与"大德通"往来，至新中国成立后"大德通"结束营业为止。

据问卷调查可知，关于企业的利益相关方，受访的老字号企业管理人员表示，排在第 1 位的是"员工"（75. 1%），第 2 位是"消费者"（67. 05%），其次分别为"合作伙伴（承包商和供应商）"（50. 57%）、"社会"（21. 07%）、"政府"（13. 41%）等（见图 4-1）。

---

[1] 张国辉. 清代前期的钱庄和票号 [J]. 中国经济史研究，1987（4）.

[2] 汤用彬. 旧都文物略 [M]. 北京：北京古籍出版社，2000：263.

[3] 许敬敷，王子光. 山西票号纪略 [J]. 武汉文史资料，2007（2）.

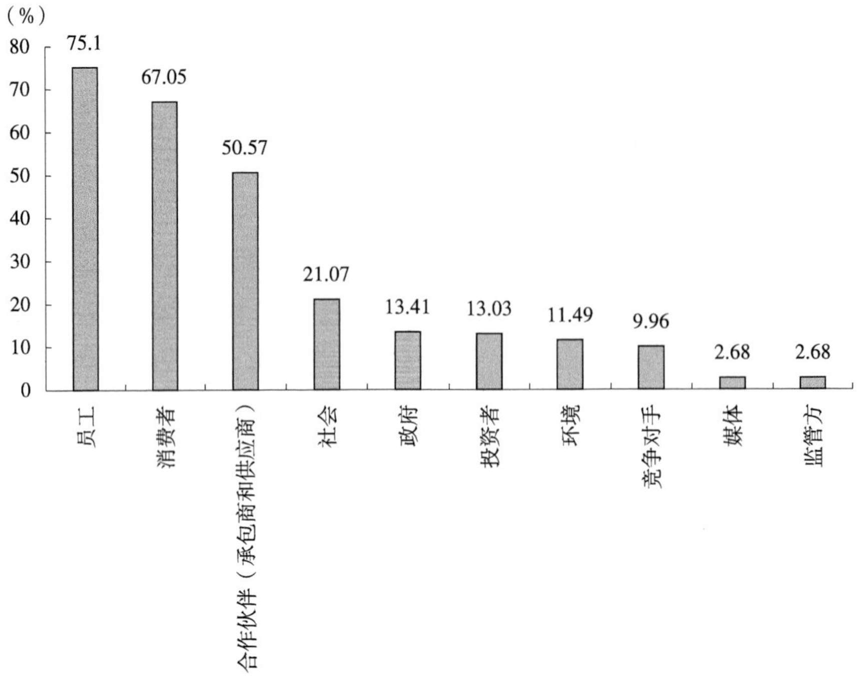

图 4-1　受访老字号企业管理者评价企业的利益相关方

与 2013 年调查数据相比，“员工”“消费者”“合作伙伴（承包商和供应商）”“社会”依然是老字号企业管理者认为的四个关键利益相关方，其中“员工”由第 2 位上升到了第 1 位。“政府”的影响排在第 5 位，较 2013 年上升了 1 个位次。

老字号企业与政府的关系主要体现在政策方面，因此问卷中也专门对“关于影响本企业开展技术创新的政策”进行了统计。据调查，受访老字号企业管理人员认为对企业影响最大的政策是“保护老字号传统技艺的政策”(57.09%)；排在第 2 位的是“鼓励企业技术研发机构的优惠政策”(38.7%)；排在第 3 位的是“面向技术开发提供优惠贷款政策”（33.72%）；排在第 4 位的是“产业政策”（26.44%）。其他政策还有“面向企业科技人员奖励政策”（22.99%）、“面向成果产业化提供优惠贷款政策”（19.54%）、“技术政策”（12.64）和“政府采购政策”（12.64%）等（见表 4-1）。可见，影响老字号企业进行技术创新的最主要政策是“保护老字号传统技艺的政策”，这一点与2013年的问卷调查结果一致。

表4-1　影响老字号企业技术创新政策占比

选项	小计	比例
面向技术开发提供优惠贷款政策	88	33.72%
面向成果产业化提供优惠贷款政策	51	19.54%
鼓励风险投资的政策	28	10.73%
鼓励企业技术研发机构的优惠政策	101	38.7%
面向企业科技人员奖励政策	60	22.99%
产业政策	69	26.44%
技术政策	33	12.64%
政府采购政策	33	12.64%
保护老字号传统技艺的政策	149	57.09%
其他（请写明）	1	0.38%
本题有效填写人次	261	

媒介驱动力方面，在老字号的发展历程中，文字、图像、地点、仪式、习俗等存储媒介和互动实践的媒介都发挥着重要的功能。比如，在中华老字号和多数地方老字号认定规范中，对老字号成立时间的考证，需要企业能够提供历史纪录资料或实物资料。记录资料包括地方志、县志、历史档案等史料记载的摘录（需由当地档案馆在内容记录页扫描件盖章）；反映组织存在、传承脉络、持续经营等的事件、活动的文献记载复印件；历史证明人书面证明；各级行政主管部门出具的证明文件等。实物资料包括老照片（字号、牌匾或经营场所）；重要实物证据（各种历史经营凭证、老物件的复印件或照片）；反映组织存在、事件、活动的文献记载复印件；历史证明人书面证明；各级行政主管部门出具的证明文件等。

还有许多老字号，会因为一两个物件或者地点而名声大振。如开业于清乾隆六年（1741）的砂锅居，店址位于北京西四南大街路东缸瓦市。曾用名“和顺居”，取其“和气生财、顺利致富”之意，因店内曾置一口据传是来自定亲王府的深三尺、直径四尺的巨大砂锅用来煮肉，便被民间俗称为“砂锅居”。[1] 砂锅居的立足和发展与定亲王（清高宗第一子永璜死后被追封为定亲王）密不可分。据悉，当时清廷恪守祖制，实行朝祭、夕祭、日祭、月祭等祭祖祀天活动。祭祀时都用大的砂锅煮白肉，待行完礼后，大家一起分享祭肉。定亲王府的更夫们每次把得到的祭肉拿出王府换钱，后干脆和王府的厨师们谋划在王府的更房墙外盖房开店。王府外是西城区最繁华的商业街区，再加上仿照王府菜肴，美味新奇又有特色，生意便越做越好。

很多老字号现在都开办了博物馆，且经济效益和社会效益双丰收。比如，烟台的张裕酒文化博物馆藏品数量4000余件/套，酒文化传播活动非常丰富，酒香巷子也不深。沈阳的老龙口酒博物馆曾发行了4部长篇小说《酒觞》《酒魂》《酒神》《酒之韵》及两部诗集《酒韵清风》《醉酒的秋千》，丰富了东北酒文化历史。[2] 安徽首家茶叶博物馆——黄山市的谢裕大茶叶博物馆，既是百年茶叶老号谢裕大的品牌形象展示，也将徽商文化和徽州的茶文化作为展览内容，引人关注。但也有一些老字号因为保护不当而消失，造成严重的经济和社会利益损失。比如，沈阳啤酒厂和青岛啤酒厂都是二十世纪初建厂的老啤酒厂，现前者不仅品牌全无，而且遗迹全无，后者却成为国家重点文物保护单位和国家4A级旅游景区，年均门票收入几千万元。

据问卷调查可知，关于本企业“品牌建设”方面采取的办法，受访老字号企业管理人员认为，首先是“申报非遗项目”44.44%，其次是“宣传广告渠道增多”（44.06%）、“建设企业展馆或博物馆”（36.02%）和“在传统节庆时进行品牌推广”（33.33%）；接下来依次是“广告投入增加”（29.89%）、“设立品牌推广部门/岗位”（21.07%）、“更新公司标识”（19.92%）、“举办大型活动推广品牌”（18.39%）、“更新公司广告词”（18.01%）、“更新公司内部装修风格”（16.48%）等（见图4-2）。

---

[1] 段炳仁主编，王红著. 老字号［M］. 北京：北京出版社，2006：79.

[2] 中国国家文物局，中国博物馆协会. 中国博物馆志. 吉林卷·辽宁卷·新疆卷［M］. 北京：文物出版社，2011：244-246.

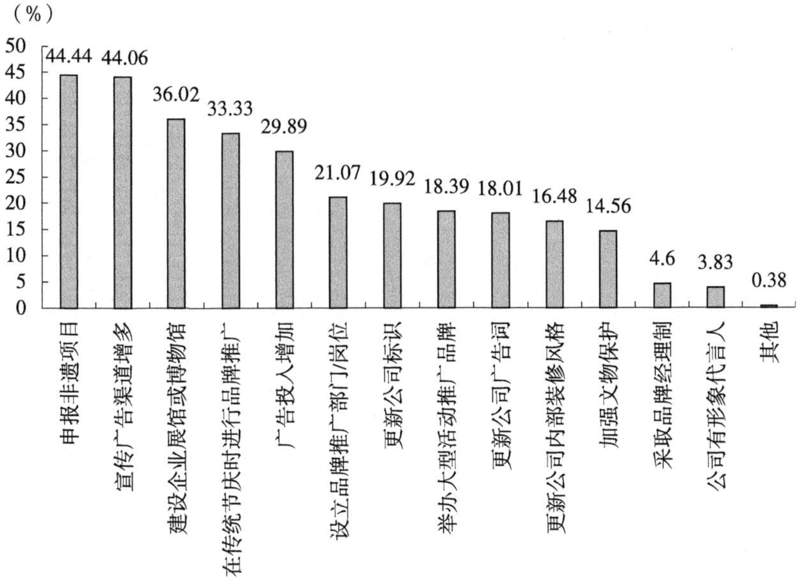

图 4-2　受访老字号企业管理者近三年来在品牌建设方面采取的办法

与 2013 年调查相比，2022 年增加了“申报非遗项目”和“建设企业展馆或博物馆”两个选项，调查结果分别位居第 1 和第 3 位，可见，传统文化技艺认可和文物遗产保护这两个文化记忆的媒介要素，是老字号品牌建设中的重要工作。同时，“更新公司广告词”和“更新公司标识”位次也较“更新公司内部装修风格”有所提升，可见，在品牌推广过程中，老字号企业在提升服务环境的基础上，更渴望通过鲜明、具有特色的标识系统增强老字号企业的市场认知度。

三、个案研究——从熏鸡老字号看文化记忆传承机制的三种功能

老字号文化记忆研究是企业人类学视角下，从结构功能主义对老字号理论研究的又一探索。老字号是文化记忆的见证者和承载者，通过权力、社会、空间三个要素，发挥着政治关系、身份认同、物化痕迹三种社会功能。在经济社会结构转型进程中，文化记忆作为有形和无形资产，是老字号的核心竞争力所在。

（一）个案选取

“沟帮子熏鸡”始创于清光绪二十五年（1899），创办者尹玉成是闯关东而来的安徽人，偶然得到了制作熏鸡的宫廷秘方而创办了熏鸡坊。当时，沟帮子虽然是个小镇，却是山海关与沈阳之间的交通枢纽。尹玉成因为经常上火车站售卖，其所制熏鸡便得了“沟帮子熏鸡”的名称。二十世纪末，沟帮子熏鸡与山东德州扒鸡、河南道口熏鸡和安徽符离集熏鸡同时被冠以中国“四大名鸡”称号。

自尹家沟帮子熏鸡诞生以来，百年间该地制作熏鸡的企业不下几十家，但尹家熏鸡却一直保持着独占鳌头的局面。窥其竞争优势，不仅因为尹家坚守住了传统工艺，也因为企业对现代管理的认知和不断创新突破，同时，尹家属于一脉相承，对于“正宗”的社会认同根深蒂固。此外，由于尹家与地方政府保持着良好的社会关系。种种要素集合在一起，成就了地方熏鸡龙头企业，且发展势头良好。

历史悠久而成长之路并不平坦的尹家熏鸡，属于沟帮子人共同拥有的文化记忆，在存储记忆与功能记忆两种模式的互动过程中，在熏鸡企业博弈的竞争关系中，充分体现了记忆的社会功能，是对文化记忆功能理论的一个较为鲜明的实证解读。

（二）政治关系：文化记忆的权力要素

1. 历史的“合法化”与“去合法化”

詹姆斯·E. 扬在研究历史与记忆的关系中论述道“历史也是由具体的人创造的一个过程。”[1] 文化记忆理论认为，政治要素对记忆发挥着“合法化”与“去合法化”的社会功能。这主要基于历史记述的主观能动性。政治的统治性在一定程度上决定了话语权，历史的记载都会经过统治要素过滤而出。

---

[1] 哈拉尔德·韦尔策. 社会记忆：历史、回忆、传承［M］. 季斌，王立君，白锡堃，译. 北京：北京大学出版社，2007：50.

诺拉也认为，“档案”作为一种被记录的记忆是制作出来的记忆。[1] 对于老字号企业而言，证明其历史价值的重要途径便是权威文献，包括地方志、档案、政府主办出版的各种纸质媒体等，甚至在权威历史文献资料中是否能找到关于其起源和发展的纪录文字，是其认证为国家级或省级老字号称号的重要证明。

由于子女分家、分店独立等，老字号企业存在着许多“一树多枝”现象，历史文献的记载可以辨明宗源。比如，产权争议较多的剪刀业老字号王麻子。清朝末年，由于王麻子产品销路好、名声大，市场上便出现了许多仿造者，比如汪麻子、老王麻子、旺麻子和真王麻子等。据民国十六年（1927）的《晨报》记述：“初创时确为王麻子……年深日久，店中徒伙皆在外分店售卖。至于所售之货，仍由王麻子店中批卖，盖王麻子之手艺，仅传授一徒耳。……查现在王麻子刀剪店，有炉自制刀剪者，仍是宣外大街之一家。熔铁打形皆归徒伙，而醮钢时仍由一人密做。其余各家王麻子多是由该处批卖货物，自行制自己之字号……‘王麻子’虽有真伪，其所售之刀剪却皆为一家所制也。”[2]

沟帮子熏鸡与王麻子品牌有类似之处。在尹玉成的熏鸡作坊兴盛之际，沟帮子也出现了刘家、李家等众多熏鸡店铺，发展鼎盛之际，小镇曾出现 10 多家熏鸡作坊。后经公私合营、改革开放，与尹家熏鸡一同发展的仍有许多新兴熏鸡厂，包括郝家、刘家等。但据清道光年间《北镇县志》记载，1899 年，山东人尹玉成创办了熏鸡作坊，名为“尹家熏鸡”。1930 年，沟帮子加工制作熏鸡已发展到 10 家之多，较有名气的有尹、杜、齐、孙、张、马诸家。1985 年，个体熏鸡户发展到 37 户。[3]

这些权威历史记述将记忆定性，记录了老字号的历史传承与发展脉络，让后人有迹可循，但历史也是人来书写的，自然避免不了主观能动性，除了

---

[1] 皮埃尔·诺拉. 记忆之场［M］. 南京：南京大学出版社，2017：13.

[2] 侯式亨. 北京老字号［M］. 北京：中国环境科学出版社，1991：429.

[3] 北镇满族自治县地方志编纂委员会. 北镇县志［M］. 沈阳：辽宁人民出版社，1990：307-308.

个人原因之外，也有政治原因。正如阿斯曼所说：功能记忆是一个被占据的记忆，是经过选择、联缀、意义建构的过程，记忆制造意义，意义巩固记忆。❶

2. 政策福利的喜与忧

社会学家魏昂德（Andrew Walder）对中国问题进行过深入的研究。他认为，在中国，政府与企业的关系类似于一个工厂或公司董事长与厂长或车间主任的关系。❷影响中国资源配置和经济发展的量，存在着两只手：一只是有形的手——国家干预，一只是无形的手——市场调节。❸由于老字号企业与政府的不同庇护关系，老字号企业自身的变化与其所承载的商业传统之间存在着不同的状态。❹地方政府与当地企业形成了良好的社会关系。❺从尹家沟帮子熏鸡的发展历程来看，政府对传承熏鸡文化、发展熏鸡企业发挥着重要的动能。

20世纪末，尹家熏鸡厂在沟帮子铁南工业园区投资了一个多亿元人民币的资金用于建设厂房及其他固定资产，当时企业年产值才三千多万元，却要负担一个多亿元的债务，还有利息及各种费用。负债后企业连续亏损两年，导致资金链断裂，宣告破产。在与买家谈判的过程中，尹家人舍不得将家族产业拱手于人，将老字号这块招牌砸在自己手中。于是尹家通过与当地政府和银行再三沟通，争取到免息等系列保护政策，缓解了尹家的债务危机，企业得以恢复运转。

与政府的良好合作关系也从此奠定了基础。尹家人建立的辽宁沟帮子熏鸡集团目前是北镇市的纳税大户，2017年纳税532万元。而且在当地政府主

---

❶ 阿莱达·阿斯曼. 回忆空间：文化记忆的形式和变迁［M］. 潘璐，译. 北京：北京大学出版社，2016：149-151.

❷ WALDER ANDREW. Local Governments As Industrial Firms［J］. American Journal of Sociologyno, 1995（2）：268-269.

❸ 李培林. 另一只看不见的手：社会结构转型［J］. 中国社会科学，1992（5）.

❹ 张继焦. 从企业与政府的关系看“中华老字号”企业的发展：对鹤年堂、同仁堂的比较研究［J］. 思想战线，2013（3）.

❺ 张继焦. “伞式社会”：观察中国经济社会结构转型的一个新概念［J］. 思想战线，2014（4）.

推的许多活动，比如特色小镇、品牌示范区评选等，沟帮子尹家熏鸡集团都作为龙头企业发挥着示范和表率作用。

从政府在沟帮子尹家熏鸡濒临破产的关键节点上发挥的能动性可以看出，政府的保护使企业受益良多，但是，这种良好的关系有时也存在着风险。比如，当地政府曾经出台了入驻沟帮子工业园区的优惠政策，包括投资奖励、土地减免税、税收减免税等。企业认为，政府出台政策的出发点是好的，尹家由于家大业大，也享受到了农产品加工、工业园区土地税减免等福利政策，但是很多企业进了园区，投资了大笔资金投产建设之后，土地证、房产证、消防手续迟迟办不下来，有关部门还经常严查。久拖之下，许多小企业甚至被迫关闭，目前尹家熏鸡集团还有许多证权问题需要不停地与政府沟通解决。

（三）身份认同：文化记忆的社会要素

1. 火车站售卖文化的传承

“记忆本身如何形成是一个十分复杂的问题，它不仅是被历史、文化、政治等外部力量形塑的产物，也是记忆主体能动性地建构的结果。”[1] 阿莱达·阿斯曼在阐述记忆文化的三个维度时指出：个人或群体在形成过程中拥有已经成型的形象、阐释和意识，个人认同或民族、国家认同，只有通过记忆才能获得。[2] 文化记忆是建立群体身份的连接结构，记忆主体通过相同的经历获取共同的意义，从而形成了较为坚固的身份认同意识，是构成功能记忆模式的要素之一，相较于存储记忆更具有固化价值。

尹家沟帮子熏鸡最开始兴盛便由火车站而起。19 世纪末，全国开始大举兴建铁路。沟帮子虽然是个小镇，却是“京奉”铁路线和“奉山”铁路线的交汇处，是山海关与沈阳之间的交通枢纽。1899 年，沟帮子火车站建成，来往商人和货物交织不断。尹玉成窥到了火车站的商机，便开始在火车站流动售卖，尹家沟帮子熏鸡便借由沟帮子火车站走到了各地，销量也在沟帮子众

---

[1] 王汉生，刘亚秋．社会记忆及其建构：一项关于知青集体记忆的研究［J］．社会，2006（3）．

[2] 阿莱达·阿斯曼．回忆空间：文化记忆的形式和变迁［M］．潘璐，译．北京：北京大学出版社，2016：147.

多熏鸡户中首屈一指。

20 世纪 90 年代，第四代传承人王进发现，火车在沟帮子车站的停留时间只有几分钟，很多想购买熏鸡的乘客因为时间紧张而放弃下车购买。于是，王进带着熏鸡去跟铁路相关部门沟通协商，政府经过相关审批，终于让尹家沟帮子熏鸡走上了火车，熏鸡的销量有了很大程度的提升。那时候，外包装上印有第三代传承人尹亚茹（王进母亲）头像的沟帮子熏鸡堪比“老干妈”，消费者大都认为尹家熏鸡是沟帮子熏鸡的代表，甚至是正宗。

尹家沟帮子熏鸡的“火车站售卖文化”延续至今，并衍生至了辽宁域内大部分交通集散地，比如高速公路服务区、客运站、机场、火车站，等等。与公路、铁路、机场等各相关部门的良好合作奠定了沟帮子熏鸡迅速强化品牌影响、扩大营销效率的基础。据统计，尹家沟帮子熏鸡在交通集散地的直营店共有近百家，2017 年收益约 3879 万元，占公司同年收益的 10%。

在火车站售卖文化的传承过程中，尹家熏鸡不仅逐渐培育了大批消费群，而且逐步提升了尹家熏鸡在沟帮子和域外的社会认同度和顾客忠诚度。这种“身份认同”构成了文化记忆的社会要素，强化了记忆的“意义”，这些意义不仅仅包括尹家熏鸡的“自我意义”，也包括尹家熏鸡相关方的“群体意义”。

2. 沟帮子地方名品的确立

身份认同的社会意义是具有排他性的。比如，老字号的商标之争，目前已经是个热点问题。每个老字号所在地的民众首先都会下意识维护本地的品牌，从“南北稻香村”的案子即可以多少看出些地方保护主义色彩。对于尹家熏鸡来讲，确定其“沟帮子熏鸡”正宗之名除了需要培养社会认同，还需要借助政府力量，同时通过法律手段使这种“身份认同”进一步强化和“合法化”。

尹家熏鸡创建于锦州北镇沟帮子镇，《北镇县志》将其列为“北镇名牌产品”。据悉，尹家熏鸡创始人尹玉成制作并售卖的熏鸡逐渐被市场认可后，凡是路过沟帮子的外地人都会买一只熏鸡，久而久之，就把尹老爷子售卖的熏鸡叫成了“沟帮子熏鸡”。被纳入中国四大名鸡之列的其他三家熏鸡，即道口烧鸡、德州扒鸡、符离集烧鸡也都是以地名为前缀和区分标识。

所以，尹家熏鸡自然成为沟帮子的地方特色美食，目前已经被认定为“辽宁省名牌产品”“辽宁金牌旅游小吃”“辽宁优质农产品”等称号。尹家熏鸡还和旅行社合作，将公司作为地方旅游的景点之一，和域内著名景点医巫闾山包装成一条旅游线路，满足游客来沟帮子买熏鸡的需求。事实上，沟帮子熏鸡的社会认可度相当高，据了解，来沟帮子的人购买熏鸡的比率高达90%。熏鸡名副其实地成为地方特色名品，具有较高社会认同度。

而面对品牌之争，尹家熏鸡于1992年从国营熏鸡厂手中购买了“沟帮子”商标，并通过法律手段，逐步争取和规范地方标识的使用权。据了解，沟帮子镇上的其他熏鸡企业，包括郝云杉熏鸡、刘家熏鸡等将很可能不得再使用带有“沟帮子”标识的商标。这种商标之争虽然带有垄断主义色彩，但对地方名品的唯一性进行了保护，也是老字号企业强化“身份认同”的一种方式。这种“身份”的确立，是其发挥文化记忆社会功能的重要途径，加重了记忆媒介的砝码。

（四）物化痕迹：文化记忆的空间要素

1. 传统工艺的继承与弘扬

人类学家马歇尔·萨林斯认为，生产实际上就是对象系统中的文化再生产。[1] 制造技术从原先以“技艺”为主导的实用功能向现在以“记忆”为主导的象征功能的转变，可以称作一种“适应策略”。[2] 传统工艺作为生产的重要手段，通过传统技术、工艺流程、技艺掌控者的互动基本体现了文化记忆从过去到建构的物化过程。

沟帮子熏鸡拥有省级非物质文化遗产“沟帮子熏鸡制作技艺”，工艺传承已逾百年。据传，其制作工艺源于宫廷秘方，并依据药膳原理进行改良。煮制过程中，依照特定顺序，加入开胃健脾、消食益气的白芷、当归、陈皮、砂仁、肉桂、丁香等四五十种中草药。制作工序首先是将白条鸡放入调好的

---

[1] 马歇尔·萨林斯. 文化与实践理性［M］. 赵丙祥，译. 上海：上海人民出版社，2002：230.

[2] 崔凤，徐霄健. 从“技艺”到“记忆”：论长岛木帆船制造技术的功能转化［J］. 中国海洋大学学报：社会科学版，2018（3）.

中药汤中浸泡数小时，然后大火入味小火熬制。起锅后开始“熏”，将砂糖投入另一个锅底后再将煮好的鸡放入锅中，开大火熏数分钟。等到再次掀开锅盖，整只鸡都被熏得色泽枣红、光滑透亮、肉烂连丝、咸淡适宜。从选料到熏制共经十六道细致工序，持续十七小时腌制入味，整个过程复杂而考究。

直至今日，沟帮子第三代传承人尹亚茹虽然已年过七十，不负责公司日常经营管理，但还会每月来公司秘制老汤配料，然后交由车间煮制。除了老汤制作这道工序，其余的熏鸡制作工序均已实现现代化生产，在确保熏鸡味道不变的基础上，也提高了公司劳动生产规模和效益。制作流程、药材、老汤秘方等传统工艺作为确保沟帮子熏鸡味道正宗的基础，是重要的历史痕迹，通过这些痕迹的沉淀和积累，文化记忆逐渐固化，并在构建和传承过程中不断唤醒和重构。我们甚至可以将传统工艺理解成一种仪式，是文化记忆身体实践中的重要媒介。

2. 发展空间的坚守与扩张

纯粹的记忆场所功能就是铭记。历史是由一定的具体个人在一定的时间和一定的地点回忆和叙述的。[1] 文化记忆理论认为“空间”是文化记忆的保留地。博物馆、档案馆、文物遗址甚至一个带有故事的破旧的房屋都能唤醒着回忆，并成为一种记忆的符号，超脱时空的限制。这意味着物质要素对于文化记忆建构的重要性，同时，文化记忆也会通过这些特定的物质空间进行适当导出。

尹家沟帮子熏鸡在沟帮子镇兴起，也曾经沉寂，复而再度发展壮大。自始至终，尹家人没有想过离开沟帮子镇另谋他地。对他们来说，主要基于三个因素，一是沟帮子熏鸡的消费群主要集中在北方，据悉，2017 年仅黑龙江省就售出了 1 亿个熏鸡爪。二是企业在沟帮子镇拥有自营饲料厂及大规模养鸡场，养鸡场建设在无污染林地，饲养条件优越，能够确保原料鸡的绿色、营养、健康。三是公司毗邻的医巫闾山，自古便是山清水秀之地，沟帮子山

[1] 哈拉尔德·韦尔策. 社会记忆：历史、回忆、传承［M］. 季斌，王立君，白锡堃，译. 北京：北京大学出版社，2007：50.

泉水水质富有活性，含氧量高，用此水制作的老汤，能够使熏鸡色泽光亮红润，口感鲜香独特。

沟帮子镇即尹家熏鸡文化记忆的空间载体，在百年传承的历程中，二者建立起了密切的社会关联。从原料到客户端，尹家熏鸡都离不开沟帮子的区位和自然资源优势。而沟帮子镇也借熏鸡产业发展壮大了特色农产品加工业，并成功申请到了国家级熏鸡特色小镇项目和辽宁省级熏鸡产业品牌示范区称号。如今，“沟帮子”又成了企业拥有的商标，可以说，离开了沟帮子镇，尹家熏鸡就不会有空间的繁衍基础，即使因为种种原因尹家熏鸡企业关门倒闭，也有可能会借沟帮子镇再度复兴。由此可见，空间载体的存储功能可以跨越时间，使文化记忆具有较长的稳定性和延展性。

“人们所回忆的往日与人们回忆时所立足的现在的当今一样，都是关于一个有意义的经历和行为世界的社会构造物。”❶ 从沟帮子熏鸡在历史发展进程中政治关系、身份认同、物化痕迹三种要素的功能性角度分析可知，老字号作为一个有记忆栖居的独立个体，其承载的文化记忆发挥着权力、集体与空间载体的社会功能，在经济社会结构转型过程中，文化记忆作为老字号有形和无形资产，对老字号的发展起着重要的作用。比如，从政府在沟帮子尹家熏鸡濒临破产的关键节点上发挥的能动性可以看出，政府如同一把大伞，对企业发挥着重要的保护功能。从以地名为标的区域品牌角度来讲，沟帮子镇是尹家熏鸡的空间发展基础，对企业的兴盛与复苏都有着重要的唤醒功能。空间载体的存储功能可以跨越时间，使文化记忆具有较长的稳定性和延展性。当然，功能记忆与存储记忆两者间并不存在一条截然分割的边界，现实情况的变化会引发意义结构的调整和重组，功能记忆的某些内容会因为丧失意义而变成存储记忆，存储记忆的某些内容则因为新意义的赋予而转化为功能记忆。❷ 总之，通过物化和非物化的记忆要素互动功能，老字号的文化记忆得以

❶ 哈拉尔德·韦尔策. 社会记忆：历史、回忆、传承［M］. 季斌，王立君，白锡堃，译. 北京：北京大学出版社，2007：87.

❷ 阿莱达·阿斯曼. 记忆中的历史：从个人经历到公共演示［M］. 袁斯乔，译. 南京：南京大学出版社，2017：11.

不断沉淀、积累和固化，并在构建和传承过程中不断唤醒和重构，甚至在一定程度上影响着老字号的发展方向。对于具体记忆要素与老字号发展的动能解析，可能还需要结合地域、行业和时代特点进行深入研究，这则是需要进一步探讨的另一个重要话题。

第五章　老字号工匠精神的传承路径

——基于文化记忆的建构

相较于集体记忆，文化记忆理论意识到了历史、组织与个体的能动性，将记忆理论扩展到了文化进化视角，认为文化记忆具有“认同具体性”和“重构性”，虽然文化记忆依附于不可更改或不可置疑的回忆形象和存储知识，可是“每一种当今又都把自己置于一种对这些形象和知识进行掌握、分析、保持和改造的关系之中”。[1] 文化记忆理论认为，记忆是建构在不同层面上的状态，人“栖居其间”的生活经历，把回忆与经验联系起来，使其获得一种结构，这种结构将作为塑造性的自我画像来决定人生、指导行动。

老字号工匠精神作为一种“文化记忆”，使人类在制造文化传承过程中的任何阶段都可保有双重维度性，正如扬·阿斯曼对文化记忆的定义：它是“关于一个社会的全部知识的总概念，在特定的互动框架之内，这些知识驾驭着人们的行为和体验，并需要人们一代代反复了解和熟练掌握它们。”[2] 工匠精神的传承便是一种制造者（个人或组织）的“过去—回忆—建构”的循环过程，通过这种文化要素链的循环，形成了“一种价值、经验、期望和理解”，促生了一种“认同”与“共识”。[3] 文化记忆得以固化、呈现和互动。在循环的进程中，文化记忆即老字号的工匠精神属于动态传承的状态，既有历史与现实的互动，人与物的互动，也有企业与经济、社会、政治等相关方的互动。

---

[1] 哈拉尔德·韦尔策. 社会记忆：历史、回忆、传承［M］. 季斌，王立君，白锡堃，译. 北京：北京大学出版社，2007：5.

[2] Jan Assmann. Kollektives Gedächtnis und kulturelle Identität. in：Jan Assmann und Tonio Hölscher（Hg.）［J］，Kultur und Ge-dächtnis. Frankfurt am Main 1988.

[3] 王焯. 文化传承视域下的辽宁“工匠精神”［N］. 中国社会科学报，2017-03-29.

就现实情况而言，传承老字号文化和弘扬工匠精神皆面临着许多问题，解决的路径既需要对问题进行一个个攻破，更需要从战略上明确问题的根本，寻找解决问题的思路或范式。理论是思想的武器，从文化记忆的模式、媒介、类型、功能理论角度出发，我们可以将老字号工匠精神传承归纳为文化、政府、媒介三个维度，可以用这三个维度来阐释传承的特性和动力机制，也可以用它来寻找传承过程中的重要问题，探索解决老字号工匠精神传承问题的相应路径。

一、文化记忆视域下老字号工匠精神传承的突出问题

虽然老字号文化资源丰厚，却未发挥出其应有的社会价值，存在着许多发展问题。我国有不少经营了上百年的老字号企业，虽然品牌影响深远，却由于经营观念和制作方式落后、产品种类和形式单一、知识产权保护意识薄弱或城市拆迁等，面临着勉强维持生计甚至濒临倒闭的窘境。2006 年申报“中华老字号”时，有许多老字号商标或企业名称被他人注册和抢注而导致品牌价值缺失、还有的企业因为商标过期或变更信息不及时等引起众多法律纠纷。社会热议的“王老吉”与“加多宝”、南北“稻香村”品牌之争也说明老字号在民族品牌的知识产权保护意识和品牌价值评估方面应提高到相应的水平。

据问卷调查可知，关于老字号企业最需要改进的方面，受访老字号企业管理者认为，排在第 1 位的是“品牌影响力”（50.19%），排在第 2 位的是“技术创新”（42.15%），排在第 3 位的是“产品种类”（24.52%），“管理水平”（22.22%）和“经营成本”（20.31%）分别位列第 4、5 位。其他需要改进的地方依序还包括“消费者满意度”（18.77%）、“宣传广告”（16.48%）、“消费者忠诚度”（15.71%）等（见图 5-1）。与 2013 年相比，“品牌影响力”“技术创新”“产品种类”“管理水平”仍位居老字号企业最需要改进的前四个方面，但是，“消费者满意度”由第 8 位上升至第 6 位，“产品质量”由第 14 位上升至第 9 位，“政府支持”由第 6 位下降至 11 位。一定程度上，可以

说明，老字号企业更关注消费者的需求，勇于融入市场竞争环境之中，同时，产品质量可能存在着提升空间。

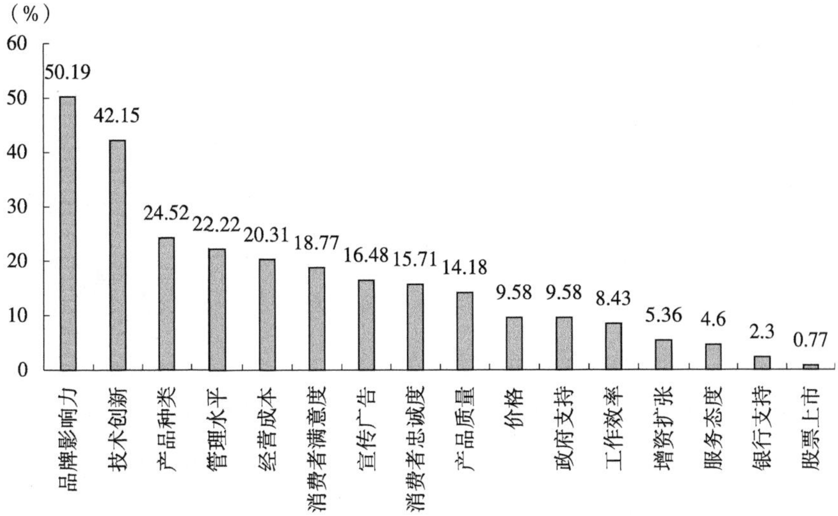

图 5-1　受访老字号管理者认为企业最需要改进的方面占比

另据问卷调查所知，老字号企业认为“营销策划”方面存在的最明显的不足是“广告投入少”（47. 89%），排在第 1；排在第 2 的是“营销经验少”（46. 36%）；排在第 3 的是“营销人员少”（35. 63%）；排在第 4、5 位的分别为“新产品少”（26. 44%）和“销售网点少”（19. 92%）（见图 5-2）。

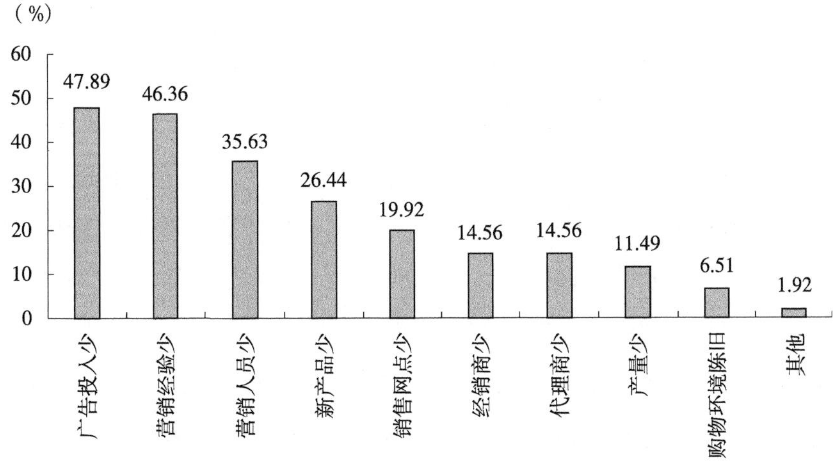

图 5-2　受访老字号管理者认为企业营销策划方面存在的不足占比

与2013年调查数据相比，老字号企业在“营销策划”方面仍认为最显著的不足是“广告投入少”，而“营销经验少”由第4位上升至第2位，表明老字号在销售方式变革方面与社会发展还不能迅速同步，电商、微商、直播等新兴销售模式对老字号企业的影响颇大，也是老字号企业亟待提升的重要方面。据调研，更多的企业营销策划的重点为以产品为导向，更高层次的营销策略包括品牌推广、营销战略等方面都较为落后，对于部分老字号企业来说甚至较为陌生，很多老字号企业甚至没有常规的广告宣传。

综上所述，可以将老字号工匠精神作为一种文化记忆的存在，其传承进程中存在的突出问题可以归纳如下：

一是企业数量锐减，品牌濒危。历经20世纪公私合营、“文革”和市场经济的冲击，老字号企业已所剩无几。2004年，商务部曾对我国的老字号企业做过一次调查，结果显示：当时我国有近1.6万家老字号企业，其中70%经营十分困难，20%勉强维持，只有10%发展较好。国外很多知名品牌都具有百年历史，如可口可乐、沃尔玛等，且依然发展良好。我国有不少经营了上百年的老字号企业，虽然品牌影响深远，却面临着勉强维持生计甚至濒临倒闭的窘境。除此之外，许多老字号企业为了适应市场需求，在品牌建设方面采取了过激行为，不仅彻底改变了传统品牌内涵，甚至致使该老字号在市场上完全消失。

二是经营管理滞后，市场营销或缺。据调研，大多数老字号企业没有建立现代企业制度，缺乏与现代市场经济相适应的管理体系。“只此一家，别无分店”等传统经营理念严重制约了企业的发展。大部分老字号企业营销手段落后、宣传形式单一。挖掘和传承力度不足会导致老字号资源的流失。据调研，很多老字号企业的管理模式不能与时俱进，缺乏与市场相适应的管理体系。比如，辽宁的“胡魁章”毛笔制作现在依旧延续着古法，一支毛笔的制作过程有近百道工序，由于全部采用手工制作，周期长，生产量低，经营规模一直无法扩大，社会价值还有很多挖掘空间。此外，还有大部分老字号企业营销手段落后、宣传形式单一。

关于本企业在营销策划方面的采取措施，受访的老字号企业管理人员表示，最常采取的措施是“关注消费者的新需求”（49.04%）和“设立营销部门”（34.48%），其次是“增加销售网点”（32.95%）和“增加广告投入”（24.14%），再次是“增加经销商”（23.75%）和“结合传统节庆搞营销活动”（23.75%）。此外，还会采用“高薪引进营销人才”（22.61%）、“增加营销人员数量”（22.22%）等措施（见图5-3）。

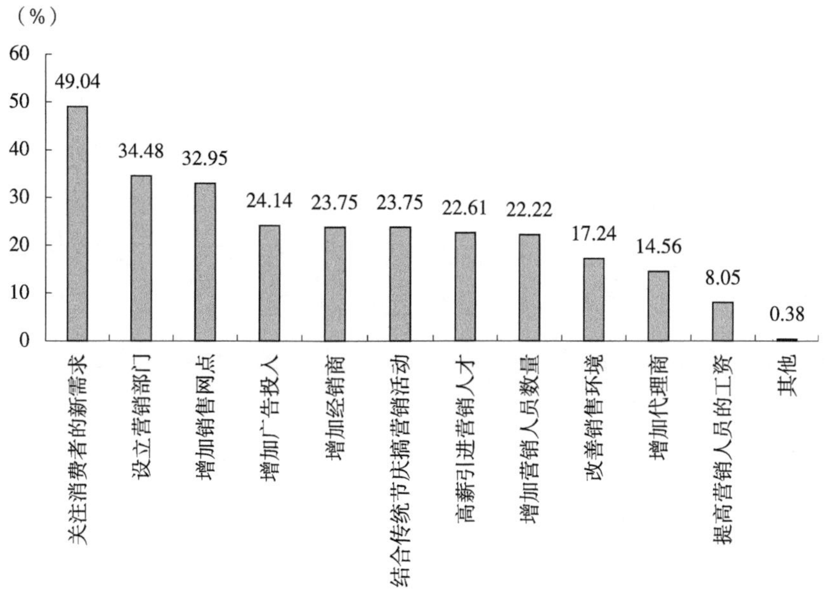

图5-3　受访老字号企业管理者认为近三年本企业在营销策划方面采取的措施占比

与2013年的调查相比，2022年的调查显示，“关注消费者的新需求”排位依然位列第1位，但是，“结合传统节庆搞营销活动”的排位从第10位上升为第6位，“增加广告投入”的排位从第5位上升为第4位。更多的企业将营销策划的重点放在了“关注消费者的新需求”上，以产品为导向调整自己的营销策略。但更高层次的营销策略对于老字号企业来说较为陌生，包括软硬广告、策划促销活动、培养营销队伍等方面都较为落后。虽然老字号企业对于经营规模的扩大并不盲目，但市场经济体制下的营销策略是任何企业发展不可或缺的一环。很多老字号企业甚至没有常规广告宣传。

三是城市规划冲击，回迁艰难。老字号大多曾位居商业旺铺和黄金地段，但在城市改造过程中受拆迁、动迁、租金上升、业态调整、选择性招商等客观原因影响，越来越多的老字号不得不根据城市综合改革和规划需要，离开原有的标志性位置，被迫隐退到缺少商业氛围的偏僻地段。老字号顾客群相对固定，搬迁便意味着会流失一部分老主顾，而且建筑和装修风格、标识系统等的改变对老字号来说也意味着一定程度的冲击。许多老字号在现代城市规划的浪潮中历经考验。

四是品牌保护意识薄弱。一直以来，因被抢注引发的老字号知识产权纠纷屡见不鲜，因保护意识匮乏而导致的假冒伪劣、产品流失走私现象也常有发生。2006 年申报“中华老字号”时，有许多老字号由于没有注册商标而缺乏对自主知识产权的保护，还有许多老字号企业的字号被他人注册、商标被人抢注，引起许多法律纠纷，还有的企业因为商标过期、变更信息不及时等引起许多法律纠纷，滞留其发展脚步。近年来热议的“王老吉”与“加多宝”、南北“稻香村”品牌之争也说明企业对品牌的保护意识比较薄弱，对其品牌价值估计不足。

此外，品牌流失或消亡问题也比较严重。比如民族饮料业曾经发生过“水淹七军”事件，20 世纪 90 年代，美国可口可乐公司曾以“邀约入股”的商业手段，先拿到营业执照，把辽宁民族饮料业老字号“八王寺”清产核资变成它的小股东，再将“八王寺”包括商标所有权、设备、市场份额、精英骨干等全部资产并入其成立的沈阳合资公司，几乎没耗任何代价就吞并了“八王寺”，之后“八王寺”被迫停产。据悉，当时进入中国的两家外资碳酸饮料公司，利用相似的手法，兼并了中国其他 7 家民族碳酸饮料厂，包括广州亚洲汽水、北京北冰洋等，业内称“水淹七军”。

五是老字号认定工作有待提升。从大量历史资料和实地调研知，老字号涉及行业门类较多，除了衣食住行，还有出版印刷、文艺院团、装备制造等众多符合“中华老字号”申报要求的企业没有意识到或没有被列入老字号保护发展工程。据统计，2006 年、2010 年经商务部两次认定的 1128 家“中华老字号”中，食品餐饮类老字号数量最多，有 562 项，占比约 50%，酒业老字号数量位居第二，有 381 个；其次是药业类（297 个）、茶业类（80 个）、服饰类（78 个）等，洗染、印刷等现代制造业老字号仅约有 56 个，占比不到 5%，实际上，我国的现代工业制造起步虽晚，但是生命力却相对顽强，诸如鸵鸟、北极星、商务印书馆等现代工业老字号的兴起与发展，不仅体现了特殊历史时期民族工业者的家国情怀，增强了国人自尊自信，而且如今仍然焕发着勃勃生机，可谓是中国传统制造的代表，传承和弘扬着中国商道文明。但是，据统计，现代工业制造类老字号仅占“中华老字号”数量不足 5%，也没有被国家或地方有关部门纳入老字号振兴和创新发展规划之中，许多现代工业品牌都符合老字号申报要求，而且在行业内部具有突出表率作用，但却没有参与到老字号认定工作之中，大部分企业没有意识到可以申报老字号，缺少申报自主性。这是老字号保护工作的短板，也不利于老字号企业存在和发展。

六是老字号工匠精神内涵挖掘不足，制度建设相对滞后。2016 年至 2019 年，“工匠精神”这四个字连续四年被写进政府工作报告，党的十九大报告中也明确提出了弘扬工匠精神的时代要求，如今社会各界都在热烈讨论并积极践行。那么工匠精神的核心内涵是什么？作为优秀传统文化的老字号工匠精神有哪些传承要素？弘扬的主要载体和媒介是什么？目前从政府层面尚未配置相应的抓手，相关政策和制度等相对滞后，社会层面尤其是学术界也未进行过系统的分析与提炼，对老字号工匠精神的理解囿于精益求精、专注等普适性要素，没有构建出新时代中国特色的工匠精神话语体系。此外，还缺乏滋养“工匠自觉”走向“工匠自信”的社会土壤。基于传统制造业价值观取向，受“士农工商”身份划定和“重农抑商”等政策的影响，工匠的社会地位并不高，“匠气”在艺术圈有时还会带有一种贬义色彩；再加上激烈的市场竞争环境，制造业风气比较浮躁，很多企业在组织文化建设中都忽视了技术精神的培育，技术工人与管理者之间总存在着落差。实证研究表明，老字号企业内部建立由领导者推动、内外部联动的对话体系，尤其是发挥领导者的引领作用，对培养工匠精神具有重要意义。

二、老字号工匠精神传承的路径及对策

（一）传承文化原动力：深入挖掘老字号工匠精神文化价值

1. 解放思想，增强老字号工匠精神传承的使命感和紧迫感

时至今日，许多老字号不断锐意革新、充满生机，部分老字号在成立之初收获了些许辉煌，但目前却由于产品种类所限、经营方式和制作工艺落后、城市拆迁等而逐渐淡出历史舞台。应该结合老字号的历史与现实基础，使得老字号工匠精神文化及其包含民族情怀和企业精神得到应有的挖掘和保护。

一方面重点挖掘具有“实干兴邦”民族复兴精神的老字号历史及其资源，尤其是对在清末民初的实业救国时期、抗日战争与解放战争时期尽显民族气节的老字号历史进行深度挖掘和梳理，可以结集成册、制作纪录片等，开展立体化宣传。如始建于清光绪十一年（1885）由中国人创办的最早的西餐厅——太平馆餐厅、创建于清光绪十四年（1888）的中国最早的西药药店——中西药房、兴办于清光绪十八年（1892）的我国近现代历史最悠久的葡萄酒老字号——张裕葡萄酒、开业于 1912 年的李占记钟表行、兴建于 1915 年的山东烟台宝时木钟厂、始创于 1935 年的中国自产墨水的首家老字号——鸵鸟和创办于 1935 年的第一家中国自己的铅笔工厂——中国铅笔厂等。

另一方面对在改革开放这一“伟大觉醒”时期做出表率的老字号进行重点扶持和推广。目前，许多老字号借助改革开放的春风，发展规模不断壮大，不仅分店遍及全国甚至国外，而且诸如同仁堂、马应龙、王老吉、恒顺、茅台和老凤祥等都已成为上市公司，发展前景相当可观。据悉，许多老字号都具有非常高的品牌价值，不仅渐次发展成为行业领军企业，而且在全国品牌价值排行榜中也位居前列。许多老字号现在也成为地域文化的形象代言，如杭州的王星记扇子和张小泉剪刀等都是游客首选购买的纪念品。为此，应该充分发挥和弘扬品牌价值较高的老字号，突出其优势，努力开发特色商品，将老字号产品作为“中华名片”进行重点推广，鼓励其作为中国品牌在对外

经济交流和“文化走出去”进程中贡献力量。

2. 深入分析，系统梳理老字号工匠精神的社会价值

挖掘和弘扬老字号文化，不仅仅是对“中国制造”辉煌过去的印证，而且是对“工匠精神”“劳模精神”和“中国制造精神”的有效传承和弘扬，具有非常重要的社会价值。为此，需要加强老字号工匠精神研究力度，提升传统中国制造文化的历史厚重感和社会认同感。

从推进品牌强国、文化强国建设的高度，结合历史、地域、民族和行业特点与优势，由科研机构或高校牵头，将中国的老字号（含 1128 家“中华老字号”和各地认定的区域老字号），通过“匠人”“匠心”“匠品”三个维度，进行深入挖掘与梳理，系统展现和提炼老字号工匠精神谱系，弘扬老字号的企业精神、工匠精神、劳动精神。建立老字号工匠精神数据库，构建老字号文化保护评估指标体系，作为深入研究和传承、创新技术文化的资料基础。同时，围绕对新时代老字号工匠精神内涵的研究，按照不同行业、职业或岗位的属性和特点进行深入、有针对性的分析，加强对员工个体、组织和社会等不同层面工匠精神内涵的差异化分析。此外，对工匠精神与职业精神、劳模精神、企业家精神如何区分、协同、共促，相关内涵、形式和特点等研究的深度和规范性均需补足。

同时，鼓励高校、科研机构和有关老字号企业对接开展历史研究、传统工艺、产品设计、营销宣传、文创产品等相关研究活动，政府予以国家社科特别委托或艺术类基金支持，为老字号和民族工业文化传承提供智力和人才支撑。支持老字号企业与职业院校合作共建创新工作室和教学基地，开展老字号文化进校园、进社区、进企业等活动，支持有条件的职业技术院校开设老字号相关专业或课程，扩大招生规模，聘请老字号技艺传承人兼职任教、授徒传艺。

3. 扎根田野，切实加强老字号工匠精神的保护水平

中国知名品牌众多，老字号民族品牌的佼佼者，历史悠久，资源丰富。因此，讲好老字号工匠精神故事的首要工作就是加强挖掘和保护优势老字号

资源，这些资源中有传统的也有现代的，有手工艺的也有现代制造业的，有国有的也有民营的，兼具历史性、地域性、行业性、技术性和人文性等多个特点。2022 年 3 月，商务部发布了《商务部等 8 部门关于促进老字号创新发展的意见》，指出老字号集历史、文化、商业等诸多功能于一体，是我国工商业发展中孕育的“金字招牌”。还特别提出要促进老字号持续健康高质量发展，将老字号所蕴含的中华优秀传统文化更多融入现代生产生活，更好满足国潮消费需求，促进中华优秀传统文化的创造性转化和创新性发展，满足人民日益增长的美好生活需要。因此，在老字号保护过程中，还要注重传统与创新、政府与个人、短期与长期、质量与效率等关系，重点建设餐饮品牌、工艺美术品牌、医药品牌等与人们生活息息相关的几大类，继承、弘扬和提升中国消费品品牌的生产质量和服务质量。

加紧进行对老字号文化资源的普查摸底、跟踪调查工作。研究并确立老字号普查清单，包括传统制作工具、题字、牌匾、古迹旧居等，做到“应普尽普”。提高调查人员的文化敏感度和技术水平，增强普查人员的培训，配备先进的数字化设备，建立完备高效的普查数据库。完善地方老字号名录体系和信息档案库建设，全面了解和掌握各级老字号发展历史和现状。参照非物质文化遗产保护工作，充分利用文字、录音、录像、多媒体等各种现代化方式，加强对老字号传统工艺、发展史料和实物的整理和展示工作。

（二）加强政府推动力：切实提升老字号工匠精神政策供给

1. 加强各门类老字号申报、保护和管理工作

加强老字号知识产权保护工作。我国商标法采用的“快速注册”制度，对于与老字号相关的知识产权保护应高速、高效进行，将主动认定作为老字号商标认定的辅助原则，防止相关知识产权被侵犯，便于企业运用品牌商标战略占领市场。相关部门还应该通过将传统非专利领域向专利领域转化，有效扩大对老字号品牌知识产权的保护。同时，应严格控制既有认定老字号品牌的买卖权责，严格控制以商业驱动为导向的品牌之争。

加大老字号挖掘和保护力度。老字号涉及行业门类较多，除了衣食住行，

还有出版印刷、文艺院团、装备制造等。众多符合“中华老字号”申报要求的企业没有意识到或没有被列入老字号保护进程。实际上，我国的现代工业制造起步虽晚，但是生命力却相对顽强，诸如鸵鸟、北极星、商务印书馆等现代工业老字号的兴起与发展，不仅体现了特殊历史时期民族工业者的家国情怀，而且如今仍然焕发着勃勃生机。应鼓励符合条件的现代工业制造类企业积极申报老字号，重点行业有装备制造、新闻出版、文艺院团，等等。同时未立项先保护，将有关老字号纳入工匠精神和老字号宣传推广活动之中，提升传统中国制造文化的历史厚重感和社会认同感。此外，对已消失的老字号，有遗迹的建议抓紧申报文物保护单位，开展特色旅游，充分发挥老字号文化的“痕迹价值”。

2. 鼓励老字号纳入非物质文化遗产保护行列

2021 年 8 月，中共中央办公厅、国务院办公厅印发《关于进一步加强非物质文化遗产保护工作的意见》中特别提出要“将符合条件的传统工艺企业列入中华老字号名录”。作为中华商业文明的传承者，老字号世代相袭的传统制作工艺也成为珍贵的非物质文化遗产，比如东来顺涮羊肉制作技艺、六必居酱菜制作技艺、镇江恒顺香醋酿制技艺、五粮液酒传统酿造技艺、内联升千层底布鞋制作技艺、制扇技艺（王星记扇）、龙泉宝剑锻制技艺、宣纸传统制作技艺、陈李济传统中药文化和同仁堂中医药文化等都是国家级非物质文化遗产，其中宣纸传统制作技艺还入选了联合国教科文组织的世界非遗保护名录。但还有许多老字号企业由于获取信息渠道不畅、管理体制受限、历史资源保护不利等原因，无法纳入或不愿纳入非遗项目保护体系之中。应该通过政府部门的政策倾斜、积极宣传等方式，鼓励和加强国家与地方省市级老字号积极开展申报工作，同时加强老字号保护意识，以便将老字号的挖掘和利用纳入非遗规范保护行列，有效地增强老字号的品牌价值及其影响力。

3. 加强老字号知识产权保护力度

老字号的品牌之争自古以来便有之。大部分源于老字号的“一树多枝”现象，原因有多种。有学徒独立，如王麻子兴盛之初，同街的汪麻子、老王麻子、旺麻子、真王麻子，等等。当时有一首《竹枝词》反映了王麻子字号遍地开花，难辨真假的情境："纷纷刀剪铺如麻，认取招牌有数家。外客欲将真货选，不知谁是老王麻。"虽然挂着王麻子旗号的剪刀铺众多，但也多少与王麻子有些许关联。据1927年的《晨报》记述："初创时确为王麻子。年深日久，店中徒伙皆在外分店售卖。'王麻子'虽有真伪，其所售之刀剪却皆为一家所制也。"

有子女分家，如王老吉品牌，当年王老吉创办者王泽邦的三个儿子分家，三儿子王贵发在香港创办的企业做得风生水起，也就是现在加多宝集团的前身；另一个儿子王恒辉后人执掌的凉茶铺与许多药厂一起被收归国有，也就是现在广药集团的前身。价值1080亿元的王老吉品牌"红绿之争"，俗称中国商标第一案，让营销界在直面残酷博弈的同时，也要思考更加深层的问题。除此之外，老字号的"一树多枝"原因还有很多，有分店独立，如北京、南京的同仁堂，上海、沈阳的亨得利；有改革开放后对当年公私合营老店的家族传承，如厦门的黄金香与黄胜记，等等。

其实，老字号品牌之争，国外也不少。美国的百威啤酒也算是老字号。其实也是后起之秀，因为捷克也有一家啤酒厂叫百威（Budweiser），据说源自公元1245年波希米亚国王创立的酒厂，酒厂所在的城市Ceska Budejovice也被称为百威镇。美国的百威啤酒成立于1857年，当时为了增加知名度，借用捷克著名啤酒产地Budweis的名气，将自己出产的啤酒也定名为"Budweiser"。由于相隔遥远以及当时商标权保护法并不健全，美国百威与捷克百威就这样各自发展，"岁月静好"。然而，美国百威名气大了以后，双方便开始为"Budweiser"商标权打起了官司，一打就是百年，打遍欧洲。后来，美国百威公司被允许在欧洲的11个国家出售"Budweiser"商标的啤酒，而在德国、奥地利等8个国家，则只能以"americanbud"的品牌出现。如今，由于捷克经济不景气，国家有意将百威私有化出售，捷克人表示很难过，因为对他们来说，"Budweiser"已不仅仅是一个啤酒品牌，更是国家的历史和文化，是捷克民族的骄傲，是捷克人共同拥有的文化记忆。

近两年，苏州稻香村和北京稻香村的品牌之争也引人注目，究其原因就是“稻香村”这个老字号品牌巨大的商业价值。而这种竞争，被网友戏称“同行内乱”，对市场不利，对消费者更加不利。但从两个法院的判决来看，虽然诉由和涉案侵权范围不同，但在判决书中都分别禁止控方在糕点产品上使用“稻香村”文字标识，给公众造成了两地法院是出于保护本地企业而做出了相互抵触判决的印象，有强烈的地方保护主义色彩，如果依法执行，南北稻香村将是一个双输的结果，老字号品牌将不复存在。因此，老字号保护工作必须尊重历史，坚持传承优秀中华商道文明。从大量历史资料和实地调研可知，随着老字号企业的发展壮大，其品牌影响力也逐渐增强，由于历史原因造成的老字号品牌之争势必有增无减。

这些品牌相争的案例都与知识产权保护问题密切相关，因此，必须加强老字号知识产权保护力度，从商标、专利等角度为老字号保驾护航。我国商标法采用的“快速注册”制度，对于与老字号相关的知识产权保护应高速、高效进行，将主动认定作为老字号商标认定的辅助原则，防止相关知识产权被侵犯，便于企业运用品牌商标战略占领市场。相关部门还应该通过将传统非专利领域向专利领域转化，有效扩大对老字号品牌知识产权的保护，鼓励传统制作工艺申请专利保护。同时，应严格控制既有认定老字号品牌的买卖权责。此外，对已消失的民族工业老字号，有遗迹的建议抓紧申报文物保护单位，并采取未立项先保护的措施，在充分保护的基础上，开展文旅融合，释放老字号的文化活力，发挥老字号工匠精神的“痕迹价值”。

4. 充分发挥行业组织的能动性

老字号门类较多，涉及餐饮业、服饰业、医药业、手工艺业、建筑业、机械制造业、出版业和金融业等各行业。对具有跨行业特征的老字号来说，老字号协会的功能不容忽视。据调研所知，企业管理人员认为协会“帮助非常大”的比例有44.7%，“帮助比较大”的比例有44.4%。据悉，协会的主要负责人基本来自该区域实力较为强大的老字号企业，不仅具有行业带头和号召作用，为企业发展提供重要市场信息和管理经验，而且能够代表协会成员与政府和其他成员组织好协调工作。然而，国内目前比较成熟的省级老字号行业组织仅有浙江、上海、广东、辽宁、黑龙江、吉林、厦门等地，覆盖面并不足，而且个别老字号协会活动较少，社会组织效能未能充分发挥。因此，需要进一步鼓励各级（尤其是市级）老字号协会成立，为老字号传承和创新工作开展梯队建设。

据问卷调查可知，关于老字号企业发展最需要获得用户方面的帮助和支持，受访老字号企业管理者认为，排在第 1 位的是“地方政府”（64. 35%），排在第 2 位的是“当地老字号企业协会”（57. 47%），“中华老字号工作委员会”（32. 18%）排在第 3，其他依序是“消费者”（25. 67%）、“银行”（16. 09%）、“地方政府经济管理部门”（15. 71%）、“企业员工”（13. 79%）等（见图 5-4）。

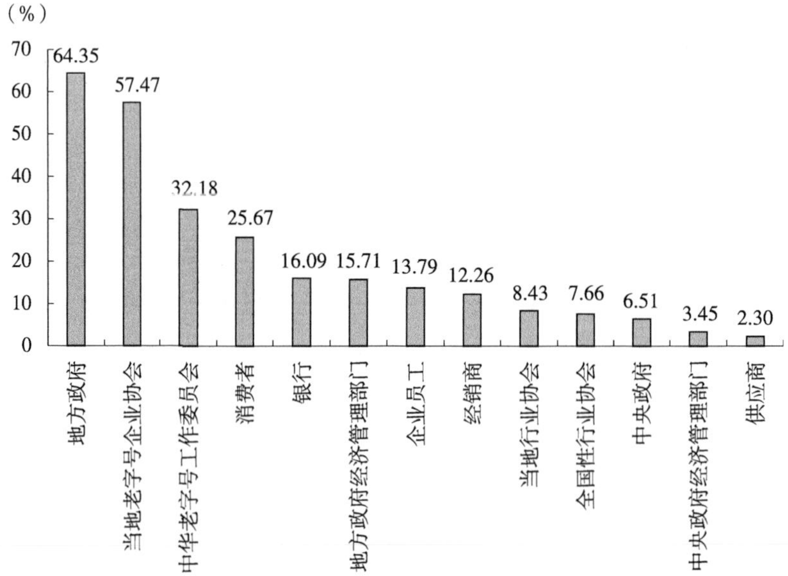

图 5-4　受访老字号企业管理者认为老字号最需要获得哪方面的帮助或支持占比

可见，“政府”是老字号企业发展最重要的推动力，在政策供给、品牌认定、平台搭建等方面具备较大的价值。近年来，各地的老字号协会也发挥着突出的社会组织功能，山东、辽宁、山西等地的省级老字号协会活动频繁，助力效果明显。与 2013 年相比，“地方政府”“当地老字号企业协会”“中华老字号工作委员会”仍是老字号企业需要获取帮助或支持的相关方。

（三）培育媒介驱动力：多方共促老字号工匠精神宣传力度

1. 完善“匠人”培育机制，为弘扬工匠精神提供人力保障

在国家层面上，从考核、晋升、激励、保障等方面建立老字号企业技术人员的发展机制，引导相关部门、职业院校和老字号企业探索实施“工学结合”“学徒制”等专业技术人才培养模式。鼓励职业教育与老字号合作办学，培养更高素质、更富有活力、具有高水准的“匠人”团队。职业学校是教育改革发展的前沿阵地，是培养“匠人”和传承工匠精神的重要阵地。“德国制造”在全球化时代仍旧保持国际领先地位的主要一个原因，就是实施双轨制职业教育体系，即由学校和企业联合展开职业教育。目前在德国可以参加的培训职业多达350多种，德国技术工人的平均工资远高于英、法、美、日等国，与白领阶层相差不多，而德国的技能型人才占78%，瑞士占82%，这样的人力资源结构是其制造业核心竞争力的有力保障。

在企业层面上，工匠精神作为一种文化认同和集体记忆，是传统制造与现代制造业的“文化自信”所在，是其宝贵的无形资产和核心竞争力，因此，应该大力鼓励企业加强工匠文化的凝练和宣贯工作，传承和创新传统技艺，掌握先进的管理理念，比如卓越绩效管理模式等。打通并逐步完善传承人或技术工人的晋升通道，通过培训学习、技能比赛、师带徒、大师工作室、产学研合作等多种方式，提升技术人员的技能水平。

2. 构筑立体化与大众化宣传网络，传播好老字号工匠精神声音

充分利用各种媒体和渠道，有重点有特点、有系统有个别、分批分段分行业，全面加大老字号及其工匠精神的宣传推介力度，建立立体化和全方位的老字号宣介覆盖网络，开展正导向、正能量、正面宣传战略，营造尊重匠人、争做匠人的社会氛围，营造崇尚实业和技能劳动者的社会价值观，为“中国制造”振威、提气、正名。

鼓励制作专题电视栏目，出版各地区、各行业老字号宣传书籍，制作以老字号为主题的纪录片，支持联合策展、评选、举办“老字号工匠精神”进

校园、进社区、进教材、进课堂等主题活动，推动建设工匠精神博物馆、传习所等。建设并完善国家和省、市各级老字号门户网站、微信公众号等移动客户端等。据了解，辽宁已经录制了《辽宁老字号》纪录片，社会评价较高；湖南卫视录制播放的《百心百匠》也得到了广泛关注；杭州、北京都编制出版了老字号系列丛书，保存了珍贵的历史资料。组织并筹办国家层面的老字号博览会和主题论坛，扩大老字号集聚效应，满足国潮消费趋势。

通过文旅融合，加强老字号"文化名片"推广力度。积极推广老字号旅游产品，不断推进老字号和旅游企业在景点建设、线路开发、宣传推广方面的合作。据了解，山东省近两年的老字号建设工作成绩突出，实施了"山东老字号中国行"，搭建了"山东老字号公共服务平台"，举办了资源融合、标准认定等系列研讨会和论坛。该省工作模式值得向其他省市推广复制。

对国家和各省、市评选的"工匠""企业家""科学家"及其企业进行大力宣传，积极鼓励和支持老字号及老字号的匠人们参与国家、省、市各级质量奖评选和品牌建设系列活动，提高品牌美誉度，树立品牌标杆。设立类似德国红点设计大奖、日本 G-mark 设计奖、意大利 Compasso d'Oro 设计奖等国际性工业设计大奖的专业奖项品牌，调动自主品牌创新和研发积极性，确保行业引领优势及地位，助推老字号乃至中国制造业文化的国际市场竞争力。

3. 推动老字号持续创新，提高管理质量，保持核心竞争力

作为中华商业文明的传承者，老字号世代相袭的传统制作工艺也成为珍贵的非物质文化遗产，如"仿膳（清廷御膳）制作技艺""东来顺涮羊肉制作技艺""酱菜制作技艺（六必居酱菜制作技艺）""镇江恒顺香醋酿制技艺""五粮液酒传统酿造技艺""普洱茶制作技艺（大益茶制作技艺）""内联升千层底布鞋制作技艺""盛锡福皮帽制作技艺""金银细工制作技艺（南京宝庆银楼）""剪刀锻制技艺（王麻子剪刀锻制技艺）""制扇技艺（王星记扇）""龙泉宝剑锻制技艺""金石篆刻（西泠印社）""宣纸传统制作技艺""中国传统制剂方法（马应龙眼药制作技艺）"等，都是已经立项的国家级非遗名录，入选省级、市级非遗项目名录或拥有非遗传承人的老字号企业数量更多。但是传统制作工艺如何生命长青既是非遗保护，也是老字号工

匠精神传承的重要问题，亟待引起人们重视。

据问卷调查可知，关于本企业在营销上“关注消费者的新需求”方面采取的措施，受访的老字号企业管理人员表示，最常采取的措施是“收集消费者反馈信息”（69.35%），排在第1，其次是“关注年轻人的需求”（40.23%）、“迎合时尚消费”（38.70%）和“改变产品包装”（33.33%），再次是“改变产品口味”（26.44%）和“增加环保和绿色产品”（21.46%）。与2013年调查结果相比，“关注年轻人的需求”由第7位上升到第2位，“改变产品口味”由第8位上升到第5位，“关注中老年人的需求”由第5位下降至第7位（见图5-5）。

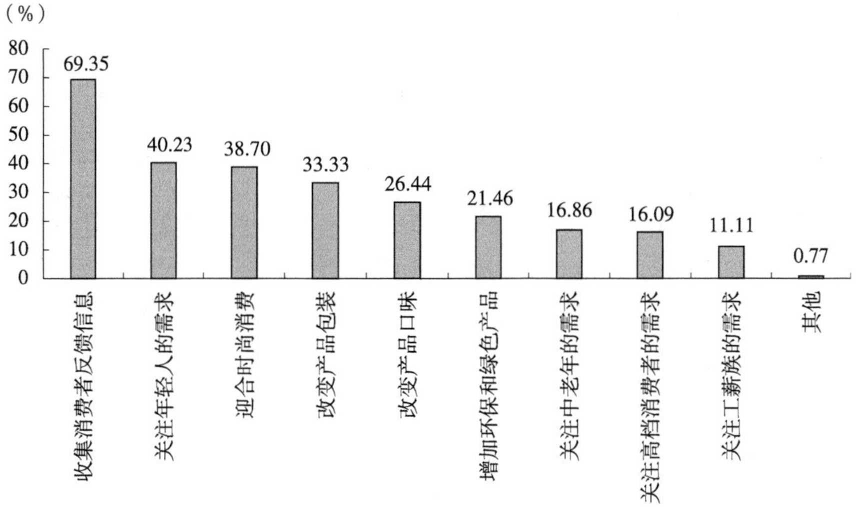

图5-5　受访老字号企业在关注消费者新需求方面采取的措施占比

从调查数据可以看出，“收集消费者反馈信息”受到了老字号企业高度的重视，比排在第2和第3的选项高出约30个百分点。同时老字号也积极开展从产品内容到形式方面的创新，并非常关注年轻人的需求，从老字号企业最近几年开展的“国潮”“IP联名”“快闪”“电商”等营销措施就可一窥端倪。

同时，可以通过设奖励、推方法等措施来推动老字号开展技术创新和管理创新，提高产品和服务质量。德国有红点设计大奖，日本有G-mark设计奖，意大利有 Compasso d'Oro 设计奖，这些国际性的工业设计奖对创新的促动有目共睹。中国有能力设立类似奖项，并做成世界性的知名设计奖项，加大制造业尤其是传统制造业研发和创新的鼓励力度，巩固老字号的行业引领优势和地位。

同时，管理和运营水平是老字号企业的痛点，建议鼓励老字号们尽快学习并掌握先进的管理理念，执行严谨的工业质量标准，比如卓越绩效管理模式、全面质量管理、6S 管理等，同时加强企业的研发投入，推动“匠品”实现个性化、标准化、创新化、人文化和品牌化。

还应该努力提升老字号品牌溢价能力，增加产品附加值。同样的产品打上不同的品牌价格可能高出数倍，这就是品牌溢价能力。耐克从中国制鞋厂花 120 元人民币买走的运动鞋因为打上了耐克品牌，售价可至 700 多元。许多海淘的商品买回来一看都是“Made IN China”。海尔“先难后易”的国际化战略，大肆宣传“产品畅销德国、成功登陆美国、全球海尔人祝中国人民春节愉快”，国际级大品牌的形象使其溢价能力超过了其他国内电器品牌。老北京流传着一句口头禅：“头顶马聚源，脚踩内联升”，说明品牌不仅是身份的象征，有时甚至会引领消费潮流。“中国工艺美术大师”雕刻的玛瑙成品市价往往可逾普通雕刻师作品的几十倍。老字号有质量有信誉，不缺少文化也不缺少历史，缺少的是挖掘和包装。因此，建议以工匠精神为切入点，从服务水平、营销手段和文化内涵上综合提升老字号的产品附加值，完善老字号品牌建设体系，扩大老字号的品牌影响力，提高品牌溢价能力。

三、个案研究——文房四宝业老字号的发展困境与解决路径

笔墨纸砚，也被称作文房四宝，在中国传承已久，代表着中国传统文书工具的独有特色及其文化。在市场经济浪潮的冲击下，伴随着书写习惯的更新换代，宣纸、毛笔、砚台、松烟墨甚至墨水等文房四宝业老字号面临着重重困难。传统制作工艺对于材料、工序有着较高要求，生产规模无法迅速扩大。书法已经渐趋小众，产品更新换代不及时，总体市场份额越来越小。管

理成熟度相对较低，小作坊的运营模式已经无法为产品和服务质量提供保障。其实这些突出问题，在老字号漫长的历史发展进程中也有过先例，老字号通过传播企业文化、研发新产品、提高服务质量、更新制作工艺、打开营销思路、提升管理水平等路径，确保字号不倒，韧性发展。

（一）文房四宝业老字号传承的历史脉络

笔墨纸砚的制作历史，可以追溯到春秋战国时期。《尔雅·释器》中有关于“笔”的记载：“简谓之毕，不律谓之笔，灭谓之点。”1954 年，在湖南长沙出土了一支战国时期的楚国毛笔，笔杆为竹制。1957 年，陕西西安出土了成沓的西汉晚期古纸残片，称“灞桥纸”。可见，早在西汉时期，中国人就已经开始制作并使用纸。东汉时期，蔡伦又将造纸术进一步提升并推而广之。

魏晋时期，已有较详细的制笔方法记载。《齐民要术·卷九》里记述“笔法”为：“韦仲将《笔方》曰。先次以铁梳兔毫及羊青毛，去其秽毛，盖使不髯茹。讫各别之。皆用梳掌痛拍整齐，毫锋端本各作扁极，令均调平好。用衣羊青毛、缩羊青毛去兔毫头下二分许，然后合扁，卷令极圆。讫，痛颉之。以所整羊毛中，或用衣中心，名曰笔柱，或曰墨池承墨。复用毫青衣羊青毛外，如作柱法，使中心齐，亦使平均。痛颉，内管中，宁随毛长者使深。宁小不大，笔之大要也。”[1] 书中还记载了“合墨法”，说：“好醇烟捣讫，以细绢筛于堈内，筛去草莽若细沙、尘埃。此物至轻微，不宜露筛，喜失飞去，不可不慎。墨曲一斤，以好胶五两浸梣皮汁中……亦以真珠砂一两，麝香一两，别治，细筛，都合调。下铁臼中。宁刚不宜泽，捣三万杵，杵多益善。合墨不得过二月、九月。温时败臭，寒则难干潼溶，见风自解碎。重不得过三二两。墨之大诀如此。宁小不大。”[2]

唐宋时期，文房四宝随着文学的兴盛而发展迅速。《唐国史补》记载：“纸则有越之剡藤苔笺，蜀之麻面、屑末、滑石、金花、长麻、鱼子、十色

---

[1] 贾思勰. 齐民要术（下册）[M]. 北京：商务印书馆，1930：73.

[2] 贾思勰. 齐民要术（下册）[M]. 北京：商务印书馆，1930：73.

笺，扬之六合笺，韶之竹笺，蒲之白蒲、重抄，临川之滑薄。又宋亳间有织成界道绢素，谓之乌丝栏、朱丝栏，又有茧纸。”“凡造物由水土，故江东宜纱绫、宜纸者，镜水之故也。”❶ 北宋时期苏易简的《文房四谱》则详细研究和记述了笔墨纸砚的诞生、制造工艺、流传的故事以及有关诗词曲赋等。当时，售卖笔墨纸砚的店铺已为数不少，如《东京梦华录》中所述：“街北都亭驿（大辽人使驿也），相对梁家珠子铺。馀皆卖时行纸画，花果铺席。”❷

明清时期，文房四宝业更加兴旺，出现了许多书肆集市专门售卖文房四宝等文化用品。《光绪顺天府志》记载：“胡氏经籍会通云：燕中书肆，多在大明门之右，及礼部门外拱宸门西，花朝后三日，则移于灯市，每朔望并下浣五日，则徙于城隍庙中。灯市岁三日，庙市三朝后三日。今京师书肆皆在正阳门外西河沿，余惟琉璃窑厂间有之而不多见。灯市初在灵佑宫，稍列书摊，自回禄后移于正阳门大街之南，则无书矣。每月朔望及下浣五日，百货集慈仁寺，书摊只五六，往间有秘本，二十年来绝无之。”❸ 再如夏仁虎在《旧京琐记》中记载：“琉璃厂为书画、古玩商铺萃集之所。其掌各铺者，目录之学与鉴别之精往往过于士夫，余卜居其间，恒谓此中市佣亦带数分书卷气。盖皆能识字，亦彬彬有礼衷。”❹ 这一时期，流传至今的笔墨纸砚老字号有创办于清康熙十一年（1672）的荣宝斋、清乾隆六年（1741）的王一品斋、乾隆四十七年（1782）的胡开文、清咸丰四年（1854）的胡魁章、清朝同治元年（1862）的邵芝岩、清同治四年（1865）的一得阁和清光绪二十三年（1897）的商务印书馆等。

民国以后，出现了许多以振兴民族经济为初衷的老字号企业，如创办于1912年的中华书局、创办于1935年的鸵鸟墨水和中国铅笔厂（中华牌）。中华人民共和国成立后，政府将许多著名文房四宝产地中处于零散发展的老字

---

❶ （唐）李肇，《唐国史补》。

❷ 孟元老．东京梦华录注：卷二・宣德楼前省府宫宇［M］．邓之城，注．北京：中华书局，1982：52.

❸ 周家楣，缪荃孙，等．光绪顺天府志・地理志［M］．北京：北京古籍出版社，1987：580.

❹ 夏仁虎．枝巢四述・旧京琐记：卷九［M］．沈阳：辽宁教育出版社，1998：126.

号整合，形成了一些颇具新气象的知名老字号企业，如建于1951年的红星宣纸。随着新中国文化事业的蓬勃发展，文房四宝业也进入了前所未有的兴盛时期。尤其是改革开放后，许多改制后的老字号通过提高技术和创新产品在市场经济大潮中经受住了考验，如荣宝斋、一得阁、商务印书馆、中华书局和西泠印社等，成为传承中华文书工具文化和发扬中华传统文化事业的行业代表。

（二）文房四宝业老字号传承的突出问题

随着人们书写习惯的更新换代，加上传统制作工艺对于材料、工序的较高要求，宣纸、毛笔、砚台、松烟墨，甚至墨水等行业的文房四宝老字号企业，在市场经济的浪潮中发展艰难。

例如，始创于1935年的墨水行业老字号鸵鸟墨水厂，是中国自产墨水的首家老字号。创办者为张言廷和郭尧庭，他们曾在辽宁丹东诚文信文具店做学徒。1935年，诚文信文具店在天津设立分店，即天津诚文信德记文具店，地点在天津市红桥区锅店街。张言廷任经理，郭尧庭任副经理。当时经营的墨水和文具基本都是进口货。尤其是墨水，大部分来自美、英、日、德等国家，国内生产的墨水只有低档的盐基墨水和墨水片。[1] 张言廷和郭尧庭作为爱国商人，意识到国货与国运的关系，便开始研制国产墨水，立志创出自己的品牌。1942年起，郭尧庭根据商务印书馆出版的《工业大全》，对照上面墨水生产的基本常识，聘请化学人才，和本店的技工一起开始研制墨水。经过两年多反复试验，生产出少量普通墨水，取名丽得牌，供学生们使用。1945年，终于研制出了鞣酸铁墨水，即蓝黑墨水，取名鸵鸟牌。寓意墨水像鸵鸟一样有耐力，写出来的字迹牢固稳定，不会沉淀变质。鸵鸟墨水正式投产时，天津还在日伪控制之下，诚文信克服了没有厂房、没有生产容器和没有包装瓶等困难，在简陋的条件下坚持生产，从此结束了洋墨水占据中国文化市场的历史。鸵鸟墨水虽然有过实业救国的辉煌历史，但也难免受到产品更新落

---

[1] 孔令仁，李德征．中国老字号：第四卷［M］．北京：高等教育出版社，1998：360-361.

后于市场需求的考验。20 世纪末，面对办公用品和书写工具的不断更新，墨水的功能逐渐被中性笔、水性笔和电脑等代替，鸵鸟公司一度发展十分艰难。

再如中国最早生产墨汁的老字号之一，创办于清同治四年（1865）的一得阁。魏晋以前，我国书写一般都用漆和石液。魏晋时期出现了用漆烟和松煤制作的墨丸，后来演变成墨块。在科举考试中，考生都需要自己现研墨、现书写。清同治年间，湖南湘乡人士谢崧岱进京赶考，虽然名落孙山，但却有感于考试中考生研墨的辛苦和嘈杂，萌生加工成品墨汁售卖给考生的念头。于是，他便先用墨块研制出许多墨汁，拿到考场外销售，大受欢迎。后来，谢崧岱又研究出生产墨汁的方法，在积累了一定的资金后，于清同治四年（1865），在当时文人荟萃的文化街（即现在东琉璃厂 67 号处）置办了一座二层小楼，开起了专门制造和售卖墨汁的作坊，前店后厂，生意兴隆。[1] 他还亲自书写对联赞美自家的墨汁，上联为："一艺足供天下用"，下联为："得法多自古人书"。店名便取两联首字，命名为"一得阁"。早期的一得阁墨汁采用传统的制墨技法，主要原料为油烟和松烟。制作方法较为原始和简陋："在一间屋子里点上数百盏油灯，上有层层铁板，油烟向上升腾，凝结在铁板之上。最上层的称为'云烟'，质量最好；中间的称'中烟'，次之；最下面的称为'落地烟'，又次之。"[2] 松烟的制作方法也一样很古朴，"在院子里支灶燃烧松香，上面接有烟筒，烟筒的'拐脖'很多，在房顶上来回盘绕，烧出来的松烟，只能在烟筒里转圈儿，很难逸出。到了一定的时候，把烟筒卸下来敲打，便得到了制墨所用原料——'松烟'。"[3] 制作完油烟和松烟两种原料后，再加上骨胶、冰片、麝香和芦盐等配料，经过上百次研磨，生产出虽然不易久存、缺少光泽，但在当时仍是独一无二的墨汁。达官贵人和文人雅士都欣然前往一得阁购买。光绪十年（1884），谢崧岱写成《南学制墨札记》。光绪十六年（1890），谢崧岱的兄弟谢崧梁写成《今文房四谱》，对中华民族制墨技艺及其文明的传承和发扬功不可没。1956 年，公私合营，一得阁职工人数

---

[1] 侯式亨．北京老字号［M］．北京：中国环境科学出版社，1991：304.

[2] 侯式亨．北京老字号［M］．北京：中国环境科学出版社，1991：305.

[3] 侯式亨．北京老字号［M］．北京：中国环境科学出版社，1991：305.

增加至108人。1957年，通过向上海等地同行业的学习，一得阁的发展突飞猛进，不仅引进了机器生产和监工，结束了完全手工制作墨汁的历史，还增加了广告、国画、水彩、油画颜料和绘图墨水等产品。1960年，一得阁年生产总值233万元，是1956年年生产总值的5.5倍。[1] 2006年，一得阁被商务部认定为首批中华老字号企业。同年，“一得阁墨汁制作技艺”被列入北京市级非物质文化遗产项目名录。一得阁牌墨汁、中华牌墨汁和特制八宝印泥被国家科委、国家保密局确定和核准为国家秘密技术项目。据中国文房四宝协会统计，北京一得阁墨业有限责任公司生产的墨汁占全国书画墨汁总产量的76%，可谓墨汁企业中的龙头。可是，随着荣誉而来的还有一些新问题。大量假冒一得阁产品充斥市场，严重影响了一得阁的发展。2011年，一得阁发布声明指出：目前文化用品市场假冒一得阁墨汁猖獗，为了保护经销商、消费者和企业自身的利益，决定从即日起北京一得阁墨业有限责任公司所发出一得阁系列墨汁产品均贴有防伪标识。2012年，一得阁又发布假货包装通知，通知中有一张图，指出现在市场上销售的，与图中包装一样的一得阁墨汁全部为假货。[2] 可见，老字号在知识产权方面的发展任重而道远，品牌保护体系还需要尽快完善。

（三）文房四宝业老字号传承的突破路径

我国将“中华老字号”认定条件限定为“品牌创立于1956年（含）以前”的企业。按照这一规范，全球许多知名品牌都属于老字号，如美国的通用电气（GE）、日本的月桂冠（Gekkeikan）、德国的西门子（Siemens）等，然而，成功的企业通常只是凤毛麟角，大多数企业的存活时间只有四五十年。日本的古老企业数量居世界之首，其中日本最古老的清酒品牌月桂冠长期生存的原因是其研发的独特的无清酒保鲜技术以及谦逊和勤俭的企业文化。所以老字号之所以能够历经多年屹立不倒的一个重要因素是因为他们在秉持企

---

[1] 孔令仁，李德征. 中国老字号：第四卷［M］. 北京：高等教育出版社，1998：312-315.

[2] 资料来源于北京一得阁墨业有限责任公司官方网站。

业文化，提升工艺、注重细节的同时也在与时俱新，持续满足和创造新的消费需求。[1]

坚持传承传统工艺。面对是坚持古法制笔技艺，还是用普笔代替狼毫笔增大产量、降低成本的抉择，“胡魁章”笔庄仍坚持做“北派狼毫”的“活化石”。笔庄现拥有3位省级非物质文化遗产传承人，几十年如一日地从事着艰苦乏味的制笔工作，正如前文提到的，笔庄一位老员工说：“没有出家心，做不了狼毫笔”。20世纪80年代，毛笔行业正红火，当年能进入笔庄工作就像进了世界五百强企业一样。后来因为制笔行业竞争激烈，笔庄一度因为生意惨淡而规劝员工各谋出路，但是这些传承者们依然留守，他们笑言：“除了制笔也不会干别的。”“老祖宗留下来的手艺不能搁（在）我这丢了。”如今，笔庄虽然产量不高，但是其销售收入却日益攀升，因为狼毫笔含墨量大、吐墨均匀、书写流畅，很多业内人士大多会选择使用狼毫笔。2019年，笔庄刚搬迁至旧址附近的一独栋院落，制笔环境越来越好，经营规模日益扩大。此外，笔庄在毛笔文化的传承和文创产业方面也颇有建树，2017年，笔庄与深圳某设计公司合作出品的毛笔获得了德国红点设计金奖。从笔庄的发展可以看出，因为传承者们的坚守，濒临灭绝的“北派狼毫”制作工艺得以有效传承，并确立了强烈的文化认同，笔庄人尊重传统制笔工艺，消费者们也对笔庄及其产品保持着较高的忠诚度和认可度。

据问卷调查可知，关于本企业开发新产品的方法，受访的老字号企业管理人员表示，最常采用的方法是“开发新的生产工艺”（44.44%），其次是“迎合新的消费需求”（41.76%），再次是“设立研发部门”（38.31%）。此外，部分老字号企业还采用了“高薪引进研发人才”（21.84%）、“改善生产环境”（21.46%）、“增加研发人员数量”（18.39%）、“增加新的生产线”（16.86%）、“迎合传统消费”（15.33%）等方法。与2013年的调查相比，本轮调查显示，“开发新的生产工艺”“迎合新的消费需求”“设立研发部门”等的排位依然在前三位，但是“开发新的生产工艺”位次由第2位提升至第1

---

[1] 张继焦．“老字号”的长寿秘诀和发展模式［J］．中国品牌，2017（5）．

位。此外，“改善生产环境”的排位从第 8 位上升至第 5 位。

关于本企业在“开发新的生产工艺”方面采取的办法，受访的老字号企业管理人员表示，最常采取的办法是“在老工艺中增加新工艺”（65. 90%），排在第 1，其次是“提高老工艺的生产效率”（42. 15%），排在第 2，接下来为“制订工艺标准”（25. 67%），排在第 3（见图 5–6）。与 2013 年调查相比，“从手工制作变为生产线”由第 2 位下降到 5 位，“降低生产成本”由第 4 位下降到 7 位，“制定工艺标准”由第 5 位升至第 3 位。可以看出，老字号企业在开发新的生产工艺方面依然非常重视“在老工艺中增加新工艺”“提高老工艺的生产效率”等老工艺的传承与创新工作，并在管理制度方面进行了努力，积极“制定工艺标准”，为规模化发展提供规范的工艺基础。

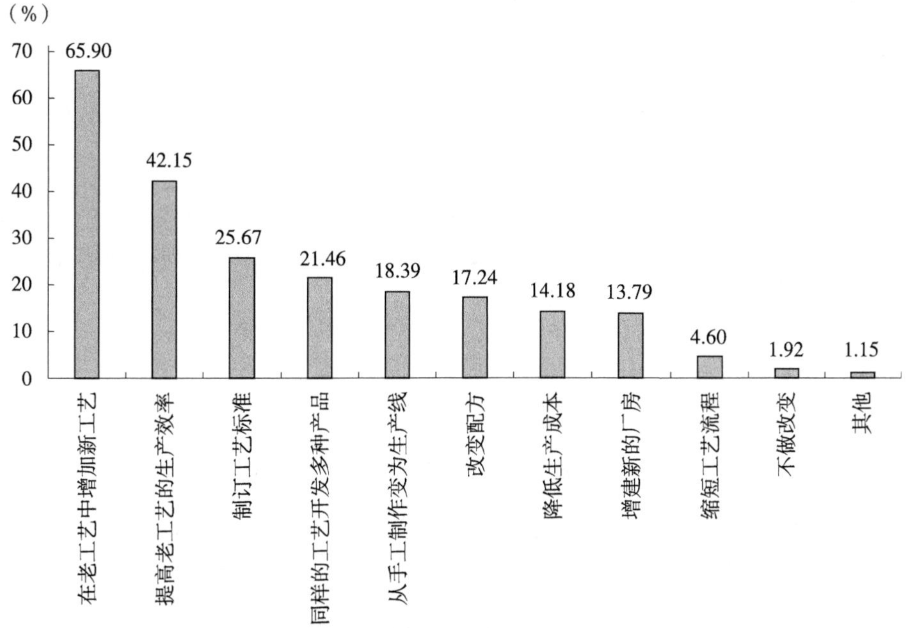

图 5–6　受访老字号企业管理者评价开发新工艺的方法占比

老字号坚持传统工艺，锐意创新产品和经营模式的例子不胜枚举，以杭州最为知名的制扇业老字号“王星记”为例。王星记，创始于清朝光绪元年（1875），创始人王星斋，出身于三代扇业工匠之家，二十多岁时就成为杭州制扇业中一位砂磨名匠。其妻陈英是远近闻名的黑纸扇贴花洒金高手。[1] 杭扇与浙江丝绸和龙井茶叶并称为“浙江三绝”，在宋朝时就享有盛名。宋代《梦粱录》记载：“杭城大街，买卖昼夜不绝，夜交三四鼓，游人始稀；五鼓钟鸣，卖早市者又开店矣。大街关扑，如糖蜜糕、灌藕、时新果子、像生花果、鱼鲜猪羊蹄肉，及细画绢扇、细色纸扇、漏尘扇柄、异色影花扇……”明清时期杭扇发展更为兴旺。杭州经营扇子的店号有50多家，从业人员四五千人。作坊主要集中在太平坊、扇子巷和官巷口一带。

王星斋、陈英夫妇恪守“精工出细活、料好夺天工”的经营宗旨，深得顾客好评。光绪二十七年（1901），王星斋在北京杨梅竹斜街开设王星斋扇庄，在上海和沈阳等地设立销售点，在杭州的制扇作坊也扩大了雇工和招徒规模，并迁至祖庙巷，渐渐发展成为一个中型制扇工厂。为了适应产销一条龙的发展需要，王星斋夫妇除了在技术上精益求精，还在经营上狠下功夫。通过发料加工、预付货款和收购成品或半成品等方式，控制了一部分中小作坊来扩大生产与经营，与杭州生产著名黑白光扇的张子元和舒莲记并驾齐驱，并称为杭城扇业三大名庄。后来，王星斋改为王星记。[2] 清光绪三十年（1904），舒莲记老板为了与王星记竞争，花钱捐官做了道台，垄断了进贡朝廷的高级花扇销路。王星记转而面向百姓生产耐用、浸水不走样的黑纸扇。现在，黑纸扇成为王星记扇子的一个重要品种。[3] 宣统元年（1909），王星斋病故，其妻扶持年仅十几岁的儿子王子清继承父业。当时受湖南白纸扇和日本扇子的挤占，加上清政府垮台、宫廷贵族没落，杭扇销量并不好。王子清长大后致力于根据市场需求革新产品。他率先以檀香木为材料，以西湖名胜“西泠”“玉带”和“双峰”为名制作檀香扇。后恰逢舒莲记老板舒青莲去世，子孙分其家产且挥霍无度。王子清认准时机，决定重振王星记。1929年，王子清注册了“三星”商标，同时在杭州太平坊舒莲记对面开设规模为四开间门面的王星记扇庄。他还不惜重金在报刊、日历和橱窗等大做广告宣传。

---

[1] 赵大川. 杭州老字号系列丛书·百货篇［M］. 杭州：浙江大学出版社，2008：168-169.

[2] 资料来源于杭州王星记扇业有限公司官方网站。

[3] 赵大川. 杭州老字号系列丛书·百货篇［M］. 杭州：浙江大学出版社，2008：172-175.

同年，王子清抓住了杭州举办西湖博览会的良机，挑选各类精致名扇，参加博览会艺术馆陈列竞赛，不仅获得金奖，而且编印了王星记名扇品种价目专册，广为散发、大肆宣传，又雇用翻译招待国外客户上门参观选购。由于他的精心策划，王星记扇子在博览会期间被选购一空，并接了国外两年的订货单，外销自此打开，生意日益兴隆，业绩也渐渐超过舒莲记扇庄。❶ 后来，王子清根据上海妇女普遍喜爱扇子的需求，吸收日本、法国女式扇的特点，创造性地开发出一种檀香木绢扇，以印度檀香为原料，木质细腻坚硬，并含有天然的芳香油，受到市场上的普遍欢迎。1959 年，王星记扇厂改属上城区工业局，归杭州市手工业局管理，扇子品种增至 10 种，恢复了停产多年的全棕 40 茄、50 茄黑纸扇，真金象牙扇，男式檀香扇和湘妃骨边扇等工艺扇品种。1979 年，在全国首次扇子质量评比中，王星记黑纸扇以其过硬的质量获得轻工部全国优质产品称誉。1981 年，在全国扇子质量评比中，王星记黑纸扇又获全国同类产品第一名。1983 年，其真金全棕黑纸扇获中国工艺美术品百花创作一等奖。2006 年，王星记被商务部认定为首批中华老字号，也是制扇行业中的唯一一家。同年，王星记向国家知识产权局申请 13 项外观设计专利，有效地保护了企业知识产权。2008 年，“王星记制扇技艺”被列入国家级非物质文化遗产保护名录。2012 年，杭州王星记扇业有限公司被授予首批联合国教科文组织全球创意城市网络“工艺与民间艺术之都”传承基地称号。王星记扇子选材名贵、制作精良、造型典雅、品位高档，目前拥有黑纸扇、檀香扇、白纸扇、绢扇、舞扇、骨扇、香木扇和挂扇等 25 个大类 1 万多个花色。除供应国内市场外，还远销 40 多个国家和地区。❷ 现拥有多项专利产品和多位身怀绝技的技艺人才，在传统销售方式的基础上还积极利用互联网、电子商务开辟新的销售渠道。

利用媒介唤醒记忆。以建于清朝同治元年（1862）的邵芝岩笔庄为例。邵芝岩是杭州唯一一家制作和经营各类毛笔与文房四宝的百年老字号。清同

❶ 赵大川．杭州老字号系列丛书·百货篇［M］．杭州：浙江大学出版社，2008：172-175.

❷ 资料来源于杭州王星记扇业有限公司官方网站。

治元年（1862），杭州邵芝岩笔庄的创始人，年仅18岁的浙江慈溪人邵芝岩在杭州三元坊开了一家笔庄，名叫粲花室，前店后厂。由于邵芝岩善于经营，年轻志大，笔庄生意日趋见好。但邵芝岩笔庄的名震四方则与一则故事密不可分。据悉，清朝末年，一位青年到五云山挖兰花换米，无意中采掘到一枝奇特地盛开的并蒂兰花，绿如翡翠，非常稀有，人们竞相前去观赏。邵芝岩觉得这是一个商机，便花了500两纹银买下这枝兰花，取名叫作“绿云”❶，在笔庄内展览。许多达官贵人和文人墨客都欣然前往笔庄观赏奇花，笔庄也因此声名远播，生意日渐兴隆。❷ 继而，人们便将笔庄称作邵芝岩。邵芝岩还借由这枝“绿云”兰花设计了“芝兰图笔”，商标为一幅芝兰图，即左边是一个花瓶里插着灵芝，暗含邵芝岩的“芝”字，右边是一盆“绿云”兰花，寓意笔庄的笔名贵高雅。

邵芝岩笔庄不仅一直遵循传统经营祖训，在继承和发扬传统产品的基础上，还积极研发适应新时代的产品及销售方式，通过各种物化痕迹、传统售卖方式和各种营销活动来唤醒消费者的文化记忆，保持老字号的生命力。1986年，笔庄专门赶制了一支重4公斤、笔头直径13厘米和毫长26厘米的巨型毛笔，供沙孟海先生在拍摄《沙孟海》中使用，沙老书写的比灵隐寺大雄宝殿字大一倍的“龙”字就是出自这支巨笔。沙老将这支笔命名为“椽”。❸ 除此之外，启功、陆俨少、钱陶君、郭仲选、常书鸿和潘洁兹等著名书画家都对邵芝岩笔庄赏识有加，并赠以墨宝。目前的邵芝岩笔庄已被列入杭州市历史建筑保护单位，保留着民国时期灰木结构建筑，占地面积482.73平方米，分上下两层，正前门挂着“邵芝岩笔庄”金字招牌。同时，笔庄还保留着传统的独特开票收银方式：“会计坐在一楼到二楼半层的地方，楼下开好发票的伙计把发票和钱夹在夹子上，顺着丝带转动，夹子就到了会计那里，会计再把发票和零钱用同样的方式传到楼下。”❹ 这种传统虽然在现

❶ 绿云：仅开一对并蒂花，叶枯以后发芽，现已被载入花谱。

❷ 孔令仁，李德征. 中国老字号：第十卷［M］. 北京：高等教育出版社，1998：278-279.

❸ 孔令仁，李德征. 中国老字号：第十卷［M］. 北京：高等教育出版社，1998：279-280.

❹ 戎彦. 浙江老字号［M］. 杭州：浙江大学出版社，2011：147.

在看起来远比电脑收银落后，但由于其古朴独特，满足了人们的情感诉求，还是被保留了下来。如今的杭州邵芝岩笔庄仍是前店后厂，邵芝岩毛笔的价值已趋向多元化，除了实用价值以外，还由于其悠久的历史和高超雅致的制作工艺具有较高的艺术价值和收藏价值。

餐饮业老字号比较善于挖掘和利用好“媒介”的力量。以浙江绍兴的咸亨酒店为例。咸亨酒店创办于清光绪二十年（1894），店址位于浙江省绍兴市鲁迅路中段，与鲁迅故居仅隔一条石板路。咸亨酒店由著名作家鲁迅先生的堂叔周仲翔开办。“咸亨”二字出自《易经·坤卦》之《彖传》：“至哉坤元，万物资生，乃顺承天。坤厚载物，德合无疆。含弘广大，品物咸亨。”“咸”即“都”，“亨”即顺利通达。“咸亨”即生意兴隆、万事亨通。咸亨酒店在当时算不上高档酒店，因此仅有一些下层人光顾。不到几年，由于周仲翔不擅经营，咸亨酒店倒闭。但咸亨酒店却给少年鲁迅留下了深刻的印象。他在《孔乙已》《风波》和《明天》等小说中，都提到了咸亨酒店，塑造了孔乙己等经典人物形象，也使得咸亨酒店得以名扬四方。文章中提到的茴香豆、绍兴酒、咸煮花生和油炸臭豆腐等，也成了咸亨酒店重要的“媒介”招牌。1981 年，在鲁迅先生一百周年诞辰之际，咸亨酒店终于重新开张，店址位于鲁迅路 44 号。店门悬挂“咸亨酒店”四字横匾，店内保留晚清时绍兴建筑风格，复现了鲁迅笔下描绘的当街一个曲尺柜，柜内陈设青瓷坛、蓝边碗和茴香豆及豆腐干等下酒物。如今的咸亨酒店已发展成绍兴咸亨集团股份有限公司，成为传播鲁迅文化、越文化和黄酒文化的知名老字号企业。

再以酒业老字号“老龙口”为例。“一杯老龙口，一盘童子鸡”，“三杯龙口穿心过，两片彩云脸上来”，“大哉老龙口，阔步跃金门，腾云起龙骧”，生活在辽沈大地上的人们都知道这些流传甚广的谚语与美誉说的便是辽宁最为著名的酒业老字号之一——“老龙口”。从康乾盛世到伪满乱局，从抗日战争到迎来新中国，从作坊到企业，从改制到起死回生，“老龙口”作为东北历史最悠久、现存唯一连续生产三百多年未中断的中华民族工业品牌，充分挖掘并发挥着老古井、老古窖、老工艺、老石磨、老酒海、老商标、老酒坛等文化记忆媒介的驱动力，讲好了“老字号”这篇好故事。1662 年，山西太谷县酿酒商孟子敬在盛京小东门外买下一块空地，投资兴建了“义隆泉烧锅”，烧锅占地面积为100亩，因位于清朝留都盛京（今沈阳）龙城之东口，故又称“老龙口”。院内有古井一眼，水质清澈透明，素有“龙潭水”之称。关于“龙潭水”，一直流传着一段美丽的传说。据说当年孟子敬筹备酒坊的时候，发现打出的那口井水苦涩不堪，为此孟子敬终日愁眉不展。有一天，他遇见一位道士，道士说：“凭此地势，焉会有苦水之理，待我看来！”说着便纵身跃入井中。片刻之后，井中激浪翻滚，一股甘甜井水喷涌而出，直冲云霄。孟子敬抬头一看，只见井水托着七色云霓，上面站着一白衣少年，此人正是他曾经救助的辽河小龙王。

原来孟子敬在来盛京的路上，行至辽河岸边之时，发现一白衣少年遭猛禽袭击，腿伤日久，已化脓生蛆。他急忙解下酒葫芦，用酒冲洗白衣少年的伤口。当酒葫芦里的最后一滴酒用完之后，奇迹出现了，那白衣少年腿上的伤口竟不治自愈。只见那少年腾身而起，千恩万谢辞别了孟子敬，挥手间，一条黄色缎带飘然落到孟子敬的脚下。他急忙拾起，见上面写着：“东海三太子，辽河小龙王，感恩脱劫难，报以万隆泉。”从此，那口苦水井就成了甜水井，人们称其为“龙潭水”。关于“龙潭水”的传说虽是后人附加的点睛之笔，但客观地讲，龙潭井是盛京古城最具盛名的古井之一。后经专家考证，龙潭井深80余米，坐落在长白山余脉沈阳天柱山与辽河冲积平原的过渡地带，在八王寺古井的上游水脉上，水质优良，呈微酸性，硬度适宜，属矿泉水系，且水源充沛，百年不竭。三百年多年来，老龙口至今一直沿用此井水酿酒。“名山出名茶，佳泉出美酒”，加之以沈阳当地出产的优质高粱为原料，孟子敬凭借精湛的烧酒技艺和得天独厚的优良水质，所酿造的白酒芳香爽口，“义隆泉”创立不久便名满盛京城。康熙、乾隆、嘉庆、道光年间，皇帝多次东巡盛京祭祀祖陵。因为“老龙口”地处沈阳城至福陵（东陵）的必经之路，皇帝每逢到此便亲自下马品尝美酒，并且用“老龙口”酒在盛京皇宫的大政殿上宴请群臣，“老龙口”从此成为御赐酒，后来，更一跃成为朝廷中的御用酒，被列为“盛京贡酒”，供宫廷筵宴使用。据悉，“老龙口”曾为康熙、乾隆、嘉庆、道光四帝10次东巡盛京御用贡酒，有“飞觞曾鼓八旗勇”

之说。由此，“老龙口”的名字便名扬海内外，备受朝廷青睐。1916 年，民国时期《奉天咨议局筹办处调查报告》记载：“万隆泉”烧锅尚有资本 35 万吊钱（铜钱），酒工 45 人，两班生产，日产白酒 800 斤。产品除在本地销售外，还销往辽阳、鞍山、营口、大连等地区。

世人都知“老龙口”有三宝：“古井”“古窖”“古工艺”。三百多年来，“老龙口”虽几经易主，历尽沧桑，“老龙口”白酒却始终延续传统工艺酿造，在原址原井水和百年窖池酿酒，使“老龙口”酒具有“浓头酱尾，甘洌爽净、绵甜醇厚，回味悠长”的独特风格特点。“老龙口”的老窖池自义隆泉烧锅建立以来，历经朝代更迭与时局动荡，却从未间断过酿酒，可谓是中国白酒行业建造最早、现存规模最大、保存最完整、连续酿酒时间最长的老窖池群之一。据光绪三十三年《奉天商务总会卷宗》记载：“万隆泉住小东门外老龙口，执事单星垣，原有三个甑筒，养糟池 54 只。近三年每日三班造酒，每班出酒 450 斤，每年共造酒 30 万斤，踩曲 12 万块……。”“老龙口”现存窖池仍是 54 个，占地面积 800 余平方米，为省级文物保护单位。几百年城市变迁，“老龙口”的位置仍然坚守在“老窖池”附近，现在更是依托“老窖池”兴建了一座酒文化博物馆，并在政府的鼓励下，在周边策划建设一条老字号商业街。“蒸馏酒传统酿造技艺（老龙口白酒传统酿造技艺）”作为国家级非物质文化遗产，也一直传承着传统酿造工艺，坚持“水好、曲精、发酵、蒸馏、贮存、勾调”这 12 个字，始终沿用传统端午踩曲和用曲工艺，采用传统“混蒸混烧老五甑”操作法，用百年窖池发酵，百年酒海陈酿。“存储媒介”和“身体实践”这两种媒介的价值，可谓是被充分挖掘并得以有效保护和利用，为老字号企业的发展提供了强劲的动力。

勇于开展管理创新也是老字号企业传承工匠精神及其文化的有效途径。这里以砚台行业的老字号“紫霞堂”为例。紫霞堂拥有国家级非遗项目“砚台制作技艺（松花石砚制作技艺）”和“辽宁老字号”称号。现任掌门人冯月婷由于父亲早逝，年纪轻轻子承父业。本溪是松花石的主产地之一，制作松花石砚的手艺人和松花石砚的从业者很多，冯月婷在众人质疑的眼光中扛下了紫霞堂的大旗，如今紫霞堂已然由一个传统的制砚工厂转型为以传统手工艺为抓手，多种工艺相结合的综合型传统工艺研发制造企业。其主要成功因素就在于坚持以文化为原动力的管理创新。

紫霞堂深挖松花石砚文化，从古籍、文物中寻找存储记忆，从互动实践中与记忆联结。他们搜集并整理了《西清砚谱》《御赐松花石砚予文职封疆大吏表》《博古幽思图》《乾隆松花石砚御铭》等历史文献、画作中关于松花石砚的图谱和文字、图像记载，还复刻了北京故宫博物院和台北故宫博物院的馆藏松花石砚文物。同时，建设了紫霞堂博物馆，以大量实物介绍松花石砚的历史脉络，讲解松花石砚的文化，展示松花石的文创产品，同时紫霞堂借由前店后厂的特点，可以全流程开放式展示松花石砚的制作技艺。百件以上馆藏松花石砚代表性作品和鲜活的制作技艺，是珍贵的文化记忆媒介，使得松花石砚文化得以有效传播。

此外，紫霞堂开展了持续的管理创新活动。一方面通过制定标准来规范传统制作工艺。由于电商销路的不断扩大，紫霞堂面临检验检测方面的实际问题，即没有检测报告无法在某电商平台开展销售活动。但是，辽宁域内甚至东北三省没有砚台检测机构，只能去上海进行检测，不仅时间周期长，而且经营成本高。经与辽宁省检验检测中心对接，解决了松花石砚检测的难题，并引发了对松花石砚制作工艺进行标准化的思考。经过两年的努力，紫霞堂最终制定并公开了松花石和松花石砚两项企业标准，为优秀的传统技艺寻找到了科学依据，并推动了规范化的传承进程。另一方面，紫霞堂通过品牌建设提高企业的知名度和顾客的满意度。为了提高松花石砚的知名度和认可度，紫霞堂制作了《开砚教程》，在微信公众号上普及传统纹样知识，通过进企业、进校园开展拓片培训活动激发人们对松花石砚制作技艺的兴趣，通过在北京恭王府策展、举办“辽宁松花石砚制作技艺传承保护与发展学术研讨会”、参加清华大学美术学院与宝马集团的传统工艺培训班等活动持续扩大品牌影响力。

锐意创新的老字号企业有许多成功经验可以探寻。四大银楼[1]之一的“萃华金店”，在产品创新、管理创新等方面具有一定的示范效应。沈阳是一座历史悠久的文化名城，作为“一朝发祥地，两代帝王都”的沈阳城曾是关外最大的商贸中心。八关九门百业兴旺，招幌牌匾不计其数。仅老沈阳的饭店就有“三春六楼七十二店”之说。“萃华”一度代表了沈城金银工艺的最高水平，也见证了沈城当年金银业的兴盛发达。清末知府关锡龄，姓瓜尔佳氏，大清镶黄旗锡伯族人。由于关氏家资豪富，沈阳新城子是锡伯族故乡，弃官从商后，关锡龄便决心要为故乡做些贡献。1895 年，他出资 3.6 万吊，于奉天城内四平街铜行胡同的出颖胡同选址，辟祖产开金店，取名为“萃华新首饰楼”。当时，出颖胡同金银店铺众多，萃华却在短时间内发展迅速，其中一个非常重要的原因就是因为关锡龄独到的经营方式，即聘请有从业经验，且熟悉金银行业的人来当家。这在当时可谓是一种非常前卫的做法。萃华的第一任大掌柜名叫祝玉堂。祝玉堂从事银楼买卖多年，很善经营，又招用了一批技术精湛的能工巧匠。这些人多来自河北抚宁、昌黎、滦县、乐庭一带，俗称“关里帮”。萃华的经营之道还有广开分号。在 1912 年到 1921 年之间，萃华金店着力整合各地资源，搭建产业链。哈尔滨靠近沙金产地，收买量多价低，同行业竞争少。因此，萃华陆续在哈尔滨道外三道街、五道街、安东市（今丹东市）中富街和沈阳南满站（今沈阳站）设立了分号。“萃华新首饰楼”改称“萃华金店总号”，总号和分号共有六处。从 1918 年到 1929 年，萃华金店每年获纯利可达 10 万元。萃华金店的资本相当于最初投资的 10 倍。萃华金店还注意广招人才，经理四处奔波，遍访能工巧匠，从北京东安市场的志成银楼便聘请了七八名技工，使萃华受益良多。20 世纪 20 年代末到 30 年代初，可谓是萃华金店的鼎盛时期。沈阳金银首饰同业公会的会长一直由萃华经理担任，同业公议牌价也由萃华挂出，萃华成了沈阳金银业中公认的龙头老大，成为皇宫中权贵定制首饰的首选。

---

[1] 民国时期，中国有“四大银楼”之称，他们分别是南京宝庆银楼、上海老凤祥银楼、苏州恒孚银楼和沈阳的萃华银楼。

萃华制作的首饰和器具种类繁多，有手镯、戒指、耳环、项链、麒麟锁、器皿、杯盘、炉具、匙箸和烟具等。在投料色度和质量上，萃华一直保持着国内标准水平，黄金是足赤，白银是纹银，各种饰品和器具计量精确，不少分厘。当时凡有萃华戳记的首饰，到外地金店出卖，都能不打折扣地兑换。连京、津、沪等大城市也对萃华金银饰品倍加推崇。萃华刻意求新，所制饰物花色新颖，同行业中其他金店不能镶嵌的饰物，萃华也能受理制作。不管是今天，还是100多年前，人们对于黄金的热情始终未减。在那个时代，萃华的首饰就不单单是商品了，更是一种符号，是身价的象征。根据不同阶层的需要，萃华金店也调整经营，生产不同的产品。当时，普通百姓购买不起纯金饰品，但又需要金饰装点门面。萃华金店率先研制出了银胎包金的首饰，恰好迎合了这种需求，这也是萃华的绝活。包上三层金箔的银胎首饰，外表与金首饰无异，而价格低廉。萃华销售这种饰品，保证佩戴三年不露白色银底，请顾客以“发货票”为凭证。如有纰漏，可到总号分号重包，免收加工费。此类饰品一推出，销量大增，使得萃华金店在行业中更是出类拔萃，声名鹊起。除了普通百姓，当年，萃华的客户还有许多达官显贵，其中就有东北传奇人物——张作霖家族。张作霖的五太太，以及孙烈忱、张作相、吴俊升、汤玉麟、汲金纯、阚朝玺、张景惠、王永江、张宗昌、齐恩铭等军政要员的家族是萃华的定门主顾。萃华派专职店员前去联系，送货到门，并办理赊销，每至年节清账一次。

20世纪70年代初，周恩来提出制作中国的工艺美术产品，从羽毛制品，到玉石、煤雕、金银制品，纷纷被恢复生产加工。由于供给问题，所有企业生产的产品只用来出口，并不对内销售。萃华在复建后，开始的主要工作并非金制品，而是银制品的加工。当时，萃华金店主要以生产银制品和一些医疗器械为主，他们生产的银制品气管套管，还在唐山大地震中派上用场，为救援做出了很大的贡献。1984年，金制品由出口转为内销，随着需求的增加，萃华金店筹备复业。1985年，伴着改革开放的春风，沉睡了几十年的萃华金店正式复业。复业后的萃华金店开始出售各种金银首饰品，并迅速得到消费者的认可。萃华的产品供不应求，出现了消费者彻夜排队等候的现象，萃华不得不以“发号”的形式以缓解人们拥攘的状况。1973 年便到萃华工作的石广[1]老师傅想起当年复业的场景还激动不已。以石广师傅为代表的萃华老手艺匠人们，对于首饰加工技艺那是样样精通，錾花工艺、花丝镶嵌技术等一手手绝活，是他们的生计，更是萃华传承百年的无形瑰宝。然而，国外珠宝品牌也窥探到了中国内地的巨大商机，萃华金店的传统经营深受冲击。2001 年 4 月，国家取消了黄金统购统配的计划管理体制；同年 10 月 31 日，上海黄金交易所正式开业，中国黄金面向市场全面开放。这也给萃华带来了一次难得的发展机会。面对不断增加的对手品牌，时任萃华总经理的李昆[2]想到了一个办法，那就是连锁加盟，通过加盟把当地的一些同行业、志同道合的首饰行业精英们组织到一起，不仅能够更好地融资，还能把前店后厂的优势发挥到极致。同时，萃华又通过和香港、深圳等地区的合作，使得产品和经营理念都得到了充分提升。2004 年，萃华彻底转制，沈阳萃华金银珠宝股份有限公司成立，注册资金 11300 万元，总资产 21668 万元，萃华金店总号成为东北地区单体经营首饰的最大金店。2005 年，萃华加入上海黄金交易所，成为 108 家会员单位之一，再次迎来了蓬勃发展的春天。2006 年，一股佩戴转运珠的热潮刮遍祖国大江南北，萃华便是这股浪潮的推动者。当时萃华利用民间习俗，研制出了小巧精美的转运珠，虽然工艺简单，但却美观大方。萃华不仅申请了专利，而且获得了巨大的经济效益，转运珠的成功，再一次证明了萃华人的智慧。除了转运珠，萃华还潜心打造出了闻名业内的黄金内衣，在深圳国际珠宝展上一经露面，便震撼全场。这件作品动用 5 名设计师、4 名老工匠历时近半年纯手工制作而成，重量仅仅只有 950 克。传统花丝工艺编织技术、錾花工艺与时尚潮流交互结合，成为珠宝行业跨界打造的经典。厚德载物，诚信予人，商道即人道。这是百年老号萃华的长青之道，也是萃华这一民族品牌的文化魅力所在。匠心不改、不忘初心。如今的萃华，已是上市公司，形成了一南一北的呼应布局。在国家“一带一路”倡议和文化自信战略

---

[1] 化名。

[2] 化名。

的感召下，萃华走出国门跨界合作完成了法国巴黎时装周大展、萃华北京故宫店的开设。同时，萃华在文创领域也迈出了成功的一步，去年由北京故宫博物院举办的首届“紫禁城”杯中华老字号文化创意大赛中，萃华研发设计的“龙腾盛世头饰”荣膺特别金奖，“花开富贵花丝手包”“东方之秀”荣获金奖。

“回忆空间是通过对于过去的某一部分的关注产生的，因为个人或者是群体为了意义建构、为了打造身份认同的基础、为了瞄准他们的生活方向、为了激发他们的行动，对过去有不同的要求。”[1] 冯月婷说：“一方砚台承载的不只是点点墨迹，更是匠人的一份初心，是对中国传统文化的传承、积淀，是对文化历史的浓缩与理解。”当一个产品具有了温度，就会形成品牌的力量。而老字号，作为中国传统制造业中的知名品牌，已经站在了巨人的肩膀上，浓缩着历史，满载着情怀。我们应该敬畏历史，坚定信念，通过回忆与现实的有机互动，让传统与现代呈现联结、并存的最优状态。

---

[1] 阿莱达·阿斯曼. 回忆空间：文化记忆的形式和变迁［M］. 潘璐，译. 北京：北京大学出版社，2016：474.

第六章　结论与思考

本研究基于文化记忆理论视角，综合社会学、人类学、管理学、经济学等学科理念，通过文献分析、问卷调查、个案研究、比较分析等方法，对老字号工匠精神传承问题进行了理论探析和实证研究。

基于老字号的发展脉络，通过对老字号的命名方式、历史沿革、发展概况进行梳理与分析，展现了老字号企业传统技艺、商业信誉、经营理念、社会责任和技术创新等情况，总结和归纳老字号企业的发展特点，为老字号工匠精神传承的理论研究提供丰富的实践依据。

文化记忆的理论框架主要包括媒介说、模式说、类型说等。通过存储媒介和互动实践两种媒介，可以将老字号工匠精神的传承内涵视为一种文化记忆的循环建构，其表现形式可以从“匠人”“匠心”“匠品”三方面得以呈现，突出表现为产品品质、技艺传承、管理创新、民族情怀、社会责任等文化特点。通过存储记忆和功能记忆两种文化记忆模式的研究，综合文化遗产保护的实践可知，老字号工匠精神具备成型性、功能性和约束性三个特性。文化记忆将回忆分为“冷”“热”两种类型，老字号工匠精神在经历了“冷”“热”或“冷热夹杂”三种发展类型的过程中，形成了以文化原动力、政府推动力和媒介驱动力为主的三种动力机制。基于老字号工匠精神的三种传承动力机制，可以将文化、政府、媒介作为解析和路径突破的三个维度，即深入挖掘老字号工匠精神的文化价值，切实提升老字号工匠精神的政策供给，多方共促老字号工匠精神的宣传力度等。

老字号工匠精神传承研究，在挖掘中国丰富的商业传统和智慧的同时，至少回答了两个很重要的问题：“富不过三代”不是中国企业的发展定律，“中国制造”更不应是廉价质庸的代名词。今后的老字号研究定会逐步扩大，从老字号到老商街，从文化遗产到结构遗产，不仅是空间上的扩大，也是时间上的延展，通过探索其新的结构功能，为城市发展提供更多的智力支持。

同时，老字号是企业人类学这门新兴交叉学科的重点研究对象。以老字号为原点，从个案到群体、区域，从微观到中观、宏观，持续丰富了复杂社会、复杂组织的实证研究，提出了新的理论框架与研究范式。作为一门基于中国发展实践而提出的中国本土理论，能够切实有效的解释“中国式发展”的结构性因素、内在动因和运行机制等丰富内涵和特质，这是作为新兴交叉学科的学术特色和时代特色，也是中国学者的初心、使命。

一、结论

（一）三种形式

文化记忆的媒介主要包括存储媒介（隐喻、文字、图像、地点等）和互动实践（身体表现、回忆、艺术表达、习俗等）两部分。文本、图像、身体、地点等存储媒介是文化记忆的物化载体，技艺、仪式、心理、艺术创作、回忆等互动方式是一种确立、习得文化记忆的行为载体。存储媒介支撑的存储记忆和互动实践形成的功能记忆构成了文化记忆的两种形式。存储媒介是外化的记忆媒介，承载着与历史、宗教或与生平有关的重要事件的“场所”。身体是一个自身的媒介，可以通过形成某种习惯使回忆变得稳固，并且通过强烈的情感力量使回忆得到加强。媒介是与文化记忆连通的渠道，文化需要借助媒介来组织它的记忆。

基于文化记忆理论研究视角和人类学研究方法，通过全国范围内开展的老字号调查和个案分析可知，传说、文物、文字、图像等存储媒介是老字号文化记忆的主要载体，技艺、仪式、心理等方式是一种确立和习得老字号文化记忆的互动实践。存储媒介和互动实践同样构成了作为一种文化记忆的老字号工匠精神的两种形式。存储媒介可以激活甚至重生文化记忆，在功能记忆实施过程中，又发挥着一定的能动性；反之，功能记忆的实施也会固化成新的存储媒介。

纵观历史和现实资料，老字号的珍贵之处在一定程度上根植于其历史价值、文化价值、艺术价值和品牌价值等，这些既是可以物化的有形资产，也是一种超越有形资产的无形资产。无形资产需要有形资产来作为储存媒介，有形资产需要无形资产来激发。对老字号而言，从发家故事到祖训店规，从一个老物件到牌匾店面，种种带有历史故事或文化符号象征的有形和无形资产都是品牌的承载者和传承体。而这些文化要素恰恰是“文化记忆”传承的主要形式。工匠精神是老字号有形和无形资产的集中体现，是品牌竞争力的关键。

我们可以将老字号作为一个有记忆的独立个体，是文化记忆两种模式功能论的实证研究。老字号工匠精神的具体载体可以主要从“匠人”“匠心”“匠品”三方面得以呈现，突出表现为产品品质、技艺传承、管理创新、民族情怀、社会责任等文化特点。

胡魁章的“狼毫笔”古法，同仁堂的“炮制虽繁必不敢省人工，品味虽贵必不敢减物力”，内联升的《履中备载》，萃华金店与故宫的跨界合作，恪守“精工出细活、料好夺天工”经营宗旨的王星记扇子登上了G20峰会的礼品榜单……老字号工匠精神具有历史价值、文化价值、艺术价值和品牌价值等多重价值，从创办故事到祖训店规、制作工艺，从一个个老物件到老店面、老街区，种种带有历史故事或文化符号象征的有形和无形资产都是老字号的承载者和传承体。传说、文物、文字、图像等存储媒介是老字号文化记忆的主要载体，技艺、仪式、心理等是一种确立和习得老字号文化记忆的互动实践。因此，存储媒介和互动实践同样构成了作为一种文化记忆的老字号工匠精神的两种载体。

对老字号而言，上述文化要素便是“文化记忆”传承的主要形式，可以从匠品、匠人、匠心三个层面来解析。“匠人”“匠品”是有形的，“匠心”是无形的，三者交互作用，缺一不可。突出表现特点为：匠品层面，产品品质是传承的生命，重材求质、精益求精；匠人层面，守正创新是传承的动力，坚持传承传统技艺，勇于开展管理创新；民族振兴是传承的使命，坚持自主品牌的自立自强是老字号基业长青的根本，也是其企业精神的核心文化。

工匠精神属于老字号企业的群体“共识”，既是具有社会责任感的价值理念，又是在企业实践和员工行为中真正起作用的实践准则。可以说，工匠精神是老字号企业对自身经济生产和经济活动的一种信念、倾向和主张。老字号的工匠精神具有强烈的企业文化个性。在作用上，真正解决企业问题的理性思维，反映了老字号企业主体的基本价值取向或者价值判断标准，更重要的是工匠精神是企业持续竞争优势的重要来源，作为老字号企业员工共同的价值理念，就如同老字号传承的灵魂一样，属于老字号的核心竞争力和无形资产。

（二）三个特性

存储记忆与功能记忆是文化记忆的两种互补模式，即“无人栖居”和“有人栖居”。二者的主要区分条件就是是否存在人的实践。存储记忆是无意识的记忆，固化于回忆场所（场地、物件、遗迹）。功能记忆是有意识的记忆，包括仪式、书写、语言、表演等身体实践活动。文字、图像、建筑等媒介，体现了文化记忆的成型性，具有存储、唤醒、回忆的功能；技艺、仪式、组织活动等身体实践体现了文化记忆的能动性，具有沟通、重构、认同的功能；体制机制、政策规划、鼓励培育等体现了文化记忆的约束性，具有规范、引导的功能。

存储记忆和功能记忆既是一种“残片”和“传统”的对立关系，又是一种“潜在”和“现实”的互动关系。存储记忆可以激活甚至重生文化记忆，在功能记忆实施过程中，又发挥着一定的能动性；反之，功能记忆的实施也会固化成新的存储记忆，人“栖居其间”的经历，把回忆和经验联系起来，使其获得一种结构即特定的意义构造中，记忆制造意义，意义巩固记忆。

文化记忆的成型性主要体现在物化价值，是老字号工匠精神传承的资源之本，文字、图片、建筑等物化媒介，体现了文化记忆的成型性特点，具有存储、唤醒、回忆的功能。文化记忆的能动性主要体现为结构性遗产价值，是老字号工匠精神的功能展现，技艺、仪式、组织文化等可以沟通、重构、获取区域或族群认同，既能促进老字号形成新的内生文化，也会触动经济或社会资源配置的持续变化。文化记忆的约束性体现政治化，是老字号工匠精神传承的关键因素，政策、规划、政府主导的活动等，具有规范要求、引导方向、加速进程的功能。这三个特性的存在使我们在老字号文化记忆传承的道路上必须关注物质载体、身体实践、政府引导三个维度，传承效果与城市空间、传承单位或个人、政府、社会等因素密不可分，这些要素在对立、同化、并存、联结等多重关系之间，发挥出了新功能。我们要不断优化这些文化要素的配置，遵循其发展规律，关注其成长特性，实现老字号这一历史给予我们的珍贵文化记忆的良性传承与重构。

从“文物活起来”到“文旅融合”，文化遗产的存在状态对于从文化记忆角度研究老字号工匠精神保护和传承，是一个发展中的典型案例，在文化遗产保护和利用的进程中，可以看出存储记忆与功能记忆两种模式的互补性需求，既具有社会价值，更富有经济价值。文化遗产传承方面的许多积极探索，如积极利用历史文化遗产或者相关遗存建设展馆（博物馆、非遗传习所、文化馆等），将文化记忆的重要载体进行有机物化，既是区域文化旅游的重要选择，也是满足文化传承的客观需求。但是，还有很多文化遗产处于沉睡之中，因为保护不利而被拆毁、遗忘、动迁等，既丧失了物化痕迹，也没有发挥其应有的文化功能。既有的经验或教训，能够比较客观地解析老字号保护利用的依据、路径与效果，在老字号的传承进程中应该让工匠精神这种文化记忆得以激发、有处安放。

（三）三种动力机制

文化记忆理论借用列维的结构功能主义理论，认为“文化记忆”的类型可以用“冷”和“热”来区分。社会或者文化不一定完全是“冷的”或者“热的”，我们既可以在其中区分“冷”和“热”的因素，也可以借鉴埃德海姆的“冷却系统”和“加热系统”概念。冷热区分可以帮助我们更准确地表述文化记忆的镇静作用或者刺激作用。镇静作用服务于“冷”社会，属于一种稳定甚至固化的发展，社会结构处于平稳状态。刺激作用服务于“热”社会，“永不知足地改变”，甚至能够引发骤变，既可能成长也可能衰落。文化记忆的“冷”“热”类型与记忆的两种模式并不是重合关系，都需要媒介的支撑，都有无形和有形的状态。

老字号工匠精神作为一种文化记忆在“过去—回忆—建构”的循环过程中，经历了或“冷”或“热”或“冷热夹杂”三种发展类型。在这个循环进程中不容忽视传统价值观、政治因素、承载媒介等文化价值链中的关键要素，这三个要素发挥着不同的社会功能，形成了工匠精神这一文化记忆的传承机制，即传统与现代制造业价值观作为工匠精神的价值本源是传承进程中不可或缺的原动力，政府作为工匠精神的主要承载者对传承具有强烈的推动力，但是需要注重个人与集体、政府和社会、传承与创新的平衡；物化痕迹在工匠精神传承进程中是重要的储存媒介，其保护的优劣直接或间接影响了文化记忆的形象表达，甚至决定记忆的持久性与延续性。三种动力机制推动和影响着工匠精神这一文化记忆逐步成长为一种“文化认同”，固化为一种集体制造文化的价值取向、行为与追求，在社会结构转型中成为“另一只看不见的手”。

老字号作为一个有记忆栖居的独立个体，其承载的文化记忆发挥着权力、集体与空间载体的社会功能，在经济社会结构转型过程中，文化记忆作为老字号有形和无形资产，对老字号的发展起着重要的作用。空间载体的存储功能可以跨越时间，使文化记忆具有较长的稳定性和延展性。通过物化和非物化的记忆要素互动功能，老字号的文化记忆得以不断沉淀、积累和固化，并在构建和传承过程中不断唤醒和重构，甚至在一定程度上影响着老字号的发展方向。

（四）三个维度的传承路径

记忆是建构在不同层面上的状态，无论是有人栖居的经历，还是无人栖居的痕迹，把回忆与存在联系起来，便会获得一种结构。这种结构作为塑造性的“自我”，决定认识、取向或行动。文化记忆关注的是过去中的某些焦点，过去并非自然生成，而由文化创造。

工匠精神作为一种文化记忆，是文化演进中的一种价值取向、追求与行为，在工匠精神文化演进进程中，不同地域、不同种族、不同时代由于其价值观、审美情趣和制造习惯等不尽相同，形成了相应的特性，产生了相应的社会功能，也需要构建相应的传承路径。

老字号工匠精神传承的进程中面临过或正在面临许多问题，通过文房四宝的行业发展历史、问题和应对策略可知，老字号文化传承必须回归文化的本真，充分利用好记忆的媒介，坚持产品和管理创新。基于文化记忆的模式、媒介、类型、功能理论，可以寻找解决问题的路径，并形成一种思考范式。

文化、政府、媒介是老字号工匠精神问题解析和路径突破的三个维度。一是要通过深入挖掘老字号工匠精神的文化价值，传承文化原动力。包括增强老字号工匠精神传承的使命感和紧迫感，系统梳理其社会价值，切实加强其保护水平等。二是要通过切实提升老字号工匠精神的政策供给，加强政府推动力。包括加强老字号申报、保护和管理工作，鼓励老字号纳入非物质文化遗产保护行列，加强老字号知识产权保护力度，充分发挥行业组织的能动性等。三是多方共促老字号工匠精神的宣传力度，培育媒介驱动力，基于文化记忆的媒介说，可以包括完善匠人培育机制，构建立体化与大众化宣传网络，鼓励老字号持续创新，提高管理质量等。

二、思考

（一）老字号研究的发展趋势

通过十余年老字号领域的深入研究，在挖掘中国丰富的商业传统和智慧的同时，老字号研究至少回答了两个很重要的问题：

第一，“富不过三代”不是中国企业的发展定律。

在中国，“富不过三代”被广泛认为是中国企业很有特色的东西，被称为是家族企业和民营企业的魔咒和怪圈。当前，中国民营企业正处于“创一代”与“富二代”交接班的高峰期。“子女难承父业”已经成为让不少民企老总十分“头疼”的问题。

其实，世界上很多家族企业都面临着“穷孙子”的问题。西班牙有“酒店老板，儿子富人，孙子讨饭”的说法；葡萄牙有“富裕农民—贵族儿子—贫穷孙子”的说法；德国则用三个词“创造、继承、毁灭”来代表三代人的命运。在美国，家族企业传到第二代能够存在的只有30%，传到第三代还存在的只有12%，到第四代及四代以后依然存在的只剩3%了。

目前，“富不过三代”既是中国家族企业“成长的烦恼”，也是中国经济社会发展亟待破解的难题。其实，中国现有的企业并不像有些学者所说的“富不过三代”，为数不少的长寿型老字号企业便是证明。一个企业之所以在数十年、上百年甚至数百年之后还存活下来，成了老字号企业。这是一个需要企业界人士认真思考的现实经济问题，也是一个值得学术界研究的科学问题。

第二，“中国制造”不是廉价质庸的代名词。

中国有五千多年的文明历史，更有悠久的商业传统。从老字号工匠精神的系列研究可见，中国传统制造业文化的精益求精、求实创新和家国情怀。许多老字号不仅在产品品质、服务质量、经营理念上独具匠心，而且还存有实干兴邦、实业救国的民族大义，经受住了历史的考验。

许多老字号都拥有珍贵的非物质文化遗产，与人民的生活息息相关。“衣”有“瑞蚨祥中式服装手工制作技艺”“内联升千层底布鞋制作技艺”“盛锡福皮帽制作技艺”和“老凤祥金银细工制作技艺”；“食”有“六必居酱菜制作技艺”“大益茶制作技艺”“东来顺涮羊肉制作技艺”“全聚德挂炉烤鸭制作技艺”和“仿膳（清廷御膳）制作技艺”；“用”有“王麻子剪刀锻制技艺”“王星记制扇技艺”“张小泉剪刀锻制技艺”“金石篆刻（西泠印社）”和“湘绣”等。“宣纸传统制作技艺”还入选了联合国教科文组织的世界非物质文化遗产保护名录。很多优秀的传统制作技艺都堪称艺术，增强了中国人的幸福感和满足感。

无数代代相传的“匠人”们，在传承传统技艺和坚守祖训店规的进程中经历了风风雨雨，却依旧能保持本真，并衍生了中国历史上著名的商帮文化。

“晋商”“徽商”“潮商”曾经活跃了四五百年。沪商、浙商、粤商、台商、港商作为近百年来的商帮群体，亦充满了特色鲜明的商业传统和商业智慧。

时至今日，许多老字号发展规模不断壮大，不仅分店遍及全国，而且在国外许多地区也有开设。诸如同仁堂、马应龙、王老吉、恒顺、茅台、老凤祥、中国宣纸集团（红星）和健民制药集团（叶开泰）等都已成为上市公司，发展前景相当可观。许多老字号渐次发展成为行业领军企业，甚至具有一定的国际影响。如全聚德集团在世界范围内的许多城市都开设有分店或分号，年销售烤鸭几百万只。

基于既往的研究经验和感触，今后的老字号研究定会逐步扩大，不仅是空间上的扩大，也是时间上的延展。在中国，越来越多的城市政府正在保护和开发一些老字号及其所在的老商街，并将其作为激活城市商业活力的方法。比如，上海—南京路、豫园；北京—大栅栏、前门大街、鲜鱼口街；广州—下九路、北京路、中山五路等。

北京西城区社科联受西城区政府的委托，已经完成了 29 个老字号调研课题。这 29 个老字号调研课题，不但可以梳理西城区老字号谱系、挖掘老字号历史文化资源，而且也可以为西城区的城市规划和“老商街”发展提供一些智力支持。

广州老字号一条街。广州市人民政府于 2001 年 3 月 25 日举行《广州历史文化名城保护条例》施行二周年纪念日暨广州市第一批老字号授匾仪式，向首批 27 家老字号授匾。老字号一条街选址在越秀区北京路北段及相邻的中山四路、广卫路、昌兴街等路段。集展示、体验、旅游、购物于一体，为老字号的重振、延续、创新发展搭建载体。首期投资总计约 3000 万元。老字号一条街一、二期已经整体完工。

曾经被誉为“十里洋场”的上海南京路，如今被称为“中华商业第一街”而名冠中华，这是因为在这里有着许多的老字号店铺为世人所难忘。从 2002 年开始，南京路上的老字号企业向“旗舰店”和“形象店”全面转型，并采用连锁业态向上海全市乃至全国扩张网络，以“旗舰+连锁”的现代商业模式迎接即将到来的冲击波。

在一个城市中，对“老商街”的区域认同，是老字号企业在文化上的一种归属感，商街内的老字号企业都认识到，自己属于所在的“老商街”，老字号企业文化与老商街区域文化是相互协调的。老字号植根本地“老商街”就是立足本地、扎根本地，可以将自己的战略选择与“老商街”发展甚至城市发展联系在一起。

没有集聚就没有优势。老字号研究，势必会从微观走向宏观，从无从下手走向成功，从文化遗产在城市复兴中的新价值角度，探索其新的结构功能，为各地城市发展提供更多的智力支持。

（二）企业人类学的学科建设

企业作为一种组织，一直是社会科学学者关注的人与社会的重点组合形态。虽然不同学科在观察组织的理论和方法上各有不同，但是关于人、组织与文化的密切关系俨然是一种共识。近百年来，学者们对各种不同类型的组织，如乡镇企业、国有企业、私营企业、民营企业、老字号企业等进行了调查研究，把人类学、民族学的研究对象从传统社会中的简单组织扩展到现代社会里不同类型、不同规模的复杂组织，比如企业之中，不仅丰富了人类学、民族学的研究内容、范围和议题，也开启了基于社会结构转型的新的理论体系与研究范式。“企业人类学”作为解释这种社会关系的新兴交叉学科，既代表了历史的必然选择，也彰显了人类学理论及其实证研究的学术风貌与中国的学术特色。

1. 以老字号为重点的学术大调研活动，丰富了复杂社会、复杂组织的实证研究

老字号是企业人类学学科的重点调研内容，独具时代优势。2010 年开始，企业人类学开始了中国老字号大调研活动。通过大量的实地调查，课题组掌握了许多老字号企业资料，并积累了许多研究成果，包括出版《老字号蓝皮书》1 部、《老字号绿皮书》5 部，主持省级以上老字号研究课题 20 余项，撰写研究论文近百篇。这些调查和实证研究为梳理和传承中国传统商业文明奠定了坚实的理论基础，丰富了中国独特的商业文化和商业智慧案例库，更为

企业人类学学科建设奠定了重要的研究基础，并逐步会集了中国、马来西亚、美国等一批研究成员，共同聚焦老字号这一研究对象并开展深入而广泛的探讨。以老字号为牵引，企业人类学开展了更多复杂组织或群体的实证研究，包括老商街、特色小镇等。从个案研究到群体、区域研究，体现了企业人类学从微观到中观再到宏观的发展趋势。

2. *以老字号研究为切入点的企业人类学，提出了“伞式社会”与“蜂窝社会”两个重要概念*

通过多年的老字号、老商街、城市复兴、移民等专题的研究，企业人类学的研究团队普遍走入了一个瓶颈期，如何通过个案或者是实证研究来进行理论上的升华，形成可以推广或者可以复制的研究依据及模式，是学科成员亟须探求的问题。

结合中国经济崛起的推动力和发展方式的研究主题，企业人类学提出了两个观察中国经济社会结构转型的新概念：“伞式社会”与“蜂窝式社会”，主要观点为地方政府与当地企业的关系是“庇护”与“被庇护”的伞式关系；而与“伞式社会”相对应的民间经济社会则呈现出“蜂窝式社会”，即互惠互赢的群体性网络或民族性网络。“伞式社会”强调的是政治主导性，“蜂窝式社会”强调的是民间共享性，这两个概念探索了解析中国社会结构变迁历程中各种组织的功能特点，体现了企业人类学的经济性、社会性和政治性理论维度。

“伞式社会”和“蜂窝式社会”两个概念的提出，虽然可以解释一些研究对象或者内容，但是承担构建学术体系的理论基础还有许多发展空间，或是需要更深入和更广泛地验证。企业人类学研究团队便开始了学科理论的多方摸索，从空间嵌入、品牌建设、文化记忆等理论出发进行追溯或者验证。本研究便是期望基于文化记忆的理论和方法去解析老字号工匠精神的命题。事实证明，文化记忆理论的研究框架可以为研究复杂组织的文化提供一个思路，但却不成体系，或是有待完善，尤其是在记忆的媒介论述中，更偏向于口述史、表演、档案、装置作品等艺术化的表达形式，回忆空间的设置还有提升空间。如果想充分解析更复杂更庞大的组织，仅靠文化记忆一个理论是远远不够的，必须在综合多学科的基础上用交叉学科来进行突破。企业人类学也许就是这个符合要求的新兴交叉学科。

3. *以交叉研究为优势的企业人类学，形成了学科研究范式*

经过十几年的发展，企业人类学这门新兴交叉学科在案例库、理论模型、方法论和学术网络建设等层面得以不断完善与补充，研究范畴也得以逐步扩展和深化，创新地形成了一套比较完整的学科研究范式。

企业人类学的理论来源于费孝通的“文化开发利用观”、李培林的“另一只看不见的手”、联合国教科文组织的“内源性发展”和波特的“竞争优势”四种理论，研究取向为“分析文化遗产为何变化、何时变化、如何变化”，提出了一种动态分析的研究路径。[1]“社会结构转型”“伞式社会”“蜂窝式社会”等共同构建了“新古典—结构功能论”的研究框架，该理论是基于中国特色社会主义理论和中国发展实践而提出的中国本土理论，进一步夯实了“社会结构转型”研究范式。

企业人类学的研究者认为，在经济社会结构转型条件下，老字号、文化遗产、老商街等不仅表现出了新的功能，而且形成了一种新的“结构—功能”，推动着资源配置，促进内源型发展。同时，老字号、文化遗产、老商街等通过功能转变与结构转型，成为推动城市复兴、特色小镇建设、乡村振兴等的内源性要素，使它们产生了一定的竞争优势，获得了可持续发展的内在驱动力。从老字号到老商街、特色小镇、文化遗产，企业人类学的研究运用微观、中观、宏观的三层次分析法，以及本体、外在、自生三维度的研究方式，用一个崭新的视角看待文化与遗产的“传统—现代”转型。

方法论上，企业人类学在三个方面进行了突破。

一是“二元社会”分析法，通过观察中国的城市化、工业化、市场化与思考中国经济社会结构转型，企业人类学提出了政府主导的“伞式社会”与民间自发的“蜂窝式社会”两个新的解释方法，二者之间存在着四种形态，

[1] 张继焦．换一个角度看文化遗产的“传统—现代”转型：新古典“结构—功能论”[J]．西北民族研究，2020（3）．

即对立、趋同、并存、联结，基于推动传统文化创造性转化和创新性发展的时代特色，文化遗产出现的并存或联结的形态是企业人类学重点关注的研究方法。

二是“三层次”分析法，即运用微观（文化遗产、老字号、不同类型的企业或组织）、中观（老街区、特色小镇、传统村寨）、宏观（城市、地区、民族、国家）的三层次视角来分析社会结构转型。同时提出三层次分析既要有“自下而上”的视角，也要结合“自上而下”的视角，即老字号、老商街、城市竞争力的研究次序需要正向和反向两种研究方式相结合，转换老字号、老商街、文化遗产、企业或组织等在整个城市发展格局中的地位和作用的分析角度，才能更有效地达到研究目的，实现新时代学者的科研价值。

三是“三维度”研究方式，即新古典“结构—功能论”本体、外在、自生的三个研究维度。本体结构层面，研究文化遗产要将物质文化遗产和非物质文化遗产两者结合起来进行整体性分析。外在结构层面，要把文化遗产放在场域和结构（国家、地区、城市、小镇、乡村等）中，分析其在具体的经济社会场域或结构（如城市复兴、特色小镇建设、乡村振兴）之中产生的新价值。自生结构层面，把文化遗产视为结构遗产，具有自我配置资源的结构和功能，可分为物质性结构遗产、制度性结构遗产和习俗性结构遗产三种类型。

4. 企业人类学学科建设的学术特色与学术意义

（1）企业人类学的学术特色

企业人类学从市场转型和社会结构转型的整体性视角，探讨了企业发展的内在动因及其社会结构性因素，具有鲜明的学术特色与时代特色。

一是实现了研究范式的创新性转变、创造性发展，构建了中国特色新理论和学术话语体系。“社会结构转型”“伞式社会”“蜂窝式社会”等概念共同构建的“新结构功能主义”理论是基于中国发展实践而提出的中国本土理论，能够切实有效的解释“中国式发展”的结构性因素、内在动因和运行机制等丰富内涵和特质，同时这个理论框架具有国际推广的基础和价值，并已经开展了外国企业、跨国企业、外国特色街区和文化遗产保护等研究领域的研究。

二是作为一门世界性的前沿学科，企业人类学打通了中国与西方的人类学通道，成为世界人类学、民族学发展中的新的增长点和亮点。企业人类学团队成员曾于2005年到马来西亚开展了为期九个月的研究工作，迈出了国际范围内调研活动的第一步，通过对影响华商和经理人成功的几个关键成功因素等进行分析，树立了企业人类学研究成功范式的学科特色。此后，学科团队成员通过筹备或参与国际人类学民族学大会等国际性学术会议，在国际舞台上崭露头角，又通过与韩国、德国等地进行比较研究，开展中英文化遗产合作项目，赴国外调研、访问等方式，搭建了国内国外学术共研的渠道，并逐步发展成一个国际认可的新兴分支学科。

三是构建了国际化的学术研究网络，形成了比较规范的国内国际双循环的学术交流机制。2011年，企业人类学第一本英文编著《企业人类学：应用研究和案例研究》（*Enterprise Anthropology：Applied Research and Case Study*）出版❶；2017年，《企业人类学：从社会结构视角分析经济行为》出版；2021年，《当代人类学：新古典“结构——功能论”》出版，标志着企业人类学学科逐步成长和成熟。除了著作，企业人类学学科团队成员还在国际学术期刊上发表了系列成果：2021年，工商人类学杂志（*International Journal of Business Anthropology*）以“企业人类学”为中心发表了一组四篇论文，在国际学术舞台上集中展示了企业人类学的最新学术成果。近年来，企业人类学已形成国际性的研究网络，其研究者来自世界五大洲（亚洲、大洋洲、欧洲、北美洲、南美洲），研究对象涉及26个国家和地区，公开出版或发表了英文、法文、日文等外文论文40多篇，以及论著近10部。

四是通过探讨市场主体及其发展环境的成功要因及其功能性研究，为不同类型的企业、组织、场域提供可以推广和复制的成功经验❷，践行“以人民

❶ 该书由张继焦和文平强（马来西亚）主编，收录了11篇论文，作者来自美国、荷兰、芬兰、波兰、马来西亚、印度、中国等7个国家，具有明显的国际性学术视野和多学科交叉研究特征。

❷ 张继焦曾经就老字号研究提出中国学术自信建设问题，以往很多非西方的学术只有事实陈述，而没有自己的理论，所有研究都是为了西方学术的理论提升提供原始材料。中国的学术研究，不能只停留在悲情的叙述之上，不能只反映问题不解决问题，应该基于中国的本土进行理论思考，提出本土的新概念新方法。

为中心”的学科发展理念，做对人民有用的调查研究，坚持为企业、为社会、为政府服务。李景汉先生曾指出，社会学研究应重视应用研究，“解决广大人民群众最关心的问题”。企业人类学学科的建设者尤其是中国学者一直坚持学以致用，充分利用学科和专业优势，深入复杂的社会之中，运用特有的研究框架和研究方法去发现问题、分析问题，并提出科学合理的方案，以期更好地为人民服务，建设对人民有用的学科。

（2）企业人类学的学术意义

企业人类学的萌芽、发展和壮大，对构建中国本土学术话语体系具有重要的启示和深远的意义，主要体现在交叉研究、应用研究、学术公平和国际化建设四个方面。

第一，企业人类学发源和滋养于多学科、多理论、多领域的交叉碰撞、整合。费孝通先生曾说：“我认为一个人必须把他的个别专长放在一个共同认识当中去，即把多元化的东西放在一个统一体当中去。”费孝通先生对交叉学科的深刻认识是基于广泛的学术研究及实践而得来的，企业人类学作为一门新兴交叉学科，其产生和成长的历程也验证了学科交叉的魅力。目前，企业人类学的学术团队涵盖国际国内 50 余所高校、科研机构、社会组织、企业、政府部门等，组成了人类学、民族学、社会学、管理学、经济学、政治学、马克思主义哲学等多学科多视角研究领域的学者团队，积累了千余份研究成果。

第二，企业人类学的理论创新具有中国特色。费孝通先生曾指出，为中国未来的出路寻找答案也是人类学工作者的初衷，要用科学的方法、实证的方法来研究中国的社会和文化。可以说，时代课题才是理论创新的真正驱动力。企业人类学以中国城市化、市场化和工业化转型为背景，提出了研究中国社会转型的新思路与新方法，正体现了中国学者的使命担当，塑造了中国学派的特色风貌。

第三，企业人类学始终坚持学科公平、学术公平、学者公平。2008 年至今，学科在论文、著作、课题、讲座、培训、政策咨询等方面取得了较多的科研成果，获得了良好的社会评价，这与学科带头人的引领，以及团队成员之间认真、勤奋和公平公正的组织文化氛围密不可分。团队成员来自不同地区、不同学科，年龄、资历、学术背景都存在着鲜明的差距，但是却能够共享统一、公正的学术舞台，没有施用“这不是一个人类学关心的主题”的魔咒，没有夹带少数的、悲情的学术态度。而且，随着学科理论的逐渐成形与实践经验的不断丰富，团队成员不断通过学术会议、学术讲座、研修班等不同形式和新时代、新诉求、新问题的不同内容进行推广、示范和探索，并吸引了越来越多的年轻力量注入学科研究的大家庭，确保学科的可持续发展。

第四，企业人类学探索出了一种中国学术的国际化范式。学科始终按照立足中国、借鉴国外，挖掘历史、把握当代，关怀人类、面向未来的思路，着力构建中国本土的人类学研究新体系，在指导思想、学科体系、学术体系、话语体系等方面充分体现学术自主，形成中国本土特色、风格和气派。学术的国际化建设应该包括九个方面内容，即参加或组织国际会议、开展国际合作研究、在国外开展实地调查、发表外文学术成果、在国际知名大学做讲座、建立起国际学术网络、与国际学术权威及其观点展开对话、组织研究团队在国际学术平台展示最新研究成果、在国际学术组织的领导层任职。这九个方面内容的提出是基于企业人类学国际化道路的实践，也可以作为学科国际化的标准。

附　录

“老字号工匠精神传承”问卷调查总报告

2022年度，课题组开展了近三年老字号企业工匠精神传承状况的专项问卷调查。被调查企业来自全国14个省和直辖市，涵盖了餐饮、零售、食品、酿造、医药、服装鞋帽、文化用品、日用化工、工艺美术等行业，样本分布较为均匀，充分考虑了行业和地区的代表性。调查共收回问卷261份，受访者均为老字号企业的管理人员（见附表1、附表2）。

附表1　问卷调查样本来源（分行业）

选项	小计/份	比例
餐饮	34	13.03%
零售	14	5.36%
食品	96	36.78%
酿造	57	21.84%
医药	20	7.66%
服装鞋帽	7	2.68%
文化用品	10	3.83%
日用化工	1	0.38%
酒店	0	0%
美容美发	0	0%
其他行业	22	8.43%
本题有效填写数量	261	

附表 2　问卷调查样本来源（分地区）

选项	小计/份	比例
山东	120	45.98%
辽宁	71	27.2%
山西	30	11.49%
黑龙江	18	6.9%
陕西	5	1.92%
福建	4	1.53%
广东	4	1.53%
吉林	3	1.15%
北京	1	0.38%
广西	1	0.38%
河北	1	0.38%
湖南	1	0.38%
江苏	1	0.38%
浙江	1	0.38%
本题有效填写数量	261	

一、老字号企业的市场营销和品牌建设

关于本企业在营销策划方面的采取措施，受访的老字号企业管理人员表示，最常采取的措施是“关注消费者的新需求”（49.04%）和“设立营销部门”（34.48%），其次是“增加销售网点”（32.95%）和“增加广告投入”（24.14%），再次是“增加经销商”（23.75%）和“结合传统节庆搞营销活动”（23.73%）。此外，还会采用“高薪引进营销人才”（22.61%）、“增加营销人员数量”（22.22%）等措施（见附图 1）。

与 2013 年的调查相比，2022 年的调查显示，“关注消费者的新需求”排位依然位列第 1 位，但是，“结合传统节庆搞营销活动”的排位从第 10 位上升为第 6 位，“增加广告投入”的排位从第 5 位上升为第 4 位。

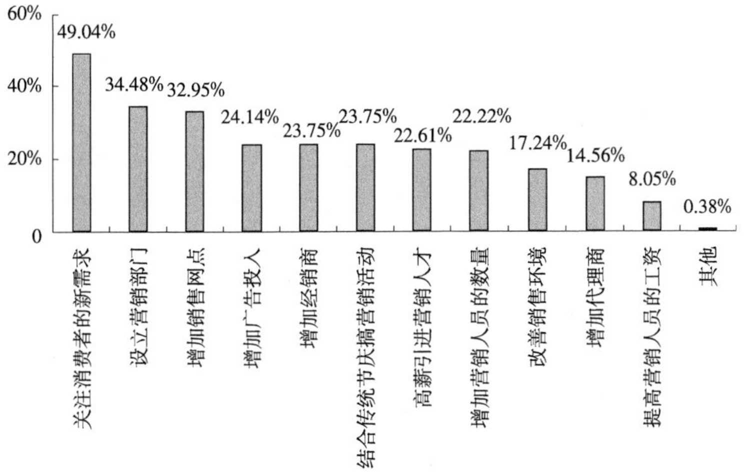

附图1 本企业在营销策划方面的采取措施占比

关于本企业在营销上“关注消费者的新需求”方面采取的措施，受访的老字号企业管理人员表示，最常采取的措施是“收集消费者反馈信息”(69.35%)，排在第1，其次是“关注年轻人的需求”(40.23%)、“迎合时尚消费”(38.70%)和“改变产品包装”(33.33%)，再次是“改变产品口味”(26.44%)和“增加环保和绿色产品”(21.46%)。与2013年调查结果相比，“关注年轻人的需求”由第7位上升到第2位，“改变产品口味”由第8位上升到第5位，“关注中老年人的需求”由第5位下降至第7位（见附图2）。

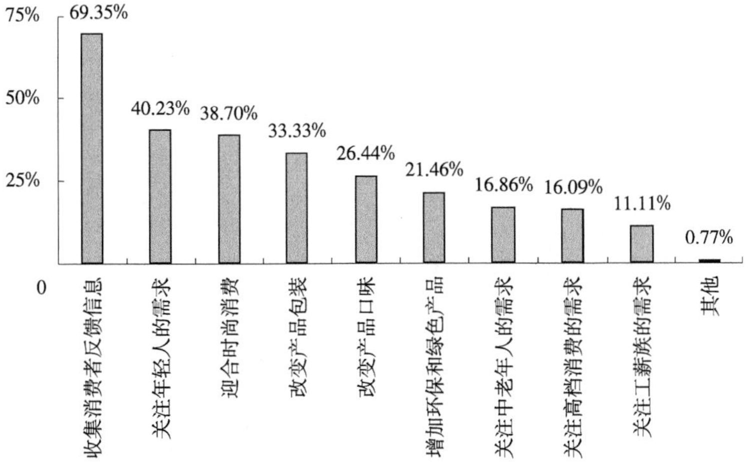

附图2 本企业在营销上“关注消费者的新需求”方面采取的措施占比

从调查数据可以看出，“收集消费者反馈信息”受到了老字号企业高度的重视，比排在第2和第3的选项高出约30个百分点。同时“老字号”也积极开展从产品内容到形式方面的创新，并非常关注年轻人的需求，从老字号企业最近几年开展的“国潮”“IP联名”“快闪”“电商”等营销措施就可一窥端倪。

关于本企业“品牌建设”方面采取的办法，44.44%的受访老字号企业管理人员认为是“申报非遗项目”，其次是“宣传广告渠道增多”（44.06%）、“建设企业展馆或博物馆”（36.02%）和“在传统节庆时进行品牌推广”（33.33%）；接下来依次是“广告投入增加”（29.89%）、“设立品牌推广部门/岗位”（21.07%）、“更新公司标识”（19.92%）、“举办大型活动推广品牌”（18.39%）、“更新公司广告词”（18.01%）、“更新公司内部装修风格”（16.48%）（见附图3）。

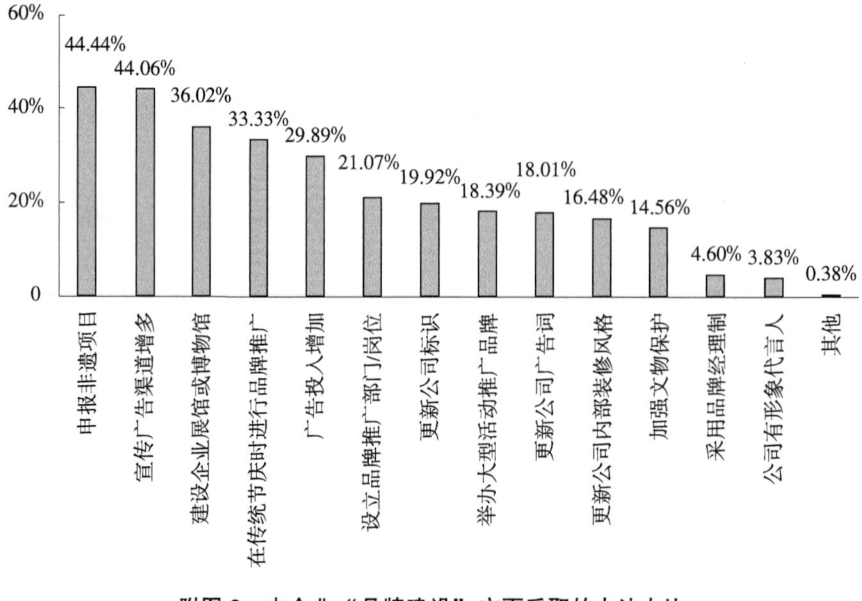

附图3　本企业“品牌建设”方面采取的办法占比

与2013年的调查相比，2022年的调查增加了“申报非遗项目”和“建设企业展馆或博物馆”两个选项，调查结果分别位居第1和第3位，可见，传统文化技艺认可和文物遗产保护这两个文化记忆的媒介要素，是老字号品牌建设中的重要工作。同时，“更新公司广告词”和“更新公司标识”的位次也较“更新公司内部装修风格”有所提升，可见，在品牌推广过程中，老字号企业在提升服务环境的基础上，更渴望增强老字号企业的市场认知度。

关于本企业“增加广告和宣传”方面采取的办法，受访的老字号企业管理人员表示，最常采取的办法是“结合老字号活动搞宣传”（59.00%），排在第1，“增加网上广告”（50.96%）和“增加公益活动”（32.95%），排在第2、3位，其余依次是“结合政府活动搞宣传”（27.97%）“结合传统节庆搞宣传”（26.82%）等（见附图4）。

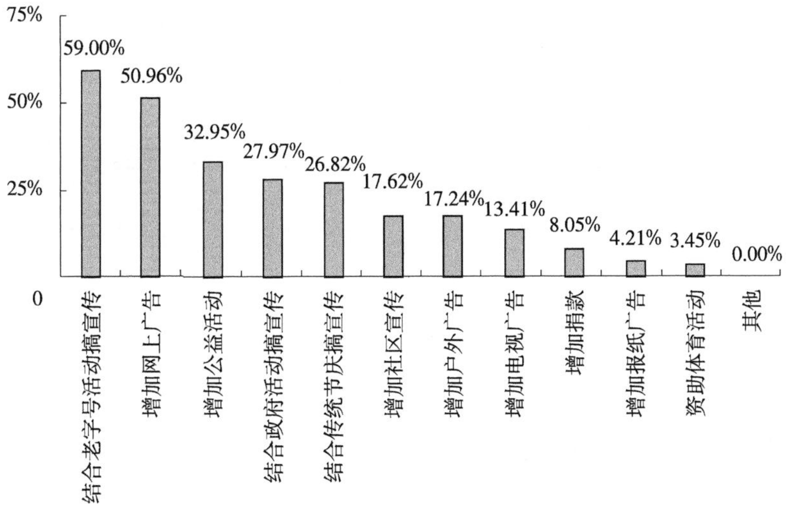

附图4　本企业“增加广告和宣传”方面采取的办法占比

与2013年调查结果相比，“增加网上广告”“增加公益活动”分别由第6、7位上升到第2、3位，线上销售的发展对老字号影响较大，必须与时俱进，同时老字号作为传统商业文明的传承者，公益支持所彰显的企业社会责任感也比较突出。“结合政府活动搞宣传”在两次调查中位次均为第4，可见，政府对老字号企业的助力作用一直处于重要位置。

关于“营销策划”方面有什么优势？受访的老字号企业管理人员表示，

最为明显的优势是“回头客多”（80. 08%），排在第 1；排在第 2 的是“与传统节庆有关”（36. 02%）；排在第 3 的是“销售网点多”（28. 35%），其次是“经销商多”（27. 97%）、“购物环境好”（19. 54%）等（见附图 5）。与 2013 年调查数据相比，“回头客多”“与传统节庆相关”位次依然是第 1、2，可以看出，老字号企业在“营销策划”方面的优势，最为显著的是“回头客”和“传统节庆”，这与老字号产品和服务的优势及其传统文化价值、历史价值密不可分，顾客忠诚度和历史文化是老字号企业的竞争优势。

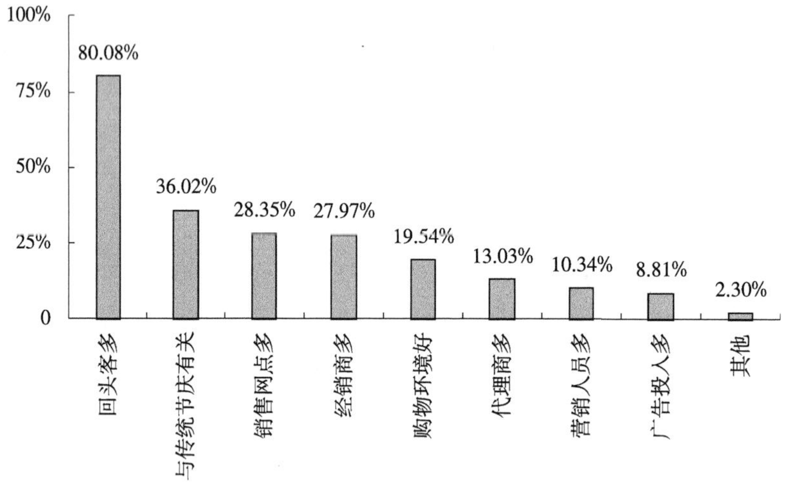

附图 5　本企业“营销策划”方面的优势占比

关于“营销策划”方面存在的不足，受访的老字号企业管理人员表示，最为明显的不足是“广告投入少”（47. 89%），排在第 1；排在第 2 的是“营销经验少”（46. 36%）；排在第 3 的是“营销人员少”（35. 63%）；排在第 4、5 位的分别为“新产品少”（26. 44%）和“销售网点少”（19. 92%）（见附图 6）。

与 2013 年调查数据相比，老字号企业在“营销策划”方面仍认为最显著的不足是“广告投入少”，而“营销经验少”由第 4 位上升至第 2 位，表明老字号在销售方式变革方面与社会发展还不能迅速同步，电商、微商、直播等新兴销售模式对老字号企业的影响颇大，也是老字号企业亟待提升的重要方面。

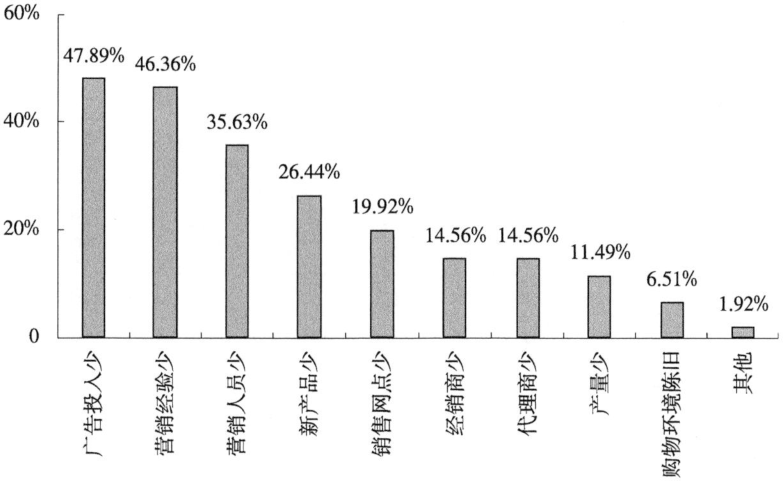

附图 6　本企业“营销策划”方面存在的不足占比

二、老字号企业的技术革新和新产品开发

关于制约本企业开展技术创新的主要因素，受访的老字号企业管理人员表示，排在第 1 位的因素是“企业资金”（57. 47%）；排在第 2 位的因素是“有效的创新体制”（29. 12%）；排在第 3、4 位的因素是“技术工人”（24. 14%）、“技术信息”（22. 61%），其次依次是“市场信息”（18. 77%）、“与外界的合作渠道”（18. 01%）、“设计人员”（17. 62%）、“掌门人/主要领导人”（16. 86%）、“传承人”（14. 18%）等（见附图 7）。

与 2013 年调查数据相比，“企业资金”“有效的创新体制”位次未变，“技术工人”由第 4 位上升至第 3 位，他们仍然是影响老字号技术创新的重要因素；位次变化最大的是“掌门人/主要领导人”要素，由第 3 位下降到 8 位，其次是“与外界的合作渠道”，由第 10 位上升至第 6 位。可见，高层领导的管理优势并未在老字号企业内部释放开来，老字号也走出了“酒香不怕巷子深”的“躺平”状态，大数据时代背景下，老字号企业对“技术信息”“市场信息”和“与外界的合作渠道”等方面的诉求愈发迫切。

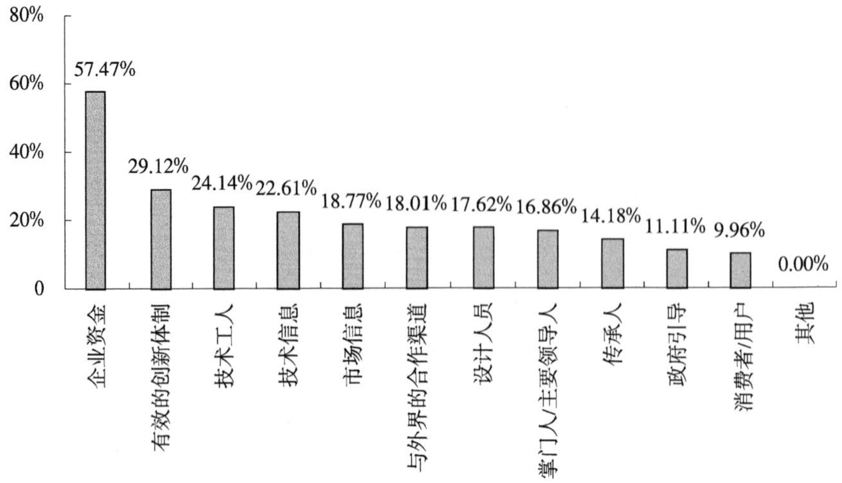

附图 7　制约本企业开展技术创新的主要因素占比

关于本企业开发新产品的方法，受访的老字号企业管理人员表示，最常采用的方法是“开发新的生产工艺”（44.44%），其次是“迎合新的消费需求”（41.76%），再次是“设立研发部门”（38.31%）。此外，部分老字号企业还采用了“高薪引进研发人才”（21.84%）、“改善生产环境”（21.46%）、“增加研发人员数量”（18.39%）、“增加新的生产线”（16.86%）、“迎合传统消费”（15.33%）等方法（见附图 8）。

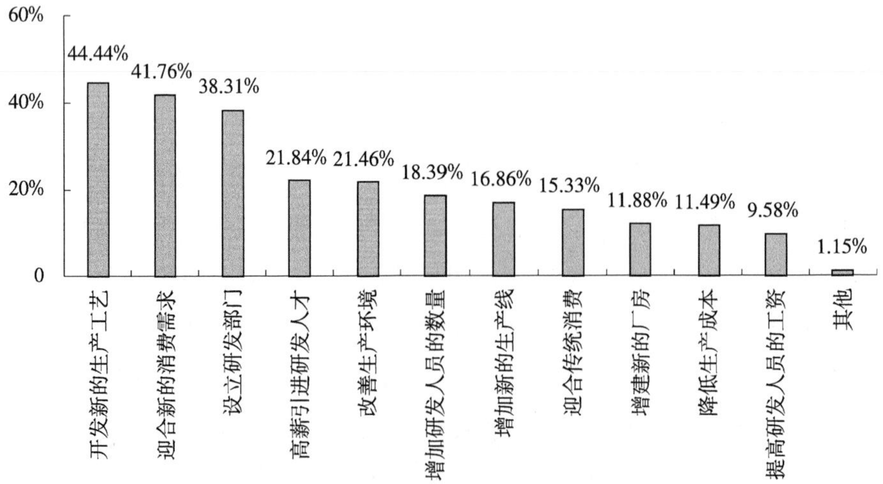

附图 8　本企业开发新产品的方法占比

与2013年的调查相比，2022年的调查显示，“开发新的生产工艺”“迎合新的消费需求”“设立研发部门”等依然在前三位，但是，“开发新的生产工艺”位次由第2位提升至第1位。此外，“改善生产环境”的排位从第8位上升至第5位。

关于本企业在“开发新的生产工艺”方面采取的办法，受访的老字号企业管理人员表示，最常采取的办法是“在老工艺中增加新工艺”（65.90%），排在第1；其次是“提高老工艺的生产效率”（42.15%），排在第2，接下来为“制定工艺标准”（25.67%），排在第3（见附图9）。

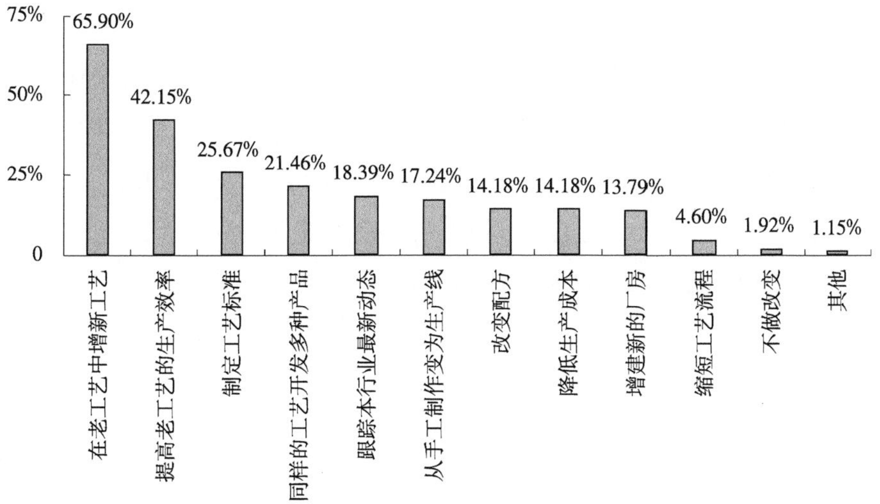

附图9　本企业在“开发新的生产工艺”方面采取的办法

与2013年调查相比，“跟踪本行业最新动态”由第2位下降到5位，“降低生产成本”由第4位下降到8位，“制定工艺标准”由第5位升至第3位。可以看出，老字号企业在开发新的生产工艺方面，依然非常重视“在老工艺中增加新工艺”“提高老工艺的生产效率”等老工艺的传承与创新工作，并在管理制度方面进行了努力，积极“制定工艺标准”，为规模化发展提供规范的工艺基础。

三、老字号企业承担社会责任

关于本企业在“承担社会责任”方面的作为，受访的老字号企业管理人员表示，最主要的是“传承中华传统文化”（88.51%），排在第1；其次是“提供优质产品”（47.89%），排在第2；再次是“安全生产、绿色发展”（46.74%），排在第3。第4、5位分别是“关注员工权益”（37.16%）和“良好的公司管理”（26.05%）等（见附图10）。与2013年调查数据相比，老字号企业在承担社会责任方面最关注的五个方面的仍然是“传承中华传统文化”“提供优质产品”“安全生产、绿色发展”“良好的公司管理”“关注员工权益”。其中，“关注员工权益”上升了1个位次，“良好的公司管理”下降了1个位次。一定程度上可以看出，“传承中华传统文化”是老字号企业管理者认为履行社会责任中最重要的方面，高出第2位“提供优质产品”40多个百分点。同时，老字号企业承担社会责任还大部分停留在企业内部，环境、政府、供应商、投资者等相关方的位次排在优质产品、安全生产、公司管理、员工权益之后。

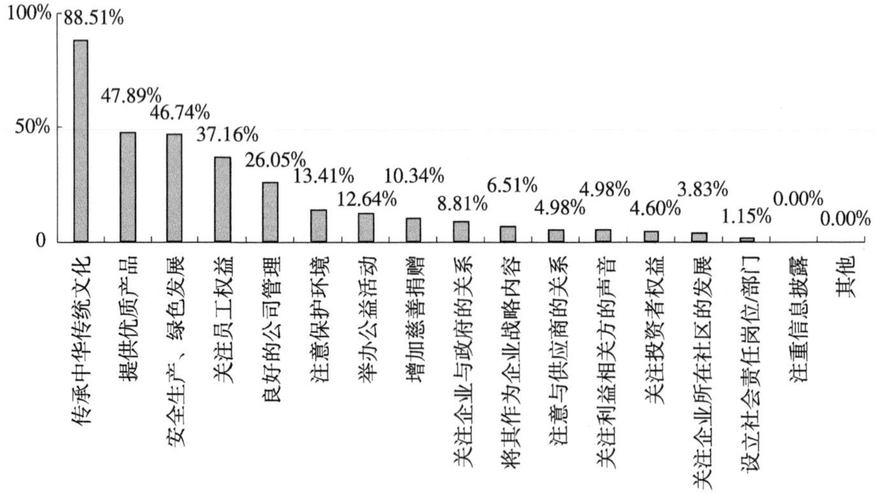

附图10 本企业在“承担社会责任”方面的作为占比

关于承担社会责任对企业自身发展的影响，受访的老字号企业管理人员表示，排在第1位的影响是“树立品牌形象”（73.56%）；并列排在第2位的影响是“提升企业管理水平”（40.23%）和“增加消费者好感”（40.23%）；排在第4、5位的影响是“提高员工忠诚度”（22.61%）和“获得政府支持”（21.07%）（见附图11）。很显然，影响老字号企业承担社会责任对企业发展有四个主要的影响，依次是“树立品牌形象”“提升企业管理水平”“增加消费者好感”和“提高员工忠诚度”。与2013年调研数据相比，“获得政府支持”提升了1个位次，可见，政府对企业履行社会责任感的促进作用还是比较突出的。

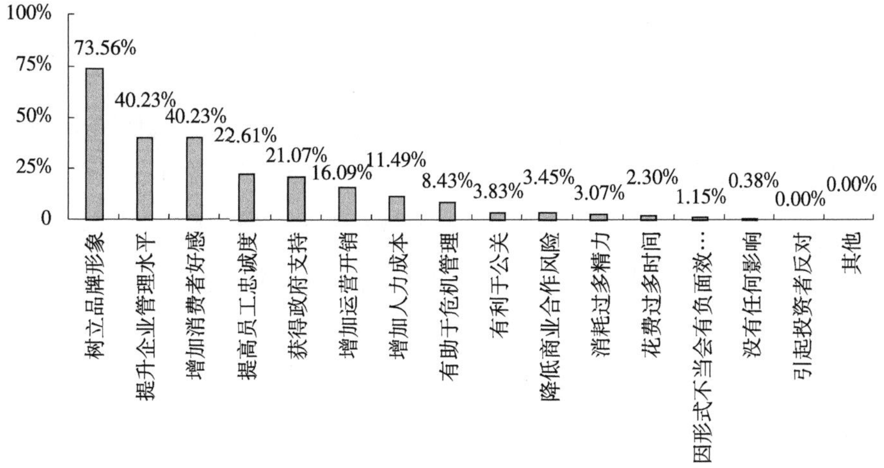

附图11 承担社会责任对企业自身发展的影响占比

关于企业的利益相关方，受访的老字号企业管理人员表示，排在第1位的是“员工”（75.10%），第2位是“消费者”（67.05%），其次分别为“合作伙伴（承包商和供应商）”（50.57%）、“社会”（21.07%）、“政府”（13.41%）（见附图12）。与2013年调查数据相比，“员工”“消费者”“合作伙伴（承包商和供应商）”“社会”依然是老字号企业管理者认为的四个关键利益相关方，其中“员工”由第2位上升到了第1位，“政府”影响排在第5位，较2013年上升1个位次。

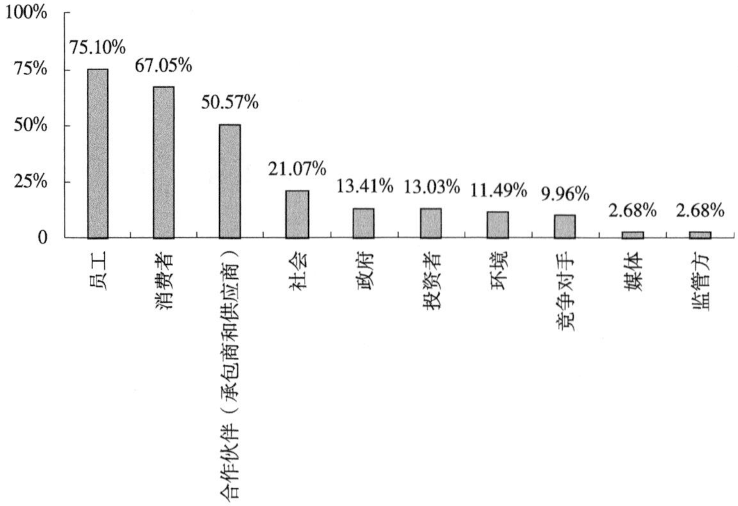

附图 12　本企业的利益相关方占比

关于在关注消费者权益方面所做的工作，受访的老字号企业管理人员表示，排在第 1 位的工作是“提升产品质量”（68. 20%），排在第 2 位的工作是“及时回应消费者诉求”（52. 87%），并列排在第 3 位的工作是“提升服务质量”（40. 23%）和“开发新产品”（40. 23%）；排在第 5 位的工作是“提供更多有传统特色的产品”（21. 46%）。其他的工作还有“保证产品价廉物美”（16. 48%）、“开通服务热线”（11. 49%）等（见附图 13）。

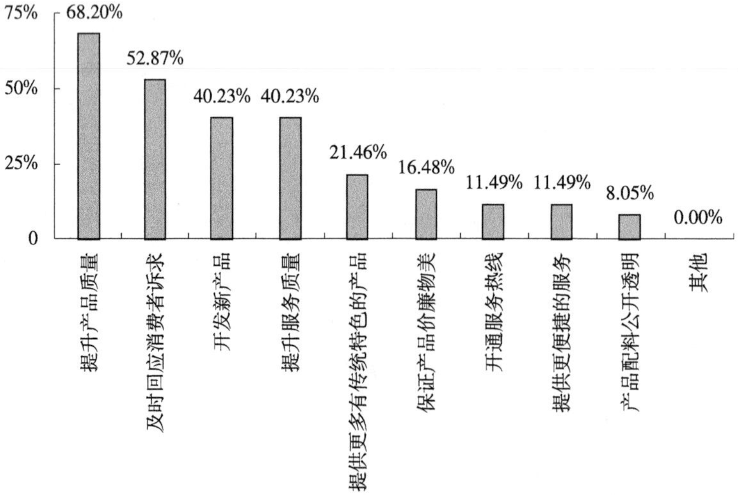

附图 13　关注消费者权益方面所做的工作占比

可以看出，老字号企业在关注消费者权益方面所做的工作主要有“提升产品质量”“及时回应消费者诉求”“开发新产品”“提升服务质量”四个方面。作为拥有世代传承传统技艺产品和服务的老字号企业，始终将产品质量作为核心竞争力，包括“服务质量”“开通服务热线”“提供更便捷的服务”在内的服务方面的要素也是老字号企业的关注对象。与2013年调查相比，变化较大的为“开发新产品”工作，由第6位上升到第3位，可见消费者对产品的需求日新月异，这是老字号必须且正在重视的经营要素。

关于在关注员工权益方面所做的工作，受访的老字号企业管理人员表示，排在第1位的工作是“提高员工薪资”（68.97%）；排在第2位的工作是“改善工作条件”（67.82%）；排在第3位的工作是“提供培训机会”（34.87%）；排在第4、5位的工作是“搭建成长平台”（24.90%）、“提高奖励激励标准”（23.75%）（见附图14）。可见，老字号企业管理人员认为，在关注员工权益方面企业所要做的主要工作有“提高员工薪资”“改善工作条件”“提供培训机会”等三个方面，这与2013年的调查结果一致，但是“提高员工薪资”与“改善工作条件”的百分比差由10个百分点减少至1.15个百分点。

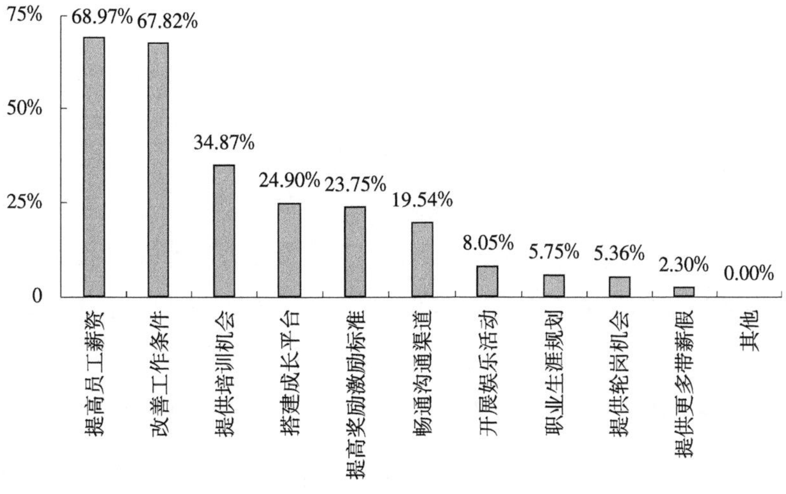

附图14 本企业关注员工权益方面所做的工作占比

四、受访人对企业“经营发展”的看法

关于相对于同行的其他品牌公司的优势，受访的老字号企业管理人员表示，排在第1位的优势是“品牌”（77.39%），排在第2位的是“产品质量”（62.84%），排在第3位的是“传统工艺技术”（58.62%）。其余优势依序为“价格”（16.48%）、“消费者”（14.56%）、“服务态度”（13.79%）等（见附图15）。

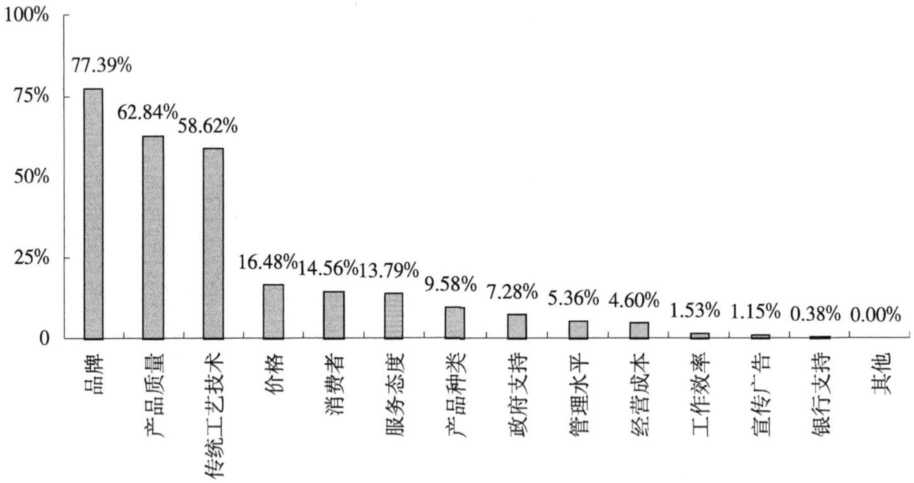

附图15　相对于同行的其他品牌公司的优势占比

与2013年相比，“品牌”“产品质量”“传统工艺技术”依旧是老字号企业管理者认为的三大优势。但是“价格”与第3位的“传统工艺技术”优势之间的差距上升至约40个百分点，可见，老字号已经突破了竞价优势，从品牌、质量和传统文化中获取竞争优势，并具备了一定的品牌溢价能力。

关于老字号企业最需要改进的方面，受访老字号企业管理者认为，排在第1位的是“品牌影响力”（50.19%），排在第2位的是“技术创新”（42.15%），排在第3位的是“产品种类”（24.52%），“管理水平”（22.22%）和“经营成本”（20.31%）分别位列第4、5位。其他需要改进的地方依序还包括“消费者

满意度”（18.77%）、“宣传广告”（16.48%）、“消费者忠诚度”（15.71%）等（见附图 16）。

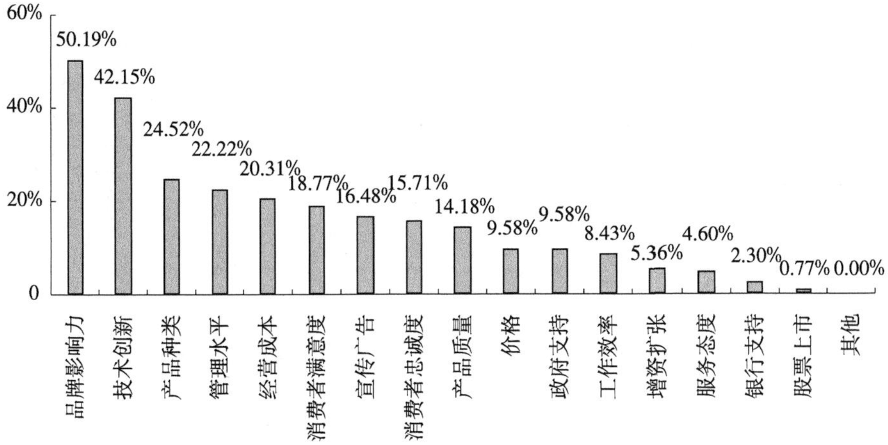

附图 16　老字号企业最需要改进的方面

与 2013 年相比，“品牌影响力”“技术创新”“产品种类”“管理水平”仍位居老字号企业最需要改进的前四个方面，但是，“消费者满意度”由第 8 位上升至第 6 位，“产品质量”由第 14 位上升至第 9 位，“政府支持”由第 6 位下降至 11 位。这在一定程度上可以说明，老字号企业更关注消费者的需求，勇于融入市场竞争环境之中，同时，产品质量可能存在着提升空间。

关于老字号企业发展最需要获得哪方面的帮助和支持，受访老字号企业管理者认为，排在第 1 位的是“地方政府”（64.37%），排在第 2 位的是“当地老字号企业协会”（57.47%），“中华老字号工作委员会”（32.18%）排在第 3，其他依序是“消费者”（25.67%）、“银行”（16.09%）、“地方政府经济管理部门”（15.71%）、“企业员工”（13.79%）等（见附图 17）。可见，“政府”对老字号企业发展具有最重要的推动力，在政策供给、品牌认定、平台搭建等方面具备较大的价值。近年来，各地的老字号协会也发挥着突出的社会组织功能，山东、辽宁、山西等地的省级老字号协会活动频繁，助力效果明显。

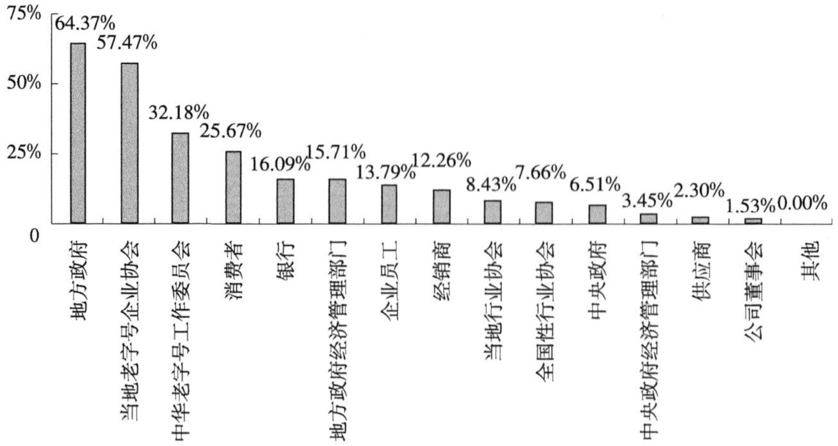

附图 17　老字号企业发展最需要获得哪方面的帮助和支持占比

与 2013 年相比，“地方政府”“当地老字号企业协会”“中华老字号工作委员会”仍是老字号企业需要获取帮助或支持的相关方，但是老字号企业对“地方政府”的需求有所提升，从第 2 位升至第 1 位，“当地老字号企业协会”从第 1 位下降至第 2 位，而“银行”从第 9 位上升至第 5 位，可见老字号在融资、贷款或其他经济方面的需求有所提升。

关于老字号企业在所属行业所处的发展水平，受访老字号企业管理者大多数认为处于“中游”（39. 46%）位次，其次是“中上游”（36. 02%），认为排在“中下游”的企业管理者有 11. 11%，认为排在上游的有 8. 05%，剩余 5. 36% 的企业认为处于下游位次。（见附图 18）与 2013 年相比，认为老字号企业处于“中游”水平仍占多数，排名第 1；认为占“中上游”的比例也同样排名第 2；而认为处于“上游”企业的比例有所下降，由第 3 位下降至第 4 位。

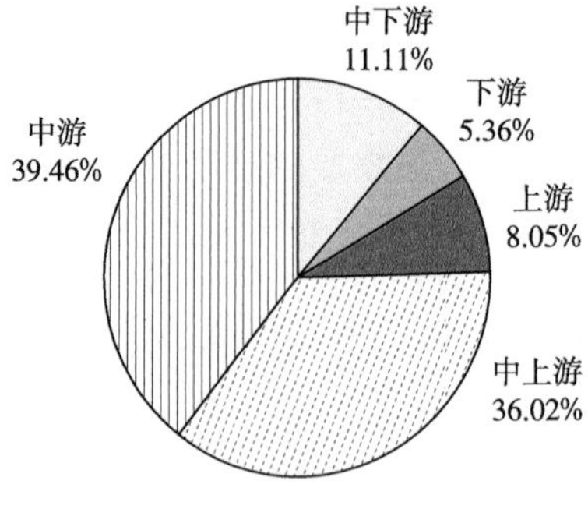

附图 18　老字号企业在所属行业所处的发展水平

参考文献

［1］曾同春. 中国丝业［M］. 北京：商务印书馆，1929.

［2］贾思勰. 齐民要术［M］. 北京：商务印书馆，1930.

［3］曾纵野. 中国名酒志［M］. 北京：中国旅游出版社，1980.

［4］吴慧. 中国古代商业史［M］. 北京：中国商业出版社，1982.

［5］孟元老. 东京梦华录注［M］. 邓之城，注. 北京：中华书局，1982.

［6］熊梦祥. 析津志［M］. 北京：北京古籍出版社，1983.

［7］中国人民政治协商会议北京市委员会文史资料研究委员会编. 驰名京华的老字号［M］. 北京：文史资料出版社，1986.

［8］周家楣，缪荃孙，等. 光绪顺天府志·地理志［M］. 北京：北京古籍出版社，1987.

［9］谢牧，吴永良. 中国的老字号［M］. 北京：经济日报出版社，1988.

［10］侯式亨. 北京老字号［M］. 北京：中国环境科学出版社，1991.

［11］孔令仁，李德征. 中国老字号［M］. 北京：高等教育出版社，1998.

［12］夏仁虎. 枝巢四述·旧京琐记［M］. 沈阳：辽宁教育出版社，1998.

［13］汤用彬. 旧都文物略［M］. 北京：北京古籍出版社，2000.

［14］曹源. 老字号的文化底蕴［M］. 北京：中国时代经济出版社，2003.

［15］李文滨. 老字号［M］. 济南：山东画报出版社，2004.

［16］童书业. 中国手工业商业发展史［M］. 北京：中华书局，2005.

［17］李工真. 德意志道路：现代化进程研究［M］. 武汉：武汉大学出版社，2005.

［18］郑孝时，孔阳. 明清晋商老字号［M］. 太原：山西经济出版社，2006.

[19] 王正志，等．中华老字号：认定流程、知识产权保护全程实录［M］．北京：法律出版社，2007．
[20] 宋宪章．杭州老字号系列丛书·美食篇［M］．杭州：浙江大学出版社，2008．
[21] 赵大川．杭州老字号系列丛书·百货篇［M］．杭州：浙江大学出版社，2008．
[22] 陆峰，陈婉丽，徐敏．杭州老字号系列丛书·医药篇［M］．杭州：浙江大学出版社，2008．
[23] 黄小杭，陈天堂，崇岩，等．金华老字号［M］．北京：方志出版社，2010．
[24] 戎彦．浙江老字号［M］．杭州：浙江大学出版社，2011．
[25] 张继焦，丁惠敏，黄忠彩．中国“老字号”企业发展报告［M］．北京：社会科学文献出版社，2011．
[26] 夏挽群，程健君．河南老字号［M］．郑州：大象出版社，2011．
[27] 王成荣，李诚，王玉军．老字号品牌价值［M］．北京：中国经济出版社，2012．
[28] 田广，周大鸣．工商人类学［M］．银川：宁夏人民出版社，2012．
[29] 汪中求．中国需要工业精神［M］．北京：机械工业出版社，2012．
[30] 张继焦．企业人类学：从社会结构视角分析经济行为［M］．北京：中国社会科学出版社，2017．
[31] 张继焦．当代人类学：新古典“结构—功能论”［M］．北京：中国社会科学出版社，2021．
[32] 李景汉．社会问题研究之我见［J］．社会学，1981（00）．
[33] 洪葭管．略论山西票号、上海钱庄的性质和历史地位［J］．近代史研究，1983（2）．
[34] 张国辉．清代前期的钱庄和票号［J］．中国经济史研究，1987（4）．
[35] 马戎．小城镇的发展与中国的现代化［J］．中国社会科学，1990（4）．
[36] 李培林．另一只看不见的手：社会结构转型［J］．中国社会科学，

1992 (5).
[37] 张佳生. 满族文化的形成发展与特色 [J]. 中央民族大学学报，1996 (6).
[38] 费孝通. 从人类学是一门交叉的学科谈起 [J]. 广西民族学院学报：哲学社会科学版，1997 (2).
[39] 张德明. 多元文化杂交时代的民族文化记忆问题 [J]. 外国文学评论，2001 (3).
[40] 邱志强. 经济全球化下的中华“老字号”企业的营销战略研究 [J]. 北京大学学报：哲学社会科学版，2004 (S1).
[41] 王汉生，刘亚秋. 社会记忆及其建构一项关于知青集体记忆的研究 [J]. 社会，2006 (3).
[42] 吴咏梅. 日本的经营人类学 [J]. 广西民族大学学报：哲学社会科学版，2010 (5).
[43] 刘亚秋. 从集体记忆到个体记忆：对社会记忆研究的一个反思 [J]. 社会，2010 (5).
[44] 殷鹏. “霍桑试验”与“曼城工厂研究”：企业人类学研究的方法回顾、比较与反思 [J]. 杭州师范大学学报：社会科学版，2014 (4).
[45] 彭兆荣. 我国的城镇化建设与文化遗产保护的关系 [J]. 西北民族研究，2014 (4).
[46] 张继焦. “伞式社会”：观察中国经济社会结构转型的一个新概念 [J]. 思想战线，2014 (4).
[47] 李培志，黄孝东. “老字号”的文化特质：记忆隐喻与空间认知的维度 [J]. 社科纵横，2014 (5).
[48] 闫春，赵巧燕. 市场导向的广西“老字号”品牌激活研究：一个企业人类学的视角 [J]. 杭州师范大学学报：社会科学版，2015 (4).
[49] 张继焦. “蜂窝式社会”：观察中国经济社会转型的另一个新概念 [J]. 思想战线，2015 (3).
[50] 肖群忠，刘永春. 工匠精神及其当代价值 [J]. 湖南社会科学，2015 (6).
[51] 毛巧晖. 非物质文化遗产：文化记忆的展示、保护与实践 [J]. 西北民

族大学学报：哲学社会科学版，2016（4）.
［52］高崇. 老字号的空间嵌入性：香港甄诚记糖果公司的个案研究［J］. 北方民族大学学报：哲学社会科学版，2016（4）.
［53］高崇. 老字号的类型学分析：以广州市老字号为例［J］. 青海民族研究，2016（4）.
［54］舒萍. 经济人类学视角下的老字号价值体系建构［J］. 青海民族研究，2017（2）.
［55］黄葆荣，陈鸣. "伞式"社会与老字号发展：以百年老字号王老吉为例［J］. 青海民族研究，2017（2）.
［56］吴薇，王晓葵. "文化"场域的博弈与"遗产"价值的重构：基于彝族禳灾记忆遗产化案例的思考［J］. 民族学刊，2017（6）.
［57］刘亚秋. 记忆研究的"社会—文化"范式对"哈布瓦赫—阿斯曼"研究传统的解读［J］. 社会，2018（1）.
［58］温庆新. 文化记忆：历史的再现与建构［J］. 中国社会科学报，2018-11-22.
［59］张继焦，党垒. 文化遗产的保护和发展：基于中国与英国的经验启示［J］. 贵州社会科学，2019（9）.
［60］张继焦. 换一个角度看文化遗产的"传统—现代"转型：新古典"结构—功能论"［J］. 西北民族研究，2020（3）.
［61］刘振怡，阚侃. 全球化视域中文化记忆的研究及价值［J］. 求是学刊，2022（2）.
［62］列维·斯特劳斯. 忧郁的热带［M］. 北京：生活·读书·新知三联书店，2000.
［63］保罗·康纳顿. 社会如何记忆［M］. 纳日碧力戈，译. 上海：上海人民出版社，2000.
［64］马凌诺夫斯基. 文化论［M］. 费孝通，译. 北京：华夏出版社，2002.
［65］莫里斯·哈布瓦赫. 论集体记忆［M］. 毕然，郭金华，译. 上海：上海人民出版，2002.

[66] 马歇尔·萨林斯. 文化与实践理性［M］. 赵丙祥，译. 上海：上海人民出版社，2002.
[67] 哈拉尔德·韦尔策. 社会记忆：历史、回忆、传承［M］. 季斌，王立君，白锡堃，译. 北京：北京大学出版社，2007.
[68] 托马斯·库恩. 科学革命的结构［M］. 金吾伦，胡新和，译. 北京：北京大学出版社，2012.
[69] 迈克尔·波特. 竞争优势［M］. 北京：中信出版社，2014.
[70] 柏拉图. 理想国［M］. 北京：商务印书馆，2015.
[71] 扬·阿斯曼. 文化记忆：早期高级文化中的文字、回忆和政治身份［M］. 金寿福，黄晓晨，译. 北京：北京大学出版社，2015.
[72] 阿维夏伊·玛格利特. 记忆的伦理［M］. 贺海仁，译. 北京：清华大学出版社，2015.
[73] 阿莱达·阿斯曼. 回忆空间：文化记忆的形式和变迁［M］. 潘璐，译. 北京：北京大学出版社，2016.
[74] 皮埃尔·诺拉. 记忆之场［M］. 黄艳红，等译. 南京：南京大学出版社，2017：23.
[75] 阿莱达·阿斯曼. 记忆中的历史：从个人经历到公共演示［M］. 袁斯乔，译. 南京：南京大学出版社，2017：11.
[76] 帕特里克·格里. 历史、记忆与书写［M］. 罗新，译. 北京：北京大学出版社，2018：137.
[77] 桥本明子. 漫长的战败：日本的文化创伤、记忆与认同［M］. 李鹏程，译. 上海：上海三联书店，2019.
[78] 中牧弘允. 经营人类学序说：企业的“民族志”和工薪族的“常民研究”［J］. 学术界，2001（5）.
[79] 扬·阿斯曼. “文化记忆”理论的形成和建构［N］. 光明日报，2016-03-26.
[80] 扬·阿斯曼. 交往记忆与文化记忆［J］. 管小其，译. 学术交流，2017（1）.

[81] EDWARD A. SHILS. Tradition [M]. Chicago, 1981.

[82] MILTON BLOOMBAUM. The Hawthorne Experiments: A Critique and Reanalysis of the First Statistical Interpretation by Franke and Kaul [J]. Sociological Perspectives, 1983 (1).

[83] JAN ASSMANN. Kollektives Gedächtnis und kulturelle Identität. in: Jan Assmann und Tonio Hölscher [M]. Kultur und Ge-dächtnis. Frankfurt am Main 1988.

[84] JEAN STAROBINSKI, ROUSSEAU. Eine Welt von Widerständen [J]. München, 1988.

[85] WALDER ANDREW. Local Governments As Industrial Firms [J]. American Journal of Sociologyno, 1995 (2).

[86] MOTOFUSA MURAYAMA. AjiaKeieigaku: Kokusai Keieigaku, KeieiJinruigaku no Nihon Genkei to Shinka (Management Engineering of Asia: International Management Engineering/The Business Anthropology's Japanese Prototype and its Evolution) [J]. Tokyo: Bunshindo, 2002.

[87] JORDA, A. T, The Importance of Business Anthropology Its Unique Contributions [J]. International Journal of Business Anthropology, 2010 (1).

后 记

如果你去一个地方旅行，你会带什么礼物离开？老字号是一个高频词。商务部认定的“中华老字号”有1128家，还有许多已经消失或未被认定的，这个数字可能后面要加一个零。我们应该感慨在漫长的岁月长河中，中华商道孕育出的这些品牌，成为我们生活的日常，珍贵的文化记忆。

老字号承载的产品、服务或管理理念富有文化价值、经济价值和社会价值，且持久而稳固。当然，不同历史时期、不同发展阶段，老字号也经历了风风雨雨，但从结构功能角度来看，存在不仅合理，且值得解释。

老字号，是我的研究对象，十余载的耕耘，情结甚于情怀。

2010年，中国社会科学院的张继焦老师开始组织全国性老字号专项大调研，我作为他的师妹有幸成为课题组成员之一，正式踏上了老字号的研究历程。所以，此书首先要感谢继焦师兄的领路与支持。以老字号为原点，我们开始夯实一门新兴交叉学科——“企业人类学”，用社会结构的视角来看待复杂组织，并从企业延展至文化空间，从文化领域走向经济视角。感激之余，也诚挚地送上对学科研究团队的祝福。

今日翻开硕士论文的后记，怀念当初。我的父亲是一位地质工作者，有人称他是丹东市的“活地图”，受人尊重，为人敬仰。我当年做田野调查时，父亲陪伴了一段日子，并手绘了一幅自然概况图，至今观之仍敬佩不止。父亲在我心目中是真正的专家，也为我示范了学者该有的模样。2022年的最后一天，父亲离开了我。今后的学术成果无法再与您分享，只能承您真知，继续前行。此生有憾，谨此铭记。

同时，要感谢课题研究过程中给予帮助的团队成员，感谢已然成为朋友的老字号经营者们，感谢家人、爱人与孩子，你们的支持与鼓励是我坚守初心的底气，是我致力于老字号研究的源源动力。

求学求知，功在不舍。所研所喜，苦亦乐之。这份躬耕五年的答卷瑕疵难免，诚请各路书友赐教。

王焯
二〇二三年四月
于沈阳丁香湖畔